普通高等教育"十二五"规划教材

数据库技术与应用

（SQL Server 2008 版）

主　编　王小玲　安剑奇

副主编　严　晖　周肆清

主　审　施荣华

中国水利水电出版社
www.waterpub.com.cn

内 容 提 要

本书根据教育部高等计算机基础课程教学指导委员会 2011 年 10 月出版的《高等学校计算机基础核心课程教学实施方案》（新白皮书）中关于"数据库技术及应用"课程实施方案的精神，并以教指委提出的"普及计算机文化，训练计算思维，培养信息应用能力"为总体目标进行编写的。

本书以 SQL Server 2008 为蓝本，以 Visual Basic 6.0 和 Delphi 7.0 作为开发工具，从数据库技术与应用系统开发的角度介绍数据库系统的基本概念及应用。全书共 10 章，内容包括数据库技术概论、数据库的管理与使用、数据表的管理与维护、数据查询、索引与视图、存储过程与触发器、数据库维护、数据库的安全管理、数据库系统开发工具 Visual Basic、Delphi 的数据访问方法。

本书既可作为高等院校数据库技术与应用课程的教材，又可供社会各类计算机应用人员阅读参考。

本书配套有《数据库技术与应用（SQL Server 2008 版）实践教程》，并提供电子教案，读者可以从中国水利水电出版社网站和万水书苑上下载，网址为：http://www.waterpub. com.cn/softdown/和 http://www.wsbookshow.com。

图书在版编目（Ｃ Ｉ Ｐ）数据

数据库技术与应用：SQL Server 2008版 / 王小玲，
安剑奇主编. -- 北京：中国水利水电出版社，2014.4（2016.1重印）
普通高等教育"十二五"规划教材
ISBN 978-7-5170-1892-6

Ⅰ. ①数… Ⅱ. ①王… ②安… Ⅲ. ①关系数据库系统－高等学校－教材 Ⅳ. ①TP311.138

中国版本图书馆CIP数据核字(2014)第070303号

策划编辑：雷顺加　　责任编辑：李 炎　　加工编辑：刘晶平　　封面设计：李 佳

书　　名	普通高等教育"十二五"规划教材 数据库技术与应用（SQL Server 2008 版）
作　　者	主 编　王小玲　安剑奇 副主编　严 晖　周肆清 主 审　施荣华
出版发行	中国水利水电出版社 （北京市海淀区玉渊潭南路 1 号 D 座　100038） 网址：www.waterpub.com.cn E-mail: mchannel@263.net（万水） 　　　　sales@waterpub.com.cn 电话：(010) 68367658（发行部）、82562819（万水）
经　　售	北京科水图书销售中心（零售） 电话：(010) 88383994、63202643、68545874 全国各地新华书店和相关出版物销售网点
排　　版	北京万水电子信息有限公司
印　　刷	三河市铭浩彩色印装有限公司
规　　格	184mm×260mm　16 开本　18.75 印张　474 千字
版　　次	2014 年 4 月第 1 版　2016 年 1 月第 2 次印刷
印　　数	3001—6000 册
定　　价	35.00 元

前　　言

本书根据教育部高等计算机基础课程教学指导委员会 2011 年 10 月出版的《高等学校计算机基础核心课程教学实施方案》（新白皮书）中关于"数据库技术及应用"课程实施方案的精神，并以教指委提出的"普及计算机文化，训练计算思维，培养信息应用能力"为总体目标进行编写。

全书将知识传授与能力培养融为一体，以应用为目的，以操作案例为驱动，构建完整的数据库知识体系。用一个具有代表性的实例数据库——"学生信息数据库"贯穿全书，并设计了 100 多个在工作和学习中遇到的数据库问题，指导读者循序渐进地寻找答案。每章配有精心设计的思考题，引导读者在解决问题的过程中加深对知识的理解、巩固，在实际运用中拓展思维能力。

本书以流行的 SQL Server 2008 数据库管理系统作为实验平台，介绍 SQL Server 2008 的主要功能和数据库的基本操作方法，其中 SQL 语法均用实例验证，大部分例题配有图片说明。系统开发平台使用 Windows 7 环境下的 Visual Basic 6.0 和 Delphi 7.0，书中全部例题均在系统环境中运行通过，图片均为 SQL Server 2008 系统运行界面、Visual Basic 6.0 和 Delphi 7.0 界面截图，直观、清晰，方便读者对照学习。

为了方便教学和读者上机操作练习，作者还组织编写了《数据库技术与应用（SQL Server 2008 版）实践教程》一书，作为与本书配套的实验和课程设计教材。另外，还有与本书配套的教学课件，供教师教学参考。

本书由王小玲、安剑奇任主编，严晖、周肆清任副主编，施荣华任主审。全书由王小玲、安剑奇负责统稿和整理。另外，参加编写工作的还有刘卫国、杨长兴、童键、田琪、邵自然、温国海、孙岱、奎晓燕、韩华、董密、蒋朝辉等。在本书编写过程中，得到了作者所在学校信息科学与工程学院相关领导和教学管理人员、计算机基础教学实验中心全体教师和自动化系部分教师的大力支持和指导，在此表示衷心的感谢！

由于本书的编写人员都是奋战在本课程教学一线的教师，教学、教改和科研任务繁重，书中不当或错误之处在所难免，恳请广大读者批评指正，读者可通过邮箱 wxling@csu.edu.cn 与作者联系。

编　者
2014 年 2 月

目　　录

前言

第1章　数据库技术概论 ······················· 1

1.1　数据库技术的产生与发展 ··········· 1

1.2　数据库系统 ································· 4

　　1.2.1　数据库系统的组成 ············· 4

　　1.2.2　数据库的结构体系 ············· 5

　　1.2.3　数据库系统的特点 ············· 6

1.3　数据模型 ································· 7

　　1.3.1　数据模型的组成要素 ·········· 7

　　1.3.2　数据抽象的过程 ··············· 8

　　1.3.3　概念模型 ······················· 9

　　1.3.4　逻辑模型 ······················· 11

1.4　关系数据库 ······················· 12

　　1.4.1　关系数据库的基本概念 ······· 12

　　1.4.2　关系运算 ······················· 14

　　1.4.3　关系的完整性约束 ············· 17

　　1.4.4　关系数据库设计实例 ·········· 18

1.5　SQL Server 2008 数据库概述 ······ 19

　　1.5.1　SQL Server 的初步认识 ······· 19

　　1.5.2　SQL Server 2008 的服务器组件 ······ 23

　　1.5.3　SQL Server 2008 的常用管理工具 ······ 24

　　1.5.4　SQL Server 数据类型 ·········· 29

1.6　Transact-SQL 简介 ··················· 32

　　1.6.1　SQL 与 Transact-SQL ·········· 32

　　1.6.2　运算符与表达式 ··············· 33

　　1.6.3　语句块和注释 ················· 38

　　1.6.4　流程控制语句 ················· 38

习题 1 ··· 41

第2章　数据库的管理与使用 ·············· 43

2.1　SQL Server 数据库的存储结构 ······ 43

　　2.1.1　逻辑存储结构 ················· 43

　　2.1.2　物理存储结构 ················· 45

2.2　数据库的创建 ······················· 46

　　2.2.1　使用对象资源管理器创建数据库 ······ 47

　　2.2.2　使用 T-SQL 创建数据库 ········ 49

2.3　数据库的修改 ······················· 54

　　2.3.1　使用对象资源管理器修改数据库 ······ 54

　　2.3.2　使用 T-SQL 修改数据库 ········ 56

2.4　数据库的删除 ······················· 59

　　2.4.1　使用图形界面方式删除数据库 ······ 59

　　2.4.2　使用 T-SQL 删除数据库 ········ 61

2.5　数据库的分离和附加 ··············· 61

　　2.5.1　数据库的分离 ················· 61

　　2.5.2　数据库的附加 ················· 63

2.6　数据库的扩大和收缩 ··············· 66

　　2.6.1　数据库的扩大 ················· 66

　　2.6.2　数据库的收缩 ················· 67

习题 2 ··· 70

第3章　数据表的管理与维护 ·············· 72

3.1　数据表的创建和管理 ··············· 72

　　3.1.1　使用对象资源管理器创建数据表 ······ 72

　　3.1.2　使用 T-SQL 创建数据表 ········ 74

　　3.1.3　使用对象资源管理器对数据表进行管理 ······ 77

　　3.1.4　使用 T-SQL 对数据表进行管理 ······ 79

3.2　表数据的管理 ······················· 81

　　3.2.1　使用对象资源管理器管理表数据 ······ 81

　　3.2.2　使用 T-SQL 管理表数据 ········ 85

3.3　数据库完整性管理 ················· 87

　　3.3.1　数据库完整性概述 ············· 87

　　3.3.2　数据库完整性的类型 ·········· 88

　　3.3.3　使用对象资源管理器实现数据库完整性的设置 ······ 90

习题 3 ··· 94

第4章　数据库查询 ······················· 96

4.1　查询概述 ································· 96

　　4.1.1　图形界面的菜单方式 ·········· 96

4.1.2　查询语句 SELECT ················ 97

4.2　基本查询 ································ 98

4.2.1　简单查询 ····················· 98

4.2.2　条件查询 ···················· 101

4.2.3　查询结果处理 ·············· 105

4.3　嵌套查询 ······························ 109

4.3.1　单值嵌套查询 ·············· 109

4.3.2　多值嵌套查询 ·············· 110

4.4　连接查询 ······························ 111

4.4.1　自连接 ······················· 111

4.4.2　内连接 ······················· 112

4.4.3　外连接 ······················· 114

4.4.4　交叉连接 ···················· 116

习题 4 ·· 117

第 5 章　索引与视图 ····················· 120

5.1　索引 ······································ 120

5.1.1　索引的概念 ················· 120

5.1.2　索引的分类 ················· 121

5.1.3　索引的管理 ················· 122

5.2　视图 ······································ 125

5.2.1　视图的概念 ················· 125

5.2.2　视图的创建 ················· 126

5.2.3　视图的查询 ················· 129

5.2.4　视图的修改 ················· 129

5.2.5　视图的删除 ················· 130

习题 5 ·· 131

第 6 章　存储过程与触发器 ············ 133

6.1　存储过程概述 ······················· 133

6.1.1　存储过程的特点和类型 ··· 133

6.1.2　存储过程的创建和执行 ··· 134

6.1.3　存储过程参数和执行状态 ·· 139

6.1.4　存储过程的查看和修改 ··· 143

6.1.5　存储过程的删除 ··········· 145

6.2　触发器概述 ·························· 146

6.2.1　触发器的特点和类型 ····· 146

6.2.2　触发器的创建 ·············· 147

6.2.3　触发器的查看和修改 ····· 151

6.2.4　触发器的删除 ·············· 153

习题 6 ·· 153

第 7 章　数据库维护 ····················· 156

7.1　数据备份和还原 ···················· 156

7.1.1　数据备份 ···················· 156

7.1.2　数据还原 ···················· 158

7.1.3　数据备份和还原操作 ····· 159

7.2　导入导出数据 ······················· 166

7.2.1　导入数据表 ················· 166

7.2.2　导入其他数据源的数据 ··· 171

7.2.3　导出 SQL Server 数据表 ·· 177

7.3　生成与执行 SQL 脚本 ············· 179

7.3.1　将数据库生成 SQL 脚本 · 179

7.3.2　将数据表生成 SQL 脚本 · 179

7.3.3　执行 SQL 脚本 ············ 181

习题 7 ·· 182

第 8 章　数据库安全的管理 ············ 184

8.1　SQL Server 2008 的安全机制 ···· 184

8.1.1　身份验证 ···················· 184

8.1.2　身份验证模式的设置 ····· 186

8.2　SQL Server 安全管理 ············· 187

8.2.1　登录管理 ···················· 187

8.2.2　数据库用户管理 ··········· 192

8.2.3　角色管理 ···················· 193

8.2.4　权限管理 ···················· 199

习题 8 ·· 202

第 9 章　数据库系统开发工具 VB ···· 204

9.1　数据库系统丌发工具概述 ········· 204

9.2　VB 概述 ······························· 205

9.2.1　VB 6.0 集成开发环境 ···· 205

9.2.2　创建简单的 VB 应用程序 · 206

9.2.3　VB 程序的特点 ············ 207

9.3　VB 语言基础 ························· 208

9.3.1　基本数据类型 ·············· 209

9.3.2　变量和常量 ················· 209

9.3.3　运算符与表达式 ··········· 212

9.3.4　数组与自定义类型 ········ 213

9.4　程序控制结构 ······················· 216

9.4.1　选择结构 ···················· 216

9.4.2　循环控制结构 ·············· 218

9.5　控件 ······································ 222

9.5.1 标签 ···················· 223
9.5.2 文本框 ················· 225
9.5.3 图片框与图像框 ······· 228
9.5.4 菜单 ···················· 230
9.5.5 单选按钮与复选框 ····· 231
9.5.6 列表框与组合框 ······· 233
9.5.7 滚动条与定时器 ······· 236
9.6 过程 ························· 238
9.6.1 子过程 ················· 238
9.6.2 函数过程 ·············· 241
9.6.3 变量的作用域和生存期 ··· 242
9.7 数据访问方法 ············· 244
9.7.1 VB 访问的数据库类型 ··· 244
9.7.2 VB 访问数据的接口 ··· 245
9.7.3 VB 数据库的访问过程 ··· 245
9.8 使用数据控件访问数据库 ··· 246
9.8.1 连接数据库 ··········· 246
9.8.2 数据绑定 ·············· 249
9.9 数据库操作 ················ 253
9.9.1 数据库编辑操作 ······· 253

9.9.2 数据查询 ·············· 258
9.10 数据库应用系统开发 ······· 261
习题 9 ····························· 263
第 10 章 Delphi 的数据访问方法 ··· 265
10.1 Delphi 7.0 的 BDE 组件 ···· 265
10.1.1 BDE 组件 ············ 266
10.1.2 TDatabase 组件 ······ 266
10.1.3 TTable 组件 ········· 268
10.1.4 TQuery 组件 ········· 272
10.2 Delphi 7.0 的 ADO 组件 ···· 273
10.2.1 ADO 组件 ············ 274
10.2.2 TADOConnection 组件 ··· 274
10.2.3 TADOCommand 组件 ··· 276
10.2.4 TADODataSet 和 TADOQuery 组件 ·· 277
10.3 数据库应用系统开发案例 ··· 277
习题 10 ···························· 285
附录 1 SQL Server 2008 常用函数 ··· 287
附录 2 Visual Basic 常用函数 ······· 289
附录 3 Visual Basic 常用方法 ······· 291
参考文献 ··························· 293

第 1 章　数据库技术概论

- 　**了解**：数据与数据处理的概念、数据库技术的产生背景与发展概况、SQL Server 2008 的特点、常用管理工具、Transact SQL 语言的功能。
- 　**理解**：数据库系统的组成与特点、数据独立性的概念、数据模型的概念。
- 　**掌握**：关系模型的基本知识、关系数据库的设计方法、SQL Server 的数据类型及各种运算符和语句。

1.1　数据库技术的产生与发展

　　数据库技术是一门研究如何存储、使用和管理数据的技术，是计算机数据管理技术的最新发展阶段，它能把大量的数据按照一定的结构存储起来，在数据库管理系统的集中管理下实现数据共享。

　　人类在长期的社会生产实践中会产生大量数据，如何对数据进行分类、组织、存储、检索和维护成为迫切的实际需要，在计算机成为数据处理的工具之后，数据处理现代化成为可能。数据库系统的核心任务是数据管理，但并不是一开始就有数据库技术，它是随着数据管理技术的不断发展而逐步产生与发展的。

　　1. 人工管理阶段

　　20 世纪 50 年代中期以前，计算机主要应用于科学计算，虽然此时也有数据管理的问题，但这时的数据管理是以人工管理方式进行的。在硬件方面，外存储器只有磁带、卡片和纸带等，没有磁盘等可以直接存取的外存储器。在软件方面，只有汇编语言，没有操作系统，没有对数据进行管理的软件。数据处理方式基本上是批处理。在此阶段，数据管理的特点如下：

　　（1）数据不保存。此阶段处理的数据量较少，一般不需要将数据长期保存，只是在计算时将数据随程序一起输入，计算完后将结果输出，而数据和程序则一起从内存中被释放。若再计算，则需重新输入数据和程序。

　　（2）由应用程序管理数据。系统没有专门的软件对数据进行管理，数据需要由应用程序自行管理。每个应用程序不仅要规定数据的逻辑结构，而且要设计数据的存储结构及输入/输出方法等，程序设计任务繁重。

　　（3）数据有冗余，无法实现共享。程序与数据是一个整体，一个程序中的数据无法被其他程序使用，因此程序与程序之间存在大量的重复数据，数据无法实现共享。

　　（4）数据对程序不具有独立性。由于程序对数据的依赖性，数据的逻辑结构或存储结构一旦有所改变，则必须修改相应的程序，这就进一步加重了程序设计的负担。

2. 文件管理阶段

20 世纪 50 年代后期至 60 年代后期，计算机开始大量用于数据管理。硬件上出现了可以直接存取的大容量外存储器，如磁盘、磁鼓等，这为计算机数据管理提供了物质基础。软件上出现了高级语言和操作系统。操作系统中的文件系统专门用于管理数据，这又为数据管理提供了技术支持。数据处理方式不仅有批处理，而且有联机实时处理。

数据处理应用程序利用操作系统的文件管理功能将相关数据按一定的规则构成文件，通过文件系统对文件中的数据进行存取和管理，实现数据的文件管理方式。其特点如下：

（1）数据可以长期保存。文件系统为程序和数据之间提供了一个公共接口，使应用程序采用统一的存取方法来存取和操作数据。数据可以组织成文件，能够长期保存、反复使用。

（2）数据对程序有一定的独立性。程序和数据不再是一个整体，而是通过文件系统把数据组织成一个独立的数据文件，由文件系统对数据的存取进行管理，程序员只需通过文件名来访问数据文件，不必过多考虑数据的物理存储细节，因此程序员可集中精力进行算法设计，从而大大减少了程序维护的工作量。

文件管理使计算机在数据管理方面有了长足的进步。时至今日，文件系统仍是一般高级语言普遍采用的数据管理方式。

3. 数据库管理阶段

20 世纪 60 年代后期，计算机用于数据管理的规模更加庞大，数据量急剧增加，数据共享性要求更加强烈。同时，计算机硬件价格下降，软件价格上升，编制和维护软件所需成本相对增加，其中维护成本更高。这些都成为数据管理技术在文件管理的基础上发展到数据库管理的原动力。

数据库（Data Base，DB）是按照一定的组织方式存储起来的、相互关联的数据集合。在数据库管理阶段，由一种叫做数据库管理系统（Data Base Management System，DBMS）的系统软件来对数据进行统一的控制和管理，把所有应用程序中使用的相关数据汇集起来，按统一的数据模型存储在数据库中，为各个应用程序所使用。在应用程序和数据库之间保持较高的独立性，数据具有完整性、一致性和安全性高等特点，并且具有充分的共享性，有效地减少了数据冗余。

4. 新型数据库系统

数据库技术的发展先后经历了层次数据库、网状数据库和关系数据库阶段。层次数据库和网状数据库可以看做是第一代数据库系统，关系数据库可以看做是第二代数据库系统。自 20 世纪 70 年代提出关系数据模型和关系数据库后，数据库技术得到了蓬勃发展，应用也越来越广泛。但随着应用的不断深入，占主导地位的关系数据库系统已不能满足新应用领域的需求。例如，在实际应用中，除了需要处理数字、字符数据的简单应用外，还需要存储并检索复杂的复合数据（如集合、数组、结构）、多媒体数据、计算机辅助设计绘制的工程图纸和 GIS（地理信息系统）提供的空间数据等。对于这些复杂数据，关系数据库无法实现对它们的管理。正是这些实际应用中涌现出的问题促使数据库技术不断向前发展，出现了许多不同类型的新型数据库系统。下面简要地做一些介绍。

（1）分布式数据库系统。

分布式数据库系统（Distributed Data Base System，DDBS）是数据库技术与计算机网络技术、分布式处理技术相结合的产物。分布式数据库系统是将系统中的数据地理上分布在计算机网络的不同节点，但逻辑上属于一个整体的数据库系统，它不同于将数据存储在服务器上供用户共享存取的网络数据库系统，分布式数据库系统不仅能支持局部应用（访问本地数据库），而且能支持全局应用（访问异地数据库）。分布式数据库系统主要应用于航空、铁路、旅游订票系统，银行通存通兑系统，水陆空联运系统，跨国公司管理系统，连锁配送管理系统等。

（2）面向对象数据库系统。

面向对象数据库系统（Object-Oriented Data Base System，OODBS）是将面向对象的模型、方法和机制与先进的数据库技术有机结合而形成的新型数据库系统。它从关系模型中脱离出来，强调在数据库框架中发展类型、数据抽象、继承和持久性。它的基本设计思想是：把面向对象语言向数据库方向扩展，使应用程序能够存取并处理对象；扩展数据库系统，使其具有面向对象的特征，提供一种综合的语义数据建模概念集，以便对现实世界中复杂应用的实体和联系建模。因此，面向对象数据库系统首先是一个数据库系统，具备数据库系统的基本功能；其次是一个面向对象的系统，针对面向对象的程序设计语言的永久性对象存储管理而设计，充分支持完整的面向对象概念和机制。面向对象数据库系统对一些特定应用领域（如 CAD 等），能较好地满足其应用需求。

（3）多媒体数据库系统。

多媒体数据库系统（Multi-media Data Base System，MDBS）是数据库技术与多媒体技术相结合的产物。随着信息技术的发展，数据库应用从传统的企业信息管理扩展到计算机辅助设计（CAD）、计算机辅助制造（CAM）、办公自动化（OA）、人工智能（AI）等多个应用领域。这些领域中处理的数据不仅包括传统的数字、字符等格式化数据，还包括大量多媒体形式的非格式化数据，如图形、图像、声音等。这种能存储和管理多媒体数据的数据库称为多媒体数据库。多媒体数据库系统主要应用于军事、医学病例管理、航天测控、商标管理、地理信息系统、数字图书馆和期刊出版系统等。

（4）数据仓库技术。

随着信息技术的高速发展，数据库应用的规模、范围和深度不断扩大，一般的事务处理已不能满足应用的需要，企业需要在大量数据基础上的决策支持，数据仓库（Data Warehouse，DW）技术的兴起满足了这一需求。数据仓库作为决策支持系统（Decision Support System，DSS）的有效解决方案，涉及 3 个方面的技术内容：数据仓库技术、联机分析处理（On-Line Analytical Processing，OLAP）技术和数据挖掘（Data Mining，DM）技术。

数据仓库、OLAP 和数据挖掘是作为 3 种独立的数据处理技术出现的。数据仓库用于数据的存储和组织，OLAP 集中于数据的分析，数据挖掘则致力于知识的自动发现。它们都可以分别应用到信息系统的设计和实现中，以提高相应部分的处理能力。但是，由于这 3 种技术内在的联系性和互补性，将它们结合起来即是一种新的 DSS 架构。这一架构以数据库中的大量数据为基础，系统则由数据驱动。数据仓库技术应用遍及通信、零售业、金融及制造业等领域。

（5）内存数据库系统。

内存数据库（Main Memory Data Base，MMDB）系统是实时系统和数据库系统的有机结合。它抛弃了磁盘数据管理的传统方式，基于全部数据都在内存中这一前提重新设计了体系结构，并且在数据缓存、快速算法、并行操作方面也进行了相应的改进，所以数据处理速度比传统数据库的数据处理速度要快很多，一般都在 10 倍以上。内存数据库的最大特点是其"主拷贝"或"工作版本"常驻内存，即活动事务只与实时内存数据库的内存拷贝打交道。内存数据库系统目前广泛应用于航空、军事、电信、电力及工业控制等领域。

1.2　数据库系统

数据库系统（Data Base System，DBS）是指基于数据库的计算机应用系统。和一般的应用系统相比，数据库系统有其自身的特点，它涉及一些既相互联系又有区别的基本概念。

1.2.1　数据库系统的组成

数据库系统是一个计算机应用系统，它是把有关计算机硬件、软件、数据和人员组合起来为用户提供信息服务的系统。因此，数据库系统是由计算机系统、数据库及其描述机制、数据库管理系统和有关人员组成的具有高度组织性的整体。

1.　计算机硬件

计算机硬件系统是数据库系统的物质基础，是存储数据库及运行数据库管理系统的硬件资源，主要包括计算机主机、存储设备、输入/输出设备及计算机网络环境。

2.　计算机软件

数据库系统中的软件包括操作系统、数据库管理系统、数据库应用系统等。

数据库管理系统（DBMS）是数据库系统的核心软件之一，它提供数据定义、数据操纵、数据库管理、数据库建立和维护及通信等功能。DBMS 提供对数据库中的数据资源进行统一管理和控制的功能，将用户、应用程序与数据库数据相互隔离，是数据库系统的核心，其功能的强弱是衡量数据库系统性能优劣的主要指标。DBMS 必须运行在相应的系统平台上，有操作系统和相关系统软件的支持。

DBMS 功能的强弱随系统而异，大系统功能较强、较全，小系统功能较弱、较少。目前较流行的数据库管理系统有 Access、Visual FoxPro、SQL Server、Oracle 和 Sybase 等。

数据库应用系统是指系统开发人员利用数据库系统资源开发出来的、面向某一类实际应用的应用软件系统。从实现技术角度而言，它是以数据库技术为基础的计算机应用系统。

3.　数据库

数据库（DB）是指数据库系统中按照一定的方式组织的、存储在外部存储设备上的、能为多个用户共享的、与应用程序相互独立的相关数据集合。它不仅包括描述事物的数据本身，而且还包括相关事物之间的联系。

数据库中的数据往往不像文件系统那样只面向某一项特定应用，而是面向多种应用，可以被多个用户、多个应用程序共享。其数据结构独立于使用数据的程序，对数据的增加、删除、修改和检索由 DBMS 进行统一管理和控制，用户对数据库进行的各种操作都是由数据库管理系统实现的。

4.　数据库系统的有关人员

数据库系统的有关人员主要有 3 类：最终用户、数据库应用系统开发人员和数据库管理员（Data Base Administrator，DBA）。最终用户指通过应用系统的用户界面使用数据库的人员，他们一般对数据库知识了解不多。数据库应用系统开发人员包括系统分析员、系统设计员和程序员。系统分析员负责应用系统的分析，他们和用户、数据库管理员相配合，参与系统分析；系统设计员负责应用系统设计和数据库设计；程序员则根据设计要求进行编码。数据库管理员是数据管理机构的一组人员，他们负责对整个数据库系统进行总体控制和维护，以保证数据库系统的正常运行。

综上所述，数据库中包含的数据是存储在存储介质上的数据文件的集合；每个用户均可使用其中的数据，不同用户使用的数据可以重叠，同一组数据可以为多个用户共享；DBMS为用户提供对数据的存储组织、操作管理等功能；用户通过数据库管理系统和应用程序实现对数据库系统的操作与应用。

1.2.2　数据库的结构体系

为了有效地组织、管理数据，提高数据库的逻辑独立性和物理独立性，人们为数据库设计了一个严谨的结构体系，数据库领域公认的标准结构是三级模式及二级映射。三级模式包括外模式、概念模式和内模式；二级映射是概念模式/内模式的映射和外模式/概念模式的映射。这种三级模式与二级映射结构构成了数据库的结构体系，如图 1.1 所示。

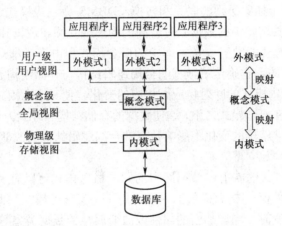

图 1.1　数据库的三级模式与二级映射

1. 数据库的三级模式

美国国家标准协会（American National Standards Institute，ANSI）的数据库管理系统研究小组于 1978 年提出了标准化的建议，将数据库结构体系分为三级：面向用户或应用程序员的用户级、面向建立和维护数据库人员的概念级、面向系统程序员的物理级。用户级对应外模式，概念级对应概念模式，物理级对应内模式，使不同级别的用户对数据库形成不同的视图。视图是指观察、认识和理解数据的范围、角度和方法，是数据库在用户眼中的反映。很显然，不同层次（级别）用户所看到的数据库是不相同的。

（1）概念模式。概念模式又称逻辑模式，或简称模式，对应于概念级。它是由数据库设计者综合所有用户的数据，按照统一的观点构造的全局逻辑结构，是对数据库中全部数据的逻辑结构和特征的总体描述，是所有用户的公共数据视图（全局视图）。它由数据库系统提供的数据定义语言（Data Definition Language，DDL）来描述、定义，体现并反映了数据库系统的整体观。

（2）外模式。外模式又称子模式或用户模式，对应于用户级。它是某个或某几个用户所看到的数据库的数据视图，是与某一应用有关的数据的逻辑表示。外模式是从概念模式导出的一个子集，包含概念模式中允许特定用户使用的那部分数据。用户可以通过外模式定义语言（外模式 DDL）来描述、定义对应于用户的数据记录（用户视图），也可以利用数据操纵语言（Data Manipulation Language，DML）对这些数据记录进行操作。外模式反映了数据库的用户观。

（3）内模式。内模式又称存储模式或物理模式，对应于物理级。它是数据库中全体数据的内部表示或底层描述，是数据库最低一级的逻辑描述，它描述了数据在存储介质上的存储方式和物理结构，对应着实际存储在外存储介质上的数据库。内模式由内模式定义语言（内模式DDL）来描述、定义，它是数据库的存储观。

在一个数据库系统中只有唯一的数据库，因而作为定义、描述数据库存储结构的内模式和定义、描述数据库逻辑结构的模式也是唯一的，但建立在数据库系统之上的应用则是非常广泛、多样的，所以对应的外模式不是唯一的，也不可能唯一。

2. 三级模式间的二级映射

数据库的三级模式是数据在 3 个级别（层次）上的抽象，使用户能够逻辑地、抽象地处理数据，而不必关心数据在计算机中的物理表示和存储方式，把数据的具体组织交给 DBMS去完成。为了实现这 3 个抽象级别的联系和转换，DBMS 在三级模式之间提供了二级映射，正是这二级映射保证了数据库中的数据具有较高的物理独立性和逻辑独立性。

（1）概念模式/内模式的映射。数据库中的概念模式和内模式都只有一个，所以概念模式/内模式的映射是唯一的。它确定了数据的全局逻辑结构与存储结构之间的对应关系。存储结构变化时，概念模式/内模式的映射也应有相应的变化，使其概念模式仍保持不变，即把存储结构变化的影响限制在概念模式之下，这使数据的存储结构和存储方法独立于应用程序，通过映射功能保证数据存储结构的变化不影响数据的全局逻辑结构的改变，从而不必修改应用程序，即确保了数据的物理独立性。

（2）外模式/概念模式的映射。数据库中的同一概念模式可以有多个外模式，对于每一个外模式，都存在一个外模式/概念模式的映射，用于定义该外模式和概念模式之间的对应关系。当概念模式发生改变时，如增加新的属性或改变属性的数据类型等，只需对外模式/概念模式的映射做相应的修改，而外模式（即数据的局部逻辑结构）保持不变。由于应用程序是依据数据的局部逻辑结构编写的，所以应用程序不必修改，从而保证了数据与程序间的逻辑独立性。

1.2.3　数据库系统的特点

数据库系统的出现是计算机数据管理技术的重大进步，它克服了文件系统的缺陷，提供了对数据更高级、更有效的管理。

1. 数据结构化

在文件系统中，文件的记录内部是有结构的。例如，学生数据文件的每个记录是由学号、姓名、性别、出生年月、籍贯、简历等数据项组成的。但这种结构只适用于特定的应用，对其他应用并不适用。

在数据库系统中，每一个数据库都是为某一应用领域服务的。例如，学校信息管理涉及多个方面的应用，包括对学生的学籍管理、课程管理、学生成绩管理等，还包括教工的人事管理、教学管理、科研管理、住房管理和工资管理等，这些应用彼此之间都有着密切的联系。因此，在数据库系统中不仅要考虑某个应用的数据结构，还要考虑整个组织（即多个应用）的数据结构。这种数据组织方式使数据结构化了，这就要求在描述数据时不仅要描述数据本身，还要描述数据之间的联系。而在文件系统中，尽管其记录内部已有了某些结构，但记录之间没有联系。数据库系统实现整体数据的结构化，这是数据库的主要特点之一，也是数据库系统与文件系统的本质区别。

2. 数据共享性高、冗余度低

数据共享是指多个用户或应用程序可以访问同一个数据库中的数据，而且 DBMS 提供并发和协调机制，保证在多个应用程序同时访问、存取和操作数据库数据时不产生任何冲突，从而保证数据不遭到破坏。

数据冗余既浪费存储空间，又容易产生数据的不一致。在文件系统中，由于每个应用程序都有自己的数据文件，所以数据存在着大量的重复。

数据库从全局观念来组织和存储数据，数据已经根据特定的数据模型结构化，在数据库中用户的逻辑数据文件和具体的物理数据文件不必一一对应，从而有效地节省了存储资源，减少了数据冗余，保证了数据的一致性。

3. 具有较高的数据独立性

数据独立性是指应用程序与数据库的数据结构之间相互独立。在数据库系统中，因为采用了数据库的三级模式结构，保证了数据库中数据的独立性。在数据存储结构改变时，不影响数据的全局逻辑结构，这样保证了数据的物理独立性。在全局逻辑结构改变时，不影响用户的局部逻辑结构和应用程序，这样就保证了数据的逻辑独立性。

4. 具有统一的数据控制功能

在数据库系统中，数据由 DBMS 进行统一控制和管理。DBMS 提供了一套有效的数据控制手段，包括数据库安全性控制、数据库完整性控制、数据库的并发控制和数据库的恢复等，增强了多用户环境下数据库的安全性和一致性保护。

1.3　数据模型

数据库是现实世界中某种应用环境（一个单位或部门）所涉及的数据集合，它不仅要反映数据本身的内容，而且要反映数据之间的联系。由于计算机不能直接处理现实世界中的具体事物，所以必须将这些具体事物转换成计算机能够处理的数据。在数据库技术中，用数据模型（Data Model）来对现实世界中的数据进行抽象和表示。

1.3.1　数据模型的组成要素

一般而言，数据模型是一种形式化描述数据、数据之间的联系以及有关语义约束规则的方法，这些规则分为 3 个方面：描述实体静态特征的数据结构、描述实体动态特征的数据操作规则和描述实体语义要求的数据完整性约束规则。因此，数据结构、数据操作及数据的完整性约束也被称为数据模型的 3 个组成要素。

1. 数据结构

数据结构研究数据之间的组织形式（数据的逻辑结构）、数据的存储形式（数据的物理结构）、数据对象的类型等。存储在数据库中的对象类型的集合是数据库的组成部分。例如，在教学管理系统中，要管理的数据对象有学生、课程、选课成绩等，在课程对象集合中，每门课程包括课程号、课程名、学分等信息，这些基本信息描述了每门课程的特性，构成在数据库中存储的框架，即对象类型。

数据结构用于描述系统的静态特性，是刻画一个数据模型性质最重要的方面。因此，在数据库系统中，通常按照数据结构的类型来命名数据模型，如层次结构、网状结构和关系结构的数据模型分别命名为层次模型、网状模型和关系模型。

2．数据操作

数据操作用于描述系统的动态特性，是指对数据库中的各种数据所允许执行的操作的集合，包括操作及有关的操作规则。数据库主要有查询和更新（包括插入、删除和修改等）两大类操作。数据模型必须定义这些操作的确切含义、操作符号、操作规则（如优先级）、实现操作的语言等。

3．数据的完整性约束

数据的完整性约束是一组完整性规则的集合。完整性规则是给定的数据模型中数据及其联系所具有的约束和依存规则，用以限定符合数据模型的数据库状态和状态的变化，以保证数据的正确、有效和相容。

数据模型应该反映和规定数据必须遵守的、基本的、通用的完整性约束。此外，数据模型还应该提供定义完整性约束条件的机制，以反映具体涉及的数据必须遵守的、特定的语义约束条件，如学生信息中的"性别"只能为"男"或"女"、学生选课信息中的"课程号"的值必须取自学校已开设课程的课程号等。

1.3.2　数据抽象的过程

从现实世界中的客观事物到数据库中存储的数据是一个逐步抽象的过程，这个过程经历了现实世界、观念世界和机器世界 3 个阶段，对应于数据抽象的不同阶段采用不同的数据模型。首先将现实世界的事物及其联系抽象成观念世界的概念模型，然后再转换成机器世界的数据模型。概念模型并不依赖于具体的计算机系统，它不是 DBMS 所支持的数据模型，它是现实世界中客观事物的抽象表示。概念模型经过转换成为计算机上某一 DBMS 支持的数据模型。所以说，数据模型是对现实世界进行抽象和转换的结果，这一过程如图 1.2 所示。

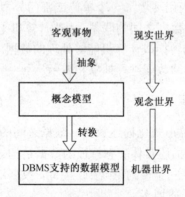

图 1.2　数据抽象的过程

1．对现实世界的抽象

现实世界就是客观存在的世界，其中存在着各种客观事物及其相互之间的联系，而且每个事物都有自己的特征或性质。计算机处理的对象是现实世界中的客观事物，在对其实施处理的过程中，首先应了解和熟悉现实世界，从对现实世界的调查和观察中抽象出大量描述客观事物的事实，再对这些事实进行整理、分类和规范，进而将规范化的事实数据化，最终实现数据库系统的存储和处理。

2．观念世界中的概念模型

观念世界是对现实世界的一种抽象，通过对客观事物及其联系的抽象描述构造出概念模型（Conceptual Model）。概念模型的特征是按用户需求观点对数据进行建模，表达了数据的全局逻辑结构，是系统用户对整个应用项目涉及数据的全面描述。概念模型主要用于数据库设计，它独立于现实世界的 DBMS，也就是说选择何种 DBMS 不会影响概念模型的设计。

概念模型的表示方法很多，目前较常用的是实体联系模型（Entity Relationship Model），简称 E-R 模型。E-R 模型主要用 E-R 图来表示。

3. 机器世界中的逻辑模型和物理模型

机器世界是指现实世界在计算机中的体现与反映。现实世界中的客观事物及其联系在机器世界中以逻辑模型（Logical Model）描述。在选定 DBMS 后，就要将 E-R 图表示的概念模型转换为具体的 DBMS 支持的逻辑模型。逻辑模型的特征是按计算机实现的观点对数据进行建模，表达了数据库的全局逻辑结构，是设计人员对整个应用项目数据库的全面描述，逻辑模型服务于 DBMS 的应用实现。通常也把数据的逻辑模型直接称为数据模型。数据库系统中主要的逻辑模型有层次模型、网状模型和关系模型。

物理模型（Physical Model）是对数据最低层的抽象，用以描述数据在物理存储介质上的组织结构，与具体的 DBMS、操作系统和硬件有关。

从概念模型到逻辑模型的转换是由数据库设计人员完成的，从逻辑模型到物理模型的转换是由 DBMS 完成的，一般人员不必考虑物理实现细节，因而逻辑模型是数据库系统的基础，也是应用过程中要考虑的核心问题。

1.3.3　概念模型

当分析某种应用环境所需的数据时，总是首先找出涉及的实体及实体之间的联系，进而得到概念模型，这是数据库设计的先导。

1. 实体与实体集

实体（Entity）是现实世界中任何可以相互区分和识别的事物，它既可以是能触及的客观对象（如一位教师、一名学生、一种商品等），也可以是抽象的事件（如一场足球比赛、一次借书等）。

性质相同的同类实体的集合称为实体集（Entity Set），如一个系的所有教师、2014 年南非世界杯足球赛的全部 64 场比赛等。

2. 属性

每个实体都具有一定的特征或性质，这样才能区分一个个实体。例如，教师的编号、姓名、性别、职称等都是教师实体具有的特征，足球赛的比赛时间、地点、参赛队、比分、裁判姓名等都是足球赛实体的特征。实体的特征称为属性（Attribute），一个实体可用若干属性来刻画。

能唯一标识实体的属性或属性集称为实体标识符，如教师的编号可以作为教师实体的标识符。

3. 类型与值

属性和实体都有类型（Type）和值（Value）之分。属性类型就是属性名及其取值类型，属性值就是属性所取的具体值。例如，教师实体中的"姓名"属性，属性名"姓名"和取字符类型的值是属性类型，而"黎德瑟"、"王德浩"等是属性值。每个属性都有特定的取值范围，即值域（Domain），超出值域的属性值则认为无实际意义，如"性别"属性的值域为（男，女）、"职称"属性的值域为（助教，讲师，副教授，教授）等，由此可见，属性类型是个变量，属性值是变量所取的值，而值域是变量的取值范围。

实体类型（Entity Type）就是实体的结构描述，通常是实体名和属性名的集合；具有相同属性的实体有相同的实体类型。实体值是一个具体的实体，是属性值的集合。例如，教师实体类型是：

教师（编号，姓名，性别，出生日期，职称，基本工资，研究方向）

教师"王德浩"的实体值是：

（T6，王德浩，男，09/21/65，教授，2750，数据库技术）

由此可见，属性值所组成的集合表征一个实体，相应的这些属性名的集合表征一个实体类型，相同类型实体的集合称为实体集。

在 SQL Server 中，用"表"来表示同一类实体，即实体集，用"记录"来表示一个具体的实体，用"字段"来表示实体的属性。显然，字段的集合组成一个记录，记录的集合组成一个表。实体类型则代表了表的结构。

4．实体间的联系

实体之间的对应关系称为联系（Relationship），它反映了现实世界事物之间的相互关联。例如，图书和出版社之间的关联关系为：一个出版社可以出版多种书，同一种书只能在一个出版社出版。

实体间的联系是指一个实体集中可能出现的每一个实体与另一实体集中多少个具体实体存在联系。实体之间有各种各样的联系，归纳起来有 3 种类型：

（1）一对一联系。如果对于实体集 A 中的每一个实体，实体集 B 中至多只有一个实体与之联系，反之亦然，则称实体集 A 与实体集 B 具有一对一联系，记为 1:1。例如，一个工厂只有一个厂长，一个厂长只在一个工厂任职，厂长与工厂之间的联系是一对一的联系。

（2）一对多联系。如果对于实体集 A 中的每一个实体，实体集 B 中可以有多个实体与之联系，反之，对于实体集 B 中的每一个实体，实体集 A 中至多只有一个实体与之联系，则称实体集 A 与实体集 B 具有一对多联系，记为 1:n。例如，一个公司有许多职员，但一个职员只能在一个公司就职，所以公司和职员之间的联系是一对多的联系。

（3）多对多联系。如果对于实体集 A 中的每一个实体，实体集 B 中可以有多个实体与之联系，而对于实体集 B 中的每一个实体，实体集 A 中也可以有多个实体与之联系，则称实体集 A 与实体集 B 之间有多对多的联系，记为 m:n。例如，一个读者可以借阅多种图书，任何一种图书可以被多个读者借阅，所以读者和图书之间的联系是多对多的联系。

5．E-R 图

概念模型是反映实体及实体之间联系的模型。在建立概念模型时，要逐一给实体命名以示区别，并描述它们之间的各种联系。E-R 图是用一种直观的图形方式建立现实世界中实体及其联系模型的工具，也是数据库设计的一种基本工具。

E-R 模型用矩形框表示现实世界中的实体，用菱形框表示实体间的联系，用椭圆框表示实体和联系的属性，实体名、属性名和联系名分别写在相应框内。对于作为实体标识符的属性，在属性名下画一条横线。实体与相应的属性之间、联系与相应的属性之间用线段连接。联系与其涉及的实体之间也用线段连接，同时在线段旁标注联系的类型（1:1、1:n 或 m:n）。

图 1.3 所示为学生信息系统中的 E-R 图，该图建立了学生、课程和学院 3 个不同的实体及其联系的模型。其中"课程号"属性作为课程实体的标识符（不同课程的课程号不同），"学号"属性作为学生实体的标识符，"编号"属性作为学院实体的标识符。联系也可以有自己的属性，

如学生实体和课程实体之间的"选课"联系可以有"成绩"属性。

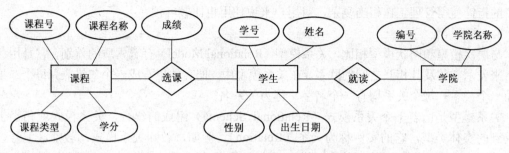

图 1.3　学生信息系统中的 E-R 模型

1.3.4　逻辑模型

E-R 模型只能说明实体间语义的联系，还不能进一步说明详细的数据结构。在进行数据库设计时，总是先设计 E-R 模型，然后再把 E-R 模型转换成计算机能实现的逻辑数据模型，如关系模型。逻辑模型不同，描述和实现方法也不同，相应的支持软件（即 DBMS）也不同。在数据库系统中，常用的逻辑模型有层次模型、网状模型和关系模型 3 种。

1. 层次模型

层次模型（Hierarchical Model）用树型结构来表示实体及其之间的联系。在这种模型中，数据被组织成由"根"开始的"树"，每个实体由根开始沿着不同的分枝放在不同的层次上。树中的每一个节点代表一个实体类型，连线则表示它们之间的关系。根据树型结构的特点，建立数据的层次模型需要满足以下两个条件：

（1）有一个节点没有父节点，这个节点即根节点。

（2）其他节点有且仅有一个父节点。

事实上，许多实体间的联系本身就是自然的层次关系。如一个单位的行政机构、一个家庭的世代关系等。

层次模型的特点是各实体之间的联系通过指针来实现，查询效率较高。但由于受到以上两个条件的限制，它能够比较方便地表示出一对一和一对多的实体联系，而不能直接表示出多对多的实体联系，对于多对多的联系，必须先将其分解为几个一对多的联系才能表示出来。因此，对于复杂的数据关系，实现起来较为麻烦，这就是层次模型的局限性。

采用层次模型来设计的数据库称为层次数据库。层次模型的数据库管理系统是最早出现的，它的典型代表是 IBM 公司在 1968 年推出的信息管理系统（Information Management System，IMS），这是世界上最早出现的大型数据库系统。

2. 网状模型

网状模型（Network Model）用以实体类型为节点的有向图来表示各实体及其之间的联系。其特点如下：

（1）可以有一个以上的节点无父节点。

（2）至少有一个节点有多于一个的父节点。

网状模型比层次模型复杂，但它可以直接用来表示多对多联系。然而由于技术上的困难，一些已实现的网状数据库管理系统（如 20 世纪 70 年代数据库系统语言协会下属的数据库任务组（DBTG）提出的 DBTG 系统）中仍然只允许处理一对多联系。

网状模型的特点是各实体之间的联系通过指针实现，查询效率较高，多对多联系也容易实现。但是当实体集和实体集中实体的数目都较多时（这对数据库系统来说是理所当然的），众多的指针使得管理工作相当复杂，对用户来说使用也比较麻烦。

3. 关系模型

与层次模型和网状模型相比，关系模型（Relational Model）有着本质的差别，它是用二维表格来表示实体及其相互之间的联系。在关系模型中，把实体集看成一个二维表，每个二维表称为一个关系。每个关系均有一个名字，称为关系名。

关系模型是由若干个关系模式（Relational Schema）组成的集合，关系模式就相当于前面提到的实体类型，它的实例称为关系（Relation）。例如，教师关系模式：教师（编号，姓名，性别，出生日期，职称，基本工资，研究方向），其关系实例如表 1.1 所示，表 1.1 即是一个教师关系。

表 1.1 教师关系

编号	姓名	性别	出生日期	职称	基本工资	研究方向
T1	黎德瑟	女	09/24/56	教授	3200	软件工程
T2	蔡理仁	男	11/27/73	讲师	1960	数据库技术
T3	张肆谦	男	12/23/81	助教	1450	网络技术
T4	黄豆豆	男	01/27/63	副教授	2100	信息系统
T5	周武士	女	07/15/79	助教	1600	信息安全
T6	王德浩	男	09/21/65	教授	2750	数据库技术

一个关系就是没有重复行和重复列的二维表，二维表的每一行在关系中称为元组，每一列在关系中称为属性。教师关系的每一行代表一个教师的记录，每一列代表教师记录的一个字段。

虽然关系模型比层次模型和网状模型发展得晚，但其数据结构简单、容易理解，而且建立在严格的数学理论基础之上，所以是目前比较流行的一种数据模型。自 20 世纪 80 年代以来，新推出的数据库管理系统几乎都支持关系模型。本书讨论的 SQL Server 2008 就是一种关系数据库管理系统。

1.4 关系数据库

在关系数据库中，数据的逻辑结构是采用关系模型（即使用二维表格）来描述实体及其相互间的联系。关系数据库一经问世，即赢得了用户的广泛青睐和数据库开发商的积极支持，使其迅速成为继层次、网状数据库之后一种崭新的数据组织方式，并后来者居上，在数据库技术领域占据统治地位。

1.4.1 关系数据库的基本概念

关系数据库的基本数据结构是关系，即平时所说的二维表格，在 E-R 模型中对应于实体集，而在数据库中关系又对应于表，因此二维表格、实体集、关系、表指的是同一个概念，只是使用的场合不同而已。

1. 关系

通常将一个没有重复行、重复列，并且每个行列的交叉点只有一个基本数据的二维表格看成一个关系。二维表格包括表头和表中的内容，相应地，关系包括关系模式和记录的值，表包括表结构（记录类型）和表的记录，而满足一定条件的规范化关系的集合就构成了关系模型。

尽管关系与二维表格、传统的数据文件有相似之处，但它们之间又有着重要的区别。严格地说，关系是一种规范化了的二维表格。在关系模型中，对关系做了种种规范性限制，关系具有以下 6 个性质。

（1）关系必须规范化，每一个属性都必须是不可再分的数据项。规范化是指关系模型中每个关系模式都必须满足一定的要求，最基本的要求是关系必须是一个二维表格，每个属性值必须是不可分割的最小数据单元，即表中不能再包含表。例如，表 1.2 就不能直接作为一个关系。因为该表的"工资标准"一列有 3 个子列，这与每个属性不可再分割的要求不符。只要去掉"工资标准"项，而将"基本工资"、"标准津贴"、"业绩津贴"直接作为基本的数据项就可以了。

表 1.2　不能直接作为关系的表格示例

编号	姓名	工资标准		
		基本工资/元	标准津贴/元	业绩津贴/元
E1	张东	2350	2500	1780
E2	王南	1450	1350	1560
E3	李西	2450	2900	1870
E4	陈北	1780	2300	1780

（2）列是同质的（Homogeneous），即每一列中的分量是同一类型的数据，来自同一个域。

（3）在同一关系中不允许出现相同的属性名。

（4）关系中不允许有完全相同的元组。

（5）在同一关系中元组的次序无关紧要，也就是说，任意交换两行的位置并不影响数据的实际含义。

（6）在同一关系中属性的次序无关紧要，任意交换两列的位置也并不影响数据的实际含义，不会改变关系模式。

以上是关系的基本性质，也是衡量一个二维表格是否构成关系的基本要素。在这些基本要素中，属性不可再分割是关键，这构成关系的基本规范。

在关系模型中，数据结构简单、清晰，同时有严格的数学理论作为指导，为用户提供了较为全面的操作支持，所以关系数据库成为当今数据库应用的主流。

2. 元组

二维表格的每一行在关系中称为元组（Tuple），相当于表的一个记录（Record）。一行描述了现实世界中的一个实体。如在表 1.1 中，每行描述了一个教师的基本信息。在关系数据库中，行是不能重复的，即不允许两行的全部元素完全对应相同。

3. 属性

二维表格的每一列在关系中称为属性（Attribute），相当于记录中的一个字段（Field）或数据项。每个属性有一个属性名，一个属性在其每个元组上的值称为属性值，因此，一个属性包括多个属性值，只有在指定元组的情况下属性值才是确定的。同时，每个属性有一定的取值范围，称为该属性的值域，如表 1.1 中的第 3 列，属性名是"性别"，取值是"男"或"女"，不是"男"或"女"的数据应被拒绝存入该表，这就是数据约束条件。同样，在关系数据库中，列是不能重复的，即关系的属性不允许重复。属性必须是不可再分的，即属性是一个基本的数据项，不能是几个数据的组合项。

有了属性概念后，可以这样定义关系模式和关系模型：关系模式是属性名及属性值域的集合；关系模型是一组相互关联的关系模式的集合。

4. 关键字

关系中能唯一区分、确定不同元组的单个属性或属性组合，称为该关系的一个关键字。关键字又称为键或码（Key）。单个属性组成的关键字称为单关键字，多个属性组合的关键字称为组合关键字。需要强调的是，关键字的属性值不能取空值。空值就是不知道或不确定的值，因为空值无法唯一地区分、确定元组。

在表 1.1 所示的关系中，"性别"属性无疑不能充当关键字，"职称"属性也不能充当关键字，从该关系现有的数据分析，"编号"和"姓名"属性均可单独作为关键字，但"编号"作为关键字会更好一些，因为可能会有教师重名的现象，而教师的编号是不会相同的。这也说明，某个属性能否作为关键字，不能仅凭对现有数据进行归纳确定，还应根据该属性的取值范围进行分析判断。

关系中能够作为关键字的属性或属性组合可能不是唯一的。凡在关系中能够唯一区分、确定不同元组的属性或属性组称为候选关键字（Candidate Key）。例如，表 1.1 所示关系中的"编号"和"姓名"属性都是候选关键字（假定没有重名的教师）。

在候选关键字中选定一个作为关键字，称为该关系的主关键字或主键（Primary Key）。关系中主关键字是唯一的。

5. 外部关键字

如果关系中某个属性或属性组合并非本关系的关键字，但却是另一个关系的关键字，则称这样的属性或属性组合为本关系的外部关键字或外键（Foreign Key）。在关系数据库中，用外部关键字表示两个表之间的联系。例如，在表 1.1 所示的教师关系中，增加"部门代码"属性，则"部门代码"属性就是一个外部关键字，该属性是"部门"关系的关键字，该外部关键字描述了"教师"和"部门"两个实体之间的联系。

1.4.2 关系运算

在关系模型中，数据是以二维表格的形式存在的，这是一种非形式化的定义。由于关系是属性个数相同的元组的集合，因此可以从集合论角度对关系进行集合运算。

利用集合论的观点，关系是元组的集合，每个元组包含的属性数目相同，其中属性的个数称为元组的维数。通常，元组用圆括号括起来的属性值表示，属性值间用逗号隔开。例如，（E1，张东，女）是三元组。

设 A_1，A_2，…，A_n 是关系 R 的属性，通常用 R（A_1，A_2，…，A_n）来表示这个关系的一个框架，也称为 R 的关系模式。属性的名字唯一，属性 A_i 的取值范围 D_i（i=1，2，…，n）称为值域。

将关系与二维表进行比较可以看出两者存在简单的对应关系，关系模式对应一个二维表的表头，而关系的一个元组就是二维表的一行。很多时候甚至不加区别地使用这两个概念。例如，职工关系 R={（E1，张东，女），（E2，王南，男），（E3，李西，男），（E4，陈北，女）}，相应的二维表格表示形式如表 1.3 所示。

表 1.3　职工关系 R

编号	姓名	性别
E1	张东	女
E2	王南	男
E3	李西	男
E4	陈北	女

在关系运算中，并、交、差运算是从元组（即表格中的一行）的角度来进行的，沿用了传统的集合运算规则，也称为传统的关系运算。而连接、投影、选择运算是关系数据库中专门建立的运算规则，不仅涉及行而且涉及列，故称为专门的关系运算。

1. 传统的关系运算

（1）并（Union）。设 R、S 同为 n 元关系，且相应的属性取自同一个域，则 R、S 的并也是一个 n 元关系，记做 R∪S。R∪S 包含了所有分属于 R、S 或同属于 R、S 的元组。因为集合中不允许有重复元素，因此同时属于 R、S 的元组在 R∪S 中只出现一次。

（2）差（Difference）。设 R、S 同为 n 元关系，且相应的属性取自同一个域，则 R、S 的差也是一个 n 元关系，记做 R-S。R-S 包含了所有属于 R 但不属于 S 的元组。

（3）交（Intersection）。设 R、S 同为 n 元关系，且相应的属性取自同一个域，则 R、S 的交也是一个 n 元关系，记做 R∩S。R∩S 包含了所有同属于 R、S 的元组。

实际上，交运算可以通过差运算的组合来实现，如 A∩B=A-(A-B)或 B-(B-A)。

（4）广义笛卡尔积。设 R 是一个包含 m 个元组的 j 元关系，S 是一个包含 n 个元组的 k 元关系，则 R、S 的广义笛卡尔积是一个包含 m×n 个元组的 j+k 元关系，记做 R×S，并定义 R×S=$\{(r_1, r_2, \cdots, r_j, s_1, s_2, \cdots, s_k) | (r_1, r_2, \cdots, r_j)\}$∈R 且$\{s_1, s_2, \cdots, s_k\}$∈S}，即 R×S 的每个元组的前 j 个分量是 R 中的一个元组，而后 k 个分量是 S 中的一个元组。

【例 1.1】设 R=$\{(a_1, b_1, c_1), (a_1, b_2, c_2), (a_2, b_2, c_1)\}$，S=$\{(a_1, b_2, c_2), (a_1, b_3, c_2), (a_2, b_2, c_1)\}$，求 R∪S、R-S、R∩S、R×S。

根据运算规则，有以下结果：

R∪S=$\{(a_1, b_1, c_1), (a_1, b_2, c_2), (a_2, b_2, c_1), (a_1, b_3, c_2)\}$

R-S=$\{(a_1, b_1, c_1)\}$

R∩S=$\{(a_1, b_2, c_2), (a_2, b_2, c_1)\}$

R×S=$\{(a_1, b_1, c_1, a_1, b_2, c_2), (a_1, b_1, c_1, a_1, b_3, c_2), (a_1, b_1, c_1, a_2, b_2, c_1),$
$(a_1, b_2, c_2, a_1, b_2, c_2), (a_1, b_2, c_2, a_1, b_3, c_2), (a_1, b_2, c_2, a_2, b_2, c_1),$
$(a_2, b_2, c_1, a_1, b_2, c_2), (a_2, b_2, c_1, a_1, b_3, c_2), (a_2, b_2, c_1, a_2, b_2, c_1)\}$

R×S 是一个包含 9 个元组的六元关系。

2. 专门的关系运算

（1）选择（Selection）。设 R=$\{(a_1, a_2, \cdots, a_n)\}$是一个 n 元关系，F 是关于$(a_1, a_2, \cdots, a_n)$的一个条件，R 中所有满足 F 条件的元组组成的子关系称为 R 的一个选择，记做 $\sigma_F(R)$，并定义 $\sigma_F(R)$=$\{(a_1, a_2, \cdots, a_n) | (a_1, a_2, \cdots, a_n)\}$∈R 且$(a_1, a_2, \cdots, a_n)$满足条件 F}

简而言之，对 R 关系按一定规则筛选一个子集的过程就是对 R 施加了一次选择运算。

（2）投影（Projection）。设 R$(A_1, A_2, \cdots, A_n)$是一个 n 元关系，$\{i_1, i_2, \cdots, i_m\}$是

$\{1,2,\cdots,n\}$ 的一个子集，并且 $i_1<i_2<\cdots<i_m$，定义 $\Pi(R)=R_1(A_{i_1},A_{i_2},\cdots,A_{i_m})$，即 $\Pi(R)$ 是 R 中只保留属性 A_{i_1}，A_{i_2}，$\cdots$，A_{i_m} 的新关系，称 $\Pi(R)$ 是 R 在 A_{i_1}，A_{i_2}，$\cdots$，A_{i_m} 属性上的一个投影，通常记做 $\Pi_{(A_{i_1},A_{i_2},\cdots,A_{i_m})}(R)$。

通俗地讲，关系 R 上的投影是从 R 中选择出若干属性列组成新的关系。

（3）连接（Join）。连接是从两个关系的笛卡尔积中选取属性间满足一定条件的元组，记做 $R\underset{A\theta B}{\bowtie}S$，其中 A 和 B 分别为 R 和 S 上维数相等且可比的属性组，θ 是比较运算符。连接运算从 R 和 S 的笛卡尔积 R×S 中选取（R 关系）在 A 属性组上的值与（S 关系）在 B 属性组上的值满足比较关系 θ 的元组。

连接运算中有两种常用的连接：一种是等值连接；另一种是自然连接。θ 为等号"="的连接运算，称为等值连接，它是从关系 R 与 S 的笛卡尔积中选取 A、B 属性值相等的那些元组。自然连接是一种特殊的等值连接，它要求关系 R 中的属性 A 和关系 S 中的属性 B 名字相同，并且在结果中把重复的属性去掉。一般的连接操作是从行的角度进行运算，但自然连接还需要取消重复列，所以是同时从行和列的角度进行运算。

在关系 R 和 S 进行自然连接时，选择两个关系在公共属性上值相等的元组构成新的关系，此时，关系 R 中的某些元组可能在关系 S 中不存在公共属性上值相等的元组，造成关系 R 中这些元组的值在操作时被舍弃。由于同样的原因，关系 S 中的某些元组也有可能被舍弃。为了在操作时能保存这些将被舍弃的元组，提出了外连接（Outer Join）操作。

如果 R 和 S 进行自然连接时，把该舍弃的元组也保存在新关系中，同时在这些元组新增加的属性上填上空值（Null），这种连接就称为外连接。如果只把 R 中要舍弃的元组放到新关系中，那么这种连接称为左外连接；如果只把 S 中要舍弃的元组放到新关系中，那么这种连接称为右外连接；如果把 R 和 S 中要舍弃的元组都放到新关系中，那么这种连接称为完全外连接。

【例 1.2】 设有两个关系模式 R（A，B，C）和 S（B，C，D），其中关系 R={（a，b，c），（b，b，f），（c，a，d）}，关系 S={（b，c，d），（b，c，e），（a，d，b），（e，f，g）}，分别求 $\Pi_{(A,B)}(R)$、$\Pi_{A=b}(R)$、$R\underset{R.A=S.B}{\bowtie}S$、R 和 S 自然连接、R 和 S 完全外连接、R 和 S 左外连接、R 和 S 右外连接的结果。

根据连接运算的规则，结果如下：

$\Pi_{(A,B)}(R)$={（a，b），（b，b），（c，a）}

$\Pi_{A=b}(R)$={（b，b，f）}

$R\underset{R.A=S.B}{\bowtie}S$ ={（a，b，c，a，d，b），（b，b，f，b，c，d），（b，b，f，b，c，e）}

R 和 S 自然连接={（a，b，c，d，b），（b，b，f，c，d），（b，b，f，c，e）}

R 和 S 完全外连接={（a，b，c，d），（a，b，c，e），（c，a，d，b），（b，b，f，Null），（Null，e，f，g）}

R 和 S 左外连接={（a，b，c，d），（a，b，c，e），（c，a，d，b），（b，b，f，Null）}

R 和 S 右外连接={（a，b，c，d），（a，b，c，e），（c，a，d，b），（Null，e，f，g）}

【例 1.3】 一个关系数据库由职工关系 E 和工资关系 W 组成，关系模式如下：

E（编号，姓名，性别）

W（编号，基本工资，标准津贴，业绩津贴）

写出实现以下功能的关系运算表达式：

（1）查询全体男职工的信息。

（2）查询全体男职工的编号和姓名。

（3）查询全体职工的基本工资、标准津贴和业绩津贴。

根据运算规则，写出关系运算表达式如下：

（1）对职工关系 E 进行选择运算，条件是"性别='男'"，关系运算表达式是 $\sigma_{性别='男'}(E)$。

（2）先对职工关系 E 进行选择运算，条件是"性别='男'"，这时得到一个"男"职工关系，再对"男"职工关系在属性"编号"和"姓名"上做投影运算，关系运算表达式是 $\Pi_{(编号,姓名)}$ $(\sigma_{性别='男'}(E))$。

（3）先对职工关系 E 和工资关系 W 进行连接运算，连接条件是"E.编号=W.编号"，这时得到一个职工工资关系，再对职工工资关系作投影计算，关系运算表达式是 $\Pi_{(编号,姓名,基本工资、标准津贴,业绩津贴)}(E \underset{E.编号=W.编号}{\bowtie} W)$。

1.4.3　关系的完整性约束

为了防止不符合规则的数据进入数据库，DBMS 提供了一种对数据的监控机制，这种机制允许用户按照具体应用环境定义自己的数据有效性和相容性条件，在对数据进行插入、删除、修改等操作时，DBMS 自动按照用户定义的条件对数据实施监控，使不符合条件的数据不能进入数据库，以确保数据库中存储的数据正确、有效、相容，这种监控机制称为数据完整性保护，用户定义的条件称为完整性约束条件。在关系模型中，数据完整性包括实体完整性（Entity Integrity）、参照完整性（Referential Integrity）和用户自定义完整性（User-defined Integrity）3 种。

1. 实体完整性

现实世界中的实体是可区分的，即它们具有某种唯一性标识。相应地，关系模型中以主关键字作为唯一性标识。主关键字中的属性（即主属性）不能取空值。如果主属性取空值，就说明存在某个不可标识的实体，即存在不可区分的实体，这与现实世界的应用环境相矛盾，因此这个实体一定不是一个完整的实体。

实体完整性就是指关系的主属性不能取空值，并且不允许两个元组的关键字的值相同。也就是说，一个二维表中没有两个完全相同的行，因此实体完整性也称为行完整性。

2. 参照完整性

现实世界中的实体之间往往存在某种联系，在关系模型中实体及实体间的联系都是用关系来描述的，这样就自然存在着关系与关系间的引用。

设 F 是关系 R 的一个或一组属性，但不是关系 R 的关键字，如果 F 与关系 S 的主关键字 Ks 相对应，则称 F 是关系 R 的外部关键字，并称关系 R 为参照关系（Referencing Relation），关系 S 为被参照关系（Referenced Relation）或目标关系（Target Relation）。

参照完整性规则就是定义外部关键字与主关键字之间的引用规则，即对于 R 中每个元组在 F 上的值必须取空值或等于 S 中某个元组的主关键字值。

3. 用户定义完整性

实体完整性和参照完整性适用于任何关系数据库系统。此外，不同的关系数据库系统根据其应用环境的不同，往往还需要一些特殊的约束条件，用户定义完整性就是针对某一具体关系数据库的约束条件，它反映某一具体应用所涉及的数据必须满足的语义要求，如规定关系中某一属性的取值范围。

1.4.4 关系数据库设计实例

前面介绍了关系模型和关系数据库的基本概念，下面以图 1.3 为例，按实体间不同的联系方式来分别讨论将 E-R 图转化为关系模型的一般方法，进而讨论一个关系数据库的实际例子。

1. 1:n 联系到关系模型的转化

在图 1.3 中，学院与学生的联系是一对多的联系。这种联系在进行关系模型转化时，把每个实体分别转化为一个关系，实体名作为关系名，实体属性作为关系属性，并在 1:n 联系的 n 方（本例是学生实体）增加一个属性，该属性存放与该实体相联系的另一个实体（本例是学院）的关键字，即学院编号属性。这样，根据学院与学生两个实体所转化的关系是：

学生（学号，姓名，性别，出生日期，班级，电话，地址，简历，编号），其中学号作为关键字；

学院（编号，学院名称），其中编号作为关键字。

对照图 1.3，在学生关系中增加了一个学院的关键字"编号"作为它的一个属性，引入该属性的意义在于描述这两个实体间的联系。从与之相联系的另一个实体引入的属性称为外部关键字，外部关键字描述的不是本实体的一个属性，而是描述本实体与另一个实体的联系。

2. m:n 联系到关系模型的转化

图 1.3 中学生与课程的联系是多对多的联系。对这样的联系进行关系模型转化时，把两个实体独立地转化为两个关系，转化时，将实体名作为关系名，实体属性转化为关系属性，此外单独设置一个关系描述两个实体间的联系，其属性由两个实体的关键字组成。这样，根据学生和课程两个实体及其联系转化所得到的关系共有 3 个：

学生（学号，姓名，性别，出生日期，班级，电话，地址，简历），其中学号作为关键字；

课程（课程号，课程名称，课程类型，学分，备注），其中课程号作为关键字；

选课（学号，课程号，成绩），其中学号和课程号的组合作为关键字。

3. 1:1 联系到关系模型的转化

图 1.3 中没有一对一的联系。其转化方法是，将两个实体按上述实体转化方法分别转化为两个关系，并对每个属性增加一个外部关键字，外部关键字由与本实体相联系的对方实体的关键字组成。

将一个 E-R 图中的每组联系的两个实体按上述方法分别转化为关系后，还需要对转化所得到的关系进行整理。如本例，学生实体因为既与学院实体有联系，也与课程有联系，上述转化过程中得到了两个不同的学生关系，像这种情况应取包含较多属性的关系作为最后结果。因此，根据图 1.3 转化的关系模型应该是：

学生（学号，姓名，性别，出生日期，班级，电话，地址，简历，编号）；

学院（编号，学院名称）；

课程（课程号，课程名称，课程类型，学分，备注）；

选课（学号，课程号，成绩）。

需要说明的是，本系统规定学生关系中的学号由 10 位数字组成，从左边数起的前两位表示所在学院，其后的两位表示专业，再两位表示年级，再后两位表示班级，最后两位表示所在班级的学生编号。因此，学生表中的学院编号属性可以省去。

4．学生信息数据库

相应地，学生信息数据库（student_db）中有学生信息表（St_Info）、课程信息表（C_Info）、选课信息表（S_C_Info）和学院信息表（D_Info）。各表的结构分别如表 1.4 至表 1.7 所示。表中的数据类型和宽度表示该属性所含数据的类型和长度，在 1.5 节中将作详细介绍。

表 1.4　学生信息表的结构

列名	数据类型	宽度	说明	列名	数据类型	宽度	说明
St_ID	char	10	学号（主关键字）	St_Name	varchar	20	姓名
St_Sex	char	2	性别	Born_Date	datetime	8	出生日期
Cl_Name	varchar	15	班级名称	Telephone	varchar	20	联系电话
Address	varchar	150	联系地址	Resume	varchar	255	简历

表 1.5　课程信息表的结构

列名	数据类型	宽度	说明	列名	数据类型	宽度	说明
C_No	char	10	课程号（主关键字）	C_Name	varchar	30	课程名称
C_Type	char	4	课程类型	C_Credit	smallint	2	学分
C_Des	varchar	255	备注				

表 1.6　选课信息表的结构

列名	数据类型	宽度	说明	列名	数据类型	宽度	说明
St_ID	char	10	学号（外部关键字）	C_No	char	10	课程号（外部关键字）
Score	int	4	成绩				

表 1.7　学院信息表的结构

列名	数据类型	宽度	说明	列名	数据类型	宽度	说明
D_ID	char	2	学院编号（主关键字）	D_Name	varchar	30	学院名称

由以上例子可见，关系模型中的各个关系模式不是随意组合在一起的，要使关系模型准确地反映事物及其之间的联系，需要进行关系数据库的设计。

1.5　SQL Server 2008 数据库概述

SQL Server 2008 是一个使用客户机/服务器体系结构的关系型数据库管理系统，它是在 SQL Server 2005 的基础上进行开发的，不仅对原有的功能进行了改进，而且还增进了许多功能。

1.5.1　SQL Server 的初步认识

SQL Server 2008 界面友好、易学易用且功能强大。它提供一系列丰富的服务，可以对数据进行查询、搜索、同步、报告和分析等操作。从数据中心最大的服务器一直到桌面计算机移动设备，都可以控制数据而不用管数据存储在哪里。

1. SQL Server 的发展

SQL Server 2008 是由 Microsoft 公司开发和推广的关系数据库管理系统，是当今应用最广泛的关系数据库产品之一。它最初是由 Microsoft、Sybase 和 Ashton-Tate 3 家公司共同开发的，1987 年赛贝尔公司发布了 Sybase SQL Server 系统，1988 年 Microsoft、Aston-Tate 公司参加到了赛贝尔公司的 SQL Server 系统开发中，1990 年 Microsoft 希望将 SQL Server 移植到自己的 Windows NT 系统中，1993 年 Microsoft 与赛贝尔公司在 SQL Server 系统方面的联合开发正式结束，1995 年 Microsoft 成功地发布了 Microsoft SQL Server 6.0 系统，1996 年推出了 Microsoft SQL Server 6.5 系统，1998 年推出了 Microsoft SQL Server 7.0 系统，2000 年推出了 Microsoft SQL Server 2000 系统，2005 年推出了 Microsoft SQL Server 2005 系统，2008 年 Microsoft 发布了 Microsoft SQL Server 2008 系统，其代码名称为 Katmai。该系统在安全性、可用性、易管理性、可扩展性、商业智能等方面有了更多的改进和提高，对企业的数据存储和应用需求提供了更强大的支持和便利。

2. SQL Server 2008 的版本

SQL Server 2008 系统提供了 7 种不同的版本，这些版本分别是企业版、标准版、开发版、工作组版、学习版、移动版和 Web 版。表 1.8 给出了 SQL Server 2008 各种版本的描述。

表 1.8　SQL Server 2008 版本及描述

版本	描述
企业版（Enterprise Edition）	是一个全面的数据管理和分析智能平台，为业务应用提供了企业级的数据仓库、集成服务、分析服务和报表服务等技术支持
标准版（Standard Edition）	是一个完整的数据管理和分析智能平台，包含电子商务、数据仓库和业务流解决方案所需的基本功能。此版本是中小型企业的理想选择
开发版（Developer Edition）	允许开发人员构建和测试基于 SQL Server 的任意类型应用。它拥有所有企业版的特性，但只限于在开发、测试及演示场合使用
工作组版（Workgroup Edition）	是一个值得信赖的数据管理和报表平台，用以实现对安全发布、远程同步等的管理功能，具有可靠、功能强大、易于管理的特点
学习版（Express Edition）	是一个免费的、易用、易于管理的数据库，适合断开的客户端或者独立的应用程序的 SQL Server 版本
移动版（Compact Edition）	是一个免费嵌入式数据库系统，该版本主要用于构建仅有少量连接需求的独立移动设备、桌面或 Web 客户端应用
Web 版（Web Edition）	Web 版主要适用于那些运行在 Windows 服务器之上并要求高可用、面向 Internet Web 环境的应用

3. SQL Server 2008 的安装

在安装前，需要根据工作任务要求及操作系统版本的情况选择一个合适的安装版本，同时还要了解安装 SQL Server 2008 的环境需求是什么？所谓环境需求是指系统安装时对硬件、操作系统、网络等环境的要求，这些要求是 SQL Server 2008 系统运行所必需的条件。

需要注意的是，在 32 位平台上和 64 位平台上安装 SQL Server 2008 系统对环境的要求是完全不同的。虽然说 SQL Server 2008 系统具有很好的易用性，可以按照安装向导的逐步提示执行安装操作，但是用户应该对安装过程中的选项有一个深刻理解，才能完全按照自己的要求顺利完成安装操作。

本教材以 Windows 7 操作系统上典型安装 SQL Server 2008 企业版（Enterprise Edition）为例，针对安装过程中涉及的实例配置、服务器配置（服务账户、排序规则）、数据库引擎配置等关键步骤中的内容进行介绍。

（1）实例配置。

"实例"就是一个 SQL Server 数据库引擎。每个实例包含自己的数据库集、安全认证、配置设置、Windows 服务和其他 SQL Server 对象。当安装进入"实例配置"界面时，用户可为 SQL Server 2008 命名实例，命名实例由计算机网络名称加实例名来标识，即<机器名>\<实例名>。也可以选择默认实例，默认实例由运行它的计算机的网络名称来标识。本教材选择默认实例，系统自动将这个实例命名为 MSSQLSERVER，如图 1.4 所示。

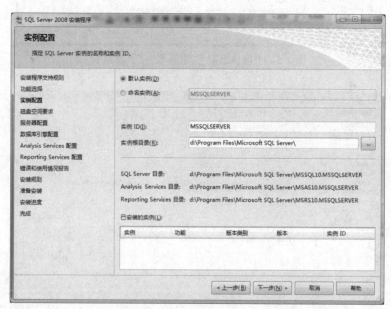

图 1.4 "实例配置"对话框

（2）服务器配置。

合理地配置服务器，可加快服务器响应请求速度、充分利用系统资源、提高系统工作效率。当安装进入"服务器配置"界面，用户需进行"服务账户"配置和"排序规则"设置。

在"服务账户"选项卡中，用户选择服务的启动账户（即让操作系统用哪个账户启动相应的服务）、密码和服务的启动类型，可以让所有的用户使用一个账户，也可以为每个用户指定单独的账户。本教材指定服务使用网络服务账户，即"账户名"为"NT AUTHORITY\NETWORKSERVICE"，"启动类型"为"自动"，如图 1.5 所示。

在"排序规则"选项卡中，用户可以设置数据库引擎和分析服务（Analysis Services）的排序规则。在 SQL Server 2008 服务器中，数据库引擎支持两组排序规则：Windows 排序规则和 SQL Server 排序规则。用户可以为数据库引擎和 Analysis Services 指定不同的排序规则，也可以为它们指定相同的排序规则。本教材使用默认值，如图 1.6 所示。

（3）数据库引擎配置。

数据库引擎配置是用来指定数据库引擎身份验证安全模式、管理员和数据目录的。当安装进入"数据库引擎配置"界面（图 1.7）时，用户可进行"账户设置"、"数据目录"和"FILESTREAM"配置。

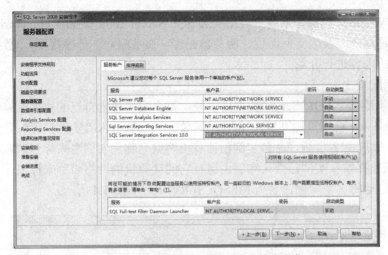

图 1.5　"服务器配置-服务账户" 选项卡

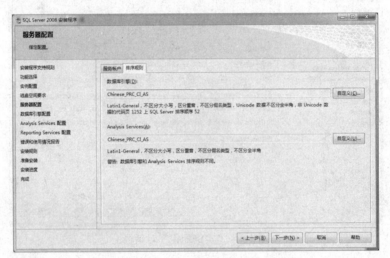

图 1.6　"服务器配置-排序规则" 选项卡

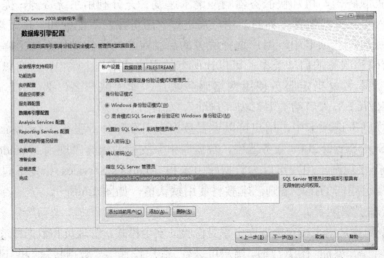

图 1.7　"数据库引擎配置"对话框中的"账户设置"选项卡

在"账户设置"选项卡中可进行登录数据库服务器的账户信息设置，主要指定身份认证模式。

在"数据目录"选项卡中可以指定 SQL Server 数据库引擎程序和数据文件的安装位置。

在"FILESTREAM"选项卡中可以配置 FILESTREAM（文件流）特性。此特性使得基于 SQL Server 的应用程序可以在文件系统中存储非结构化的数据，如文档、图片、音频、视频等。

1.5.2　SQL Server 2008 的服务器组件

SQL Server 2008 是一个功能全面整合的数据库平台，它包含了数据库引擎（Database Engine）、Analysis Services、Reporting Services、SQL Server Compact Edition、Integration Services 等服务器组件。SQL Server 2008 的不同版本，提供的服务器组件也会有所不同。

1. 数据库引擎

数据库引擎（SQL Server Database Engine，SSDE）是用于存储、处理和保护数据的核心服务。数据库引擎提供了受控访问和快速事务处理，以满足企业内最苛刻的数据应用程序的要求。数据库引擎还提供了大量的支持以保持高可用性。使用数据库引擎可以创建用于联机事务处理或联机分析处理的关系数据库。例如，创建数据库、创建表、执行各种数据查询、访问数据库等操作，都是由数据库引擎完成的。一般来说，使用数据库系统实际上就是在使用数据库引擎。

2. Analysis Services

SQL Server 分析服务（SQL Server Analysis Services，SSAS）是一种核心组件服务，支持对业务数据的快速分析，以及为商业智能应用程序提供联机分析处理（OLAP）和数据挖掘功能。

可以使用分析服务来设计、创建和管理包含来自多个数据源的详细数据和聚合数据的多维结构，这些数据源（如关系数据库）都存在于内置计算支持的单个统一逻辑模型中。

分析服务为统一的数据模型构建的大量数据，提供快速、直观、由上至下的分析，这样可以采用多种语言向用户提供数据。分析服务使用数据仓库、数据集市、生产数据库和操作数据存储区来支持历史数据和实时数据分析。

3. Reporting Services

SQL Server 报表服务（SQL Server Reporting Services，SSRS）是一个完整的基于服务器的报表平台，可以建立、管理、发布传统的基于纸张的报表或者交互的、基于 Web 的报表，而且可以将 SQL Server 和 Windows Server 的数据管理功能与 Office 应用系统相结合，实现信息的实时传递、转换，以表现数据的改变。

SQL Server 2008 报表服务不仅提供了对关系数据库的支持，而且对分析服务的多维数据也提供了支持，扩展了微软商业智能（BI）平台，以迎合那些需要访问商业数据的应用。报表服务是一个基于服务器的企业级报表环境，可借助 Web Services 进行管理。

4. Integration Service

SQL Server 集成服务（SQL Server Integration Services，SSIS）是一个数据集成平台，负责完成有关数据的提取、转换和加载等操作，用于开发和执行 ETL（解压缩、转换和加载）包。SSIS 代替了 SQL Server 2000 的 DDS。整合服务功能既包含了实现简单的导入导出包所必需的 Wizard 导向插件、工具及任务，也有非常复杂的数据清理功能。

5. SQL Server Compact Edition

SQL Server 精简版（SQL Server Compact Edition，SSCE）是一种轻型的（< 2MB）、免费的关系数据库引擎，可以安装在目前任何的 Windows 操作系统上。SSCE 的核心功能是允许对事务性关系数据进行安全的访问和存储。通过 SSCE 引擎，可以执行包括数据定义语言（DDL）和数据操纵语言（DML）查询的 SQL 查询。使用 SSCE，可以将数据库实例创建为单个.sdf 文件。在该数据库中，可以定义有主键和约束的表。通过外键约束以及级联删除和更新，SSCE 支持完全的引用完整性。

1.5.3　SQL Server 2008 的常用管理工具

SQL Server 2008 系统提供了大量的管理工具，通过这些管理工具，可以对系统快速、高效地管理。这些管理工具主要包括 SQL Server Management Studio、SQL Server 配置管理器、SQL Server Profiler 等以及大量的命令行实用工具。表 1.9 列举了用来管理 SQL Server 2008 的实例的工具及功能。下面介绍其中几个重要工具。

表 1.9　SQL Server 2008 管理工具及功能

管理工具	功能
SQL Server Management Studio	用于编辑和执行查询，以及启动标准向导任务
SQL Server 配置管理器	管理服务器和客户端网络配置设置
SQL Server Profiler	提供用于监视 SQL Server 数据库引擎实例或 Analysis Services 实例的图形用户界面
数据库引擎优化顾问	可以协助创建索引、索引视图和分区的最佳组合
SQL Server Business Intelligence Development Studio	用于包括 Analysis Services、Integration Service 和 Reporting Services 项目在内的商业解决方案的集成开发环境
Reporting Services 配置管理器	提供报表服务器配置的统一的查看、设置和管理方式
SQL Server 安装中心	安装、升级或更改 SQL Server 2008 实例中的组件

1. SQL Server Management Studio

SQL Server Management Studio（SQL 服务器管理工作室，SSMS）是一个集成的统一的管理工具组。它将各种图形化工具和多功能的脚本编辑器组合在一起，完成访问、配置、控制、管理和开发 SQL Server 的所有工作，大大方便了技术人员和数据库管理员对 SQL Server 系统的各种访问。

单击"开始"→"所有程序"→"Microsoft SQL Server 2008"→"SQL Server Management Studio"菜单命令将启动 SSMS，此时系统自动打开"连接到服务器"对话框（图 1.8），要求先进行注册。"连接到服务器"对话框中有"服务器类型"、"服务器名称"、"身份验证" 3 个选项供用户进行选择。

"服务器类型"选项中"数据库引擎"为默认选项，单击此选项中的下拉箭头，可以看到系统提供了数据库引擎、Analysis Services、Reporting Services、SQL Server Compact Edition、Integration Services 共 5 种服务供选择。

"服务器名称"、"身份验证"默认情况下不用选择，安装时已经设置好，单击"连接"按钮，即可登录到 SSMS 主窗口。默认情况下主窗口包含"已注册的服务器"、"对象资源管理器"和"对象资源管理器详细信息" 3 个组件窗口，如图 1.9 所示。

图 1.8　"连接到服务器"对话框

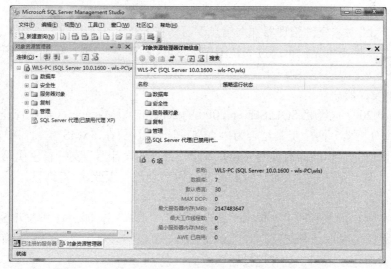

图 1.9　Microsoft SQL Server Management Studio 主窗口

（1）已注册的服务器。

系统使用"已注册的服务器"窗格来组织经常访问的服务器。因为 SSMS 允许管理多台服务器。在 SSMS 主窗口左下侧单击"已注册的服务器"标签，可切换到"已注册的服务器"窗格。在"已注册的服务器"窗格可以进行的操作有以下几种：

1）注册服务器以保留连接信息。

2）确定已注册的服务器是否正在运行。

3）将对象资源管理器和查询编辑器轻松连接到已注册的服务器。

4）编辑或删除已注册服务器的注册信息；创建服务器组。

5）通过在"已注册的服务器名称"框中提供与"服务器名称"列表中不同的值，为已注册的服务器提供用户友好名称。

6）提供已注册服务器的详细说明。

7）提供已注册服务器组的详细说明。

8）导出已注册的服务器组。

9）导入已注册的服务器组。

如果"已注册的服务器"窗格不可见，可通过"视图"菜单或按 Ctrl+Alt+G 组合键打开。

（2）对象资源管理器。

"对象资源管理器"窗格，提供一个层次结构的用户界面，用于查看和管理每个 SQL Server 实例中的对象，用户可以直接通过 SQL Server 2008 的"对象资源管理器"窗格来操作数据库。如果"对象资源管理器"窗格不可见，可通过"视图"菜单打开。

例如，使用"对象资源管理器"查看 master 系统数据库的对象。只要在"对象资源管理器"中展开"数据库"，选择系统数据库中的 master 数据库并展开，则将列出该数据库中包含的所有对象，如表、视图、存储过程等，如图 1.10 左侧窗格所示。

"对象资源管理器"的功能根据服务器的类型稍有不同，但一般都包括用于数据库的开发功能和用于所有服务器类型的管理功能。

（3）对象资源管理器详细信息。

"对象资源管理器详细信息"是 SSMS 的一个组件，它提供服务器中所有对象的表格视图，并显示一个用于管理这些对象的用户界面。

默认情况下，"对象资源管理器详细信息"窗格在 SSMS 中是可见的。如果"对象资源管理器详细信息"窗格不可见，可通过"视图"菜单或按 F7 功能键打开"对象资源管理器详细信息"窗格。

（4）查询设计器。

SQL Server 2008 已经将 SQL Server 2000 的 Enterprise Manager（企业管理器）和 Query Analyzer（查询分析器）两个工具结合为"查询设计器"，放在 SSMS 主窗口中，这样可以在对服务器进行图形化管理的同时编写 T-SQL 脚本。"查询设计器"支持彩色代码关键字、可视化地显示语法错误、允许开发人员运行和诊断代码等功能。因此，"查询设计器"具有很高的集成性和灵活性。

在 SSMS 主窗口的工具栏上，单击"新建查询"工具按钮，即可打开 SQL Server 2008 的查询设计器，默认情况下"查询设计器"窗格中语句关键字显示为蓝色；无法确定的项，如列名和表名显示为黑色；语句参数和连接器显示为红色。

例如，查询学生数据库中学生的基本信息。只要在"查询设计器"窗格输入以下命令：

```
use student_db
select * from st_info
where St_Sex ='男'
```

然后，单击"执行"按钮 ! 执行(X) ，该查询的结果如图 1.10 中间部分所示。

注意：SQL Server 2008 中的"查询设计器"既可以工作在连接模式下，也可以工作在断开模式下。查询设计器几乎可以处理任何数据源，允许设计 SELECT、INSERT、UPDATE 和 DELETE 等 DML 语句。

（5）模板资源管理器。

在模板资源管理器中，提供了大量与 SQL Server 和分析服务相关的脚本模板。脚本模板提供了编写查询的起点。模板实际上就是保存在文件中的脚本片段，可以在 SQL 查询视图中打开并且进行修改，使之适合需要。也就是说，使用模板资源管理器可以降低编写脚本的难度。

"模板资源管理器"窗格是可选的，打开后默认位于 SSMS 主窗口的右侧，如图 1.10 所示。用户可以在"模板资源管理器"中浏览可用模板，然后打开该模板以便将代码纳入代码编辑器窗口中，也可以创建自定义模板。如果"模板资源管理器"窗格不可见，可使用"视图"菜单或者按 Ctrl+Alt+T 组合键打开。

例如，想了解创建存储过程的代码如何编写，只要在"模板资源管理器"窗格找到"Create Server Trigger"模板，如图 1.10 右侧窗格所示，双击打开创建存储过程的模板进行学习。

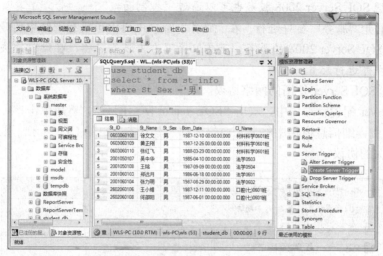

图 1.10　SQL Server Management Studio 集成环境操作效果

（6）命令行实用工具。

SQL Server 2008 不仅提供了大量的图形化工具，还提供了大量的命令行实用工具。通过这些命令，可以与 SQL Server 2008 进行交互，但不能在图形界面下运行，只能在 Windows 命令提示符下输入命令及参数执行（即相当于 DOS 命令）。这些命令行实用工具主要包括 bcp、dta、dtexec、dtutil 等。若想了解它们的功能、使用方法和其他更多的实用工具，读者可使用 SQL Server 2008 提供的联机帮助获取，这里不作介绍。

2．SQL Server 配置管理器

SQL Server 配置管理器（SQL Server Configuration Manager，SSCM）是一种工具，用于管理与 SQL Server 相关联的服务、配置 SQL Server 使用的网络协议以及从 SQL 客户端计算机管理网络连接配置。

（1）管理 SQL Server 2008 服务。

在 Microsoft SQL Server 2008 系统中，可以通过"SQL Server 配置管理器"或"计算机管理"工具查看和控制 SQL Server 2008 的服务。

单击"开始"→"所有程序"→"Microsoft SQL Server 2008"→"配置工具"→"SQL Server 配置管理器"菜单命令，可以打开 SSCM 窗口，如图 1.11 所示。在此窗口中用户可以配置每次启动数据库引擎时要使用的启动选项。

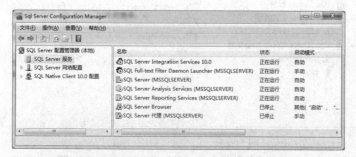

图 1.11　SQL Server Configuration Manager 窗口

通过右击某个服务名称，可以查看该服务的属性以及启动、停止、暂停、重新启动相应的服务。

注意： 管理 SQL Server 2008 服务也可以通过"控制面板"→"管理工具"→"服务"→"配置工具"打开"服务"窗口进行。在"服务"窗口中列出了所有系统中的服务，从列表中找到 9 种有关 SQL Server 2008 的服务，若要配置可右击服务名称，在弹出的快捷菜单中选择"属性"命令即可进行配置。

（2）配置 SQL Server 使用的网络协议。

在 SQL Server 配置管理器中，双击"SQL Server 网络配置"，然后单击"MSSQLSERVER 的协议"，在右侧详细信息窗格中将显示协议名称及其状态，如图 1.12 所示。用户可以"启用"和"禁用"相关的协议。

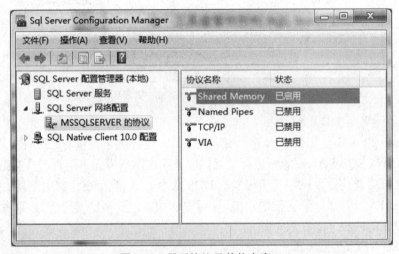

图 1.12　显示协议及其状态窗口

（3）客户端计算机管理网络连接配置。

在 SQL Server 配置管理器左侧窗格中，展开"SQL Native Client 10.0 配置"，然后单击"客户端协议"，在右侧详细信息窗格中将显示客户端协议名称、所使用的协议顺序和启用状态，如图 1.13 所示。用户可以"启用"和"禁用"相关的协议。

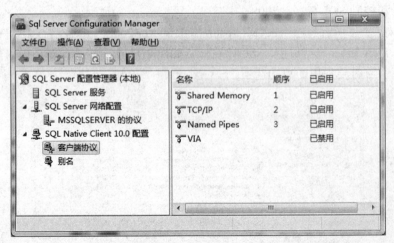

图 1.13　显示客户端协议名称、所使用的协议顺序和启用状态窗口

若要配置客户端所使用的协议顺序，只要在左侧窗格中右击"客户端协议"，单击"属性"命令，或者在右侧详细信息窗格中右击某个协议，在弹出的快捷菜单中单击"顺序"命令即可。

3．SQL Server Profiler

SQL Server Profiler（事件探查器）是图形化实时监视工具，它可以从服务器中捕获 SQL Server 2008 事件，能帮助系统管理员监视数据库和服务器的行为，比如死锁的数量、致命的错误、跟踪 Transact SQL 语句和存储过程。可以把这些监视数据存入表或文件中，并在以后某一时间重新显示这些事件来一步一步地进行分析。

例如，若要对 SQL Server 2008 系统的运行过程进行摄录，使用 SQL Server Profiler 工具可以完成这种摄录操作。

在 SQL Server Management Studio 主窗口中，单击"工具"→"Server Profiler"菜单命令即可运行 SQL Server Profiler。

1.5.4　SQL Server 数据类型

在 SQL Server 中，表与视图中的列、变量、存储过程或函数中的参数和返回值等对象都具有数据类型。当指定了某个对象的数据类型时，也就定义了该对象所含的数据类型、所存储值的长度、大小、数字精度（仅用于数字数据类型）和数值小数位数（仅用于数字数据类型）。

SQL Server 支持 4 种基本数据类型：数值数据类型、字符和二进制数据类型、日期时间数据类型、逻辑数据类型，用于各类数据值的存储、检索和解释。此外，还有其他一些数据类型，如可变数据类型、表类型等。

1．数值数据类型

SQL Server 提供了多种方法存储数值，SQL Server 的数值数据类型大致可分为 4 种基本类型。

（1）整数数据类型。

有 4 种整数数据类型：int、smallint、tinyint 和 bigint，用于存储不同范围的值。

int 数据类型的存储长度是 4 字节，可存储 $-2^{31} \sim 2^{31}\text{-}1$ 之间的整数。

smallint 数据类型的存储长度为 2 字节，取值范围是 $-2^{15} \sim 2^{15}\text{-}1$。

tinyint 数据类型的存储长度为 1 字节，取值范围是 0～255。

bigint 数据类型的存储长度为 8 字节，取值范围是 $-2^{63} \sim 2^{63}\text{-}1$。

整数可以用较少的字节存储较大的精确数字，考虑到其高效的存储机制，只要有可能，对数值列应尽量使用整数。

（2）浮点数据类型。

浮点数据用来存储系统所能提供的最大精度保留的实数数据。近似数字的运算存在误差，因此不能用于需要固定精度的运算，如货币数据的运算。

float 数据类型可精确到第 15 位小数，表示范围为 $-1.79 \times 10^{308} \sim 1.79 \times 10^{308}$。每个 float 类型的数据占用 8 字节的存储空间。

real 数据类型可精确到第 7 位小数，表示范围为 $-3.40 \times 10^{38} \sim 3.40 \times 10^{38}$。每个 real 类型的数据占用 4 字节的存储空间。

float 数据类型可写成 float(n)的形式，n 指定 float 数据的精度，为 1～53 之间的整数。当 n 取 1～24 时，实际上定义了一个 real 类型的数据，系统用 4 个字节存储；当 n 取 25～53 时，系统认为是 float 类型的数据，用 8 个字节存储。

（3）精确数值数据类型。

精确数值数据类型用于存储有小数点且小数点后位数确定的实数。SQL Server 支持两种精确的数值数据类型：decimal 和 numeric。这两种数据类型几乎是相同的，定义格式如下：

decimal[(p[, s])]

numeric[(p[, s])]

其中，p 指定精度，即小数点左边和右边可以存储的十进制数字的最大个数。s 指定小数位数，即小数点右边可以存储的十进制数字的最大个数。使用最大精度时，有效值为 $-10^{38}+1 \sim 10^{38}-1$。

（4）货币数据类型。

除了 decimal 和 numeric 类型适用于货币数据的处理外，SQL Server 还专门提供了两种货币数据类型：money 和 smallmoney。

money 数据类型的存储长度是 8 字节，货币数据值介于 $-2^{63} \sim 2^{63}-1$ 之间。

smallmoney 数据类型与 money 数据类型类似，存储长度是 4 字节。

输入货币数据时必须在货币数据前加$符号，如果未提供该符号，值被当成浮点数，可能会损失值的精度，甚至被拒绝。在显示货币值时，数值的小数部分仅保留两位有效位。

2．字符和二进制数据类型

在 SQL Server 2008 中字符和二进制数据类型是一种常用的基本数据类型。

（1）字符数据类型。

字符数据类型用于存储汉字、英文字母、数字符号和其他各种符号。输入字符型数据时要用单引号（'）将字符括起来。字符型数据有定长字符型（char）、变长字符型（varchar）和文本型（text）3 种。

char 数据类型的定义形式为 char[(n)]，n 的取值为 1～8000，即最多可存储 8000 个字符。指定的字符取决于安装 SQL Server 时所指定的字符集，通常采用 ANSI 字符集。在用 char(n) 数据类型对列进行说明时，指示列长度为 n。如果不指定长度 n，系统将长度默认为 1。多于列长度的输入从后面被截取，输入字符的长度短于指定字符长度时用空格填满。

varchar 数据类型的定义形式为 varchar[(n)]，n 的取值为 1～8000。varchar 数据类型的结构与 char 数据类型一致，它们的主要区别是当输入 varchar 字符长度小于 n 时不用空格来填满，按输入字符的实际长度存储。若输入的数据超过 n 个字符，则截断后存储。varchar 类型数据所需要的存储空间要比 char 类型数据少一些，但 varchar 列的存取速度比 char 列要慢一些。

text 数据类型用于存储数据量庞大而变长的字符文本数据。text 列的长度可变，可最多包含 $2^{31}-1$ 个字符。用户要求表中的某列能存储 255 个字符以上的数据，可使用 text 数据类型。text 数据类型不能用作变量或存储过程的参数。

SQL Server 允许使用多国语言，采用 Unicode 标准字符集。为此，SQL Server 提供多字节的字符数据类型：nchar(n)、nvarchar(n)和 ntext。

nchar 可存放 Unicode 字符的固定长度字符类型，最大长度为 4000 个字符。

nvarchar 可存放 Unicode 字符的可变长度字符类型，最大长度为 4000 字符。

ntext 可存放 Unicode 字符的文本类型，最大长度为 $2^{30}-1$ 个字符。

nchar、nvarchar 和 ntext 的用法分别与 char、varchar 和 text 相同，只是 Unicode 支持的字符范围更大，存储 Unicode 字符所需要的空间更大。

（2）二进制数据类型。

SQL Server 二进制数据类型用于存储二进制数或字符串。与字符数据类型相似，在列中插入二进制数据时，用引号标识或用 0x 开头的两个十六进制数构成一个字节。SQL Server 有 3 种有效二进制数据类型，即定长二进制类型 binary、变长二进制类型 varbinary 和大块二进制类型 image。

binary 数据类型的定义形式为 binary[(n)]，n 的取值为 1～8000，若不指定则 n 默认为 1。binary 数据用于存储二进制字符，如程序代码和图像数据。数据所需的存储空间为 n+4 个字节。若输入的数据不足 n+4 个字节，则补足后存储；若输入的数据超过 n+4 个字节，则截断后存储。

varbinary[(n)]数据类型与 binary 数据类型基本相同，通过存储输入数据的实际长度而节省存储空间，但存取速度比 binary 类型要慢。varbinary 数据类型的存储长度为实际数据长度+4 个字节。若输入的数据超过 n+4 个字节，则截断后存储。

image 数据类型与 text 数据类型类似，可存储 $1～2^{31}\text{-}1$ 个字节的二进制数据。image 数据类型存储的是二进制数据而不是文本字符，不能用作变量或存储过程的参数。

除非数据长度超过 8KB，一般宜用 varbinary 类型来存储二进制数据，建议列宽的定义不超过所存储的二进制数据可能的最大长度。image 数据列可以用来存储超过 8KB 的可变长度的二进制数据，如 Word 文档、Excel 电子表格、图像或其他文件。

3. 日期时间数据类型

日期时间数据类型用于存储日期和时间数据。SQL Server 支持两种日期时间数据类型：datetime 和 smalldatetime。通常 smalldatetime 精度较差、只覆盖较小的日期范围，占用的空间也较小。

datetime 数据类型用于存储从 1753 年 1 月 1 日到 9999 年 12 月 31 日的日期和时间数据，精确到 3/100 秒。它存储两个长度为 4 字节的整数：日期和时间。对于定义为 datetime 数据类型的列，并不需要同时输入日期和时间，可省略其中一个。datetime 数据类型有许多格式，可被 SQL Server 的内置日期函数操作。

smalldatetime 数据类型用于存储从 1900 年 1 月 1 日到 2079 年 6 月 6 日的日期和时间数据，精确到分钟。但它只需要 4 个字节的存储空间，时间值按小时和分钟来存储。插入数据时，日期时间值以字符串形式传给服务器。

4. 逻辑数据类型

SQL Server 的逻辑数据类型为 bit，适用于判断真假的场合，长度为 1 个字节。bit 数据类型取值为 1、0 或 NULL。非 0 的数据被当成 1 处理，bit 列不允许建立索引，多个 bit 列可以占用同一个字节。如果一个表有不多于 8 个的 bit 列，SQL Server 将这些列合在一起用一个字节存储。如果表中有 9～16 个 bit 列，这些列将作为两个字节存储。更多列的情况依此类推。

5. uniqueidentifier 数据类型

uniqueidentifier 数据类型可存储 16 字节的二进制值，其作用与全局唯一标记符（Globally Unique IDentifier，GUID）一样。GUID 是唯一的二进制数：世界上的任何两台计算机都不会生成重复的 GUID 值。它的数据是形如'xxxxxxxx-xxxx-xxxx-xxxx-xxxxxxxxxxxx'的字符串，共 36 个字符，其中每个 x 是一个十六进制数字，范围为 0～9 或 a～f，如'6F9619FF-8B86 -D011-B42D-00C04FC964FF'是一个有效 uniqueidentifier 类型的数据值。每次调用 NEWID()函数可以生成一个全局唯一的 GUID 数据。GUID 主要用于多个节点、多台计算机的网络中，分配必须具有唯一性的标识符。

1.6　Transact-SQL 简介

结构化查询语言（Structured Query Language，SQL）是一种关系数据库标准查询语言，每一个具体的数据库系统都对这种标准的 SQL 有一些功能上的调整（一般是扩展），语句格式也有个别变化，从而形成了各自不完全相同的 SQL 版本。Transact-SQL 就是 SQL Server 中使用的 SQL 版本。

1.6.1　SQL 与 Transact-SQL

SQL 是一种介于关系代数与关系演算之间的语言。Transact-SQL（简称 T-SQL）是 Microsoft 公司在关系型数据库管理系统 SQL Server 中实现的一种计算机高级语言，是微软对 SQL 的扩展。

1．SQL 语言

SQL 语言最早是在 20 世纪 70 年代由 IBM 公司开发出来的，并被应用在 DB2 关系数据库系统中，主要用于关系数据库中的信息检索。

SQL 语言被提出后，由于其具有功能丰富、使用灵活、语言简洁易学等突出优点，在计算机工业界和计算机用户中备受欢迎。1986 年 10 月，美国国家标准协会（ANSI）的数据库委员会批准了 SQL 作为关系数据库语言的美国标准。1987 年 6 月，国际标准化组织（ISO）将其采纳为国际标准，这个标准也称为 SQL 86。SQL 语言标准的出台使 SQL 语言作为标准关系数据库语言的地位得到了加强。随后，SQL 语言标准几经修改和完善，其间经历了 SQL 89、SQL 92、SQL 99，一直到 2003 年的 SQL 2003 等多个版本，每个新版本都较前面的版本有重大改进。随着数据库技术的发展，将来还会推出更新的标准。但是需要说明的是，公布的 SQL 语言标准只是一个建议标准，目前一些主流数据库产品也只达到了基本的要求，并没有完全实现这些标准。

按照 ANSI 的规定，SQL 语言被作为关系数据库的标准语言。SQL 语言中的语句可以用来执行各种各样的操作。目前流行的关系数据库管理系统，如 Oracle、Sybase、SQL Server、Visual FoxPro 等，都采用了 SQL 语言标准，而且很多数据库都对 SQL 语言中的语句进行了再开发和扩展。

尽管设计 SQL 语言的最初目的是查询，查询数据也是其最重要的功能之一，但 SQL 语言绝不仅仅是一个查询工具，它可以独立完成数据库的全部操作。按照其实现的功能可以将 SQL 语言划分为以下几类：

（1）数据查询语言（Data Query Language，DQL）：按一定的查询条件从数据库对象中检索符合条件的数据。

（2）数据定义语言（Data Definition Language，DDL）：用于定义数据的逻辑结构以及数据项之间的关系。

（3）数据操纵语言（Data Manipulation Language，DML）：用于更改数据库，包括增加新数据、删除旧数据、修改已有数据等。

（4）数据控制语言（Data Control Language，DCL）：用于控制其对数据库中数据的操作，包括基本表和视图等对象的授权、完整性规则的描述、事务开始和结束控制语句等。

可见，SQL 语言是一种能够控制数据库管理系统并能与之交互的综合性语言。但 SQL 语言并不是一种像 C、Pascal 那样完整的程序设计语言，没有用于程序流程控制的 IF 语句、WHILE 语句等，它是一种数据库子语言；SQL 语言也并非严格的结构化语言，同 C、Pascal 这种高度结构化的程序设计语言相比，SQL 语言更像是英语句子，其中包括了不少用于提高可读性的词汇。

2．Transact-SQL

T-SQL 最早由 Sybase 公司、Microsoft 公司联合开发，Microsoft 公司将其应用在 SQL Server 上，并将其作为 SQL Server 的核心组件，与 SQL Server 通信，并访问 SQL Server 中的对象。它在 ANSI SQL 92 标准的基础上进行了扩展，对语法也作了精简，增强了可编程性和灵活性，使其功能更为强大，使用更为方便，随着 SQL Server 2008 的应用普及，T-SQL 也越来越重要了。

T-SQL 对 SQL 的扩展主要包含以下 3 个方面：

（1）增加了流程控制语句。SQL 作为一种功能强大的结构化标准查询语言并没有包含流程控制语句，因此不能单纯使用 SQL 构造出一种最简单的分支程序。T-SQL 在这方面进行了多方面的扩展，增加了块语句、分支判断语句、循环语句和跳转语句等。

（2）加入了局部变量、全局变量等许多新概念，可以编写出更复杂的查询语句。

（3）增加了新的数据类型，使处理能力更强。

1.6.2 运算符与表达式

运算符是一种符号，通过运算符连接运算量构成表达式。简单表达式可以是一个常量、变量、列或标量函数。可以用运算符将两个或更多的简单表达式连接起来组成复杂表达式。运算符用来指定要在一个或多个表达式中执行的操作。

1．标识符

标识符是用户编程时使用的名字。每一个对象都有一个标识符来唯一地标识。对象标识符是在定义对象时创建的，该标识符随后用于引用该对象。标识符包含的字符数必须在 1～128 之间。标识符有两种类型：常规标识符和分隔标识符。

（1）常规标识符。它的第一个字符必须是字母、下划线（_）、@符号或数字符号（#），后续字符可以为字母、数字、@符号、$符号、数字符号或下划线。在 SQL Server 中，某些处于标识符开始位置的符号具有特殊意义。例如，以符号@开头的标识符表示局部变量或参数；以#符号开头的标识符表示临时表或过程；以##符号开头的标识符表示全局临时对象。T-SQL 中的某些函数名称以@@符号开始。为避免混淆这些函数，建议用户不要使用以@@开始的标识符。

（2）分隔标识符。包含在双引号（"）或方括号（[]）内的标识符就是分隔标识符。如果标识符是保留字或包含空格，则需要使用分隔标识符进行处理。例如，在 SELECT * FROM "My Table"命令中，标识符"My Table"有空格，所以使用双引号（"）分隔，即使用分隔标识符。

2．常量与变量

在程序运行过程中不能改变其值的数据称为常量，相应地，在程序运行过程中可以改变其值的数据称为变量。

（1）常量。常量是表示特定数据值的符号，其格式取决于其数据类型。SQL Server 具有以下几种类型：字符串和二进制常量、日期时间常量、数值常量、逻辑数据常量。

1）字符串和二进制常量。

字符串常量是用单引号括起来的字符系列。若字符串中本身又有单引号字符，则单引号要用两个单引号来表示，如'China'、'O''Brien'、'X+Y='均为字符串常量。

在 SQL Server 中，字符串常量还可以采用 Unicode 字符串的格式，即在字符串前面用 N 标识，如 N'A SQL Server string'表示字符串'A SQL Server string'为 Unicode 字符串。

二进制常量具有前缀 0x，并且是十六进制数字字符串，它们不使用引号，如 0xAE、0x12Ef、0x69048AEFDD010E、0x（空串）为二进制常量。

2）日期时间常量。

datetime 常量使用特定格式的字符日期值表示，用单引号括起来。表 1.10 所示是几种日期时间格式。

表 1.10　SQL Server 日期时间格式

输入格式	datetime 值	smalldatetime 值
Sep 3, 2007 1:34:34.122	2007-09-03 01:34:34.123	2007-09-03 01:35:00
9/3/2007 1PM	2007-09-03 13:00:00.000	2007-09-03 13:00:00
9.3.2007 13:00	2007-09-03 13:00:00.000	2007-09-03 13:00:00
13:25:19	1900-01-01 13:25:19.000	1900-01-01 13:25:00
9/3/2007	2007-09-03 00:00:00.000	2007-09-03 00:00:00

输入时，可以使用"/"、"."、"-"作日期时间常量的分隔符。默认情况下，服务器按照 mm/dd/yy 的格式（即月/日/年的顺序）来处理日期类型数据。SQL Server 支持的日期格式有 mdy、dmy、ymd、myd、dym，用 SET DATEFORMAT 命令来设定格式。

对于没有日期的时间值，服务器将其日期指定为 1900 年 1 月 1 日。

3）数值常量。

数值常量包括整型常量、浮点常量、货币常量、uniqueidentifier 常量。

整型常量由没有用引号括起来且不含小数点的一串数字表示，如 1894 和 2 为整型常量。

浮点常量主要采用科学记数法表示。如 101.5E5 和 0.5E-2 为浮点常量。

精确数值常量由没有用引号括起来且包含小数点的一串数字表示，如 1894.1204 和 2.0 为精确数值常量。

货币常量是以"$"为前缀的一个整型或实型常量数据，不使用引号，如$12.5 和$542023.14 为货币常量。

uniqueidentifier 常量是表示全局唯一标识符 GUID 值的字符串。可以使用字符或二进制字符串格式指定。

4）逻辑数据常量。

逻辑数据常量使用数字 0 或 1 表示，并且不使用引号。非 0 的数字当作 1 处理。

5）空值。

在数据列定义之后，还需要确定该列是否允许空值（NULL）。允许空值意味着用户在向表中插入数据时可以忽略该列值。空值可以表示整型、实型、字符型数据。

（2）变量。变量用于临时存放数据，变量中的值随着程序的运行而改变，变量有名字和数据类型两个属性。变量的命名使用常规标识符，即以字母、下划线（_）、@符号、数字符号（#）开头，后续接字母、数字、@符号、美元符号（$）、下划线的字符序列。不允许嵌入空格或其他特殊字符。SQL Server 将变量分为全局变量和局部变量两类，其中全局变量由系统定义并维护,通过在名称前面加@@符号区别于局部变量,局部变量的首字母为单个@。

1)局部变量。

局部变量使用 DECLARE 语句定义,仅存在于声明它的批处理、存储过程或触发器中,处理结束后,存储在局部变量中的信息将丢失。

DECLARE 语句的语法格式如下:

> DECLARE {@local_variable data_type }[,...n]

其中,@local_variable 是变量的名称。局部变量名必须以@符号开头,且必须符合标识符规则。data_type 是任何由系统提供或用户定义的数据类型。用 DECLARE 定义的变量不能是 text、ntext 或 image 数据类型。

在使用 DECLARE 语句来声明局部变量时,必须提供变量名称及其数据类型。变量名前必须有一个@符号,其最大长度为 30 个字符。一条 DECLARE 语句可以定义多个变量,各变量之间使用逗号隔开。例如:

> DECLARE @name varchar(30),@type int

局部变量的值使用 SELECT 或 PRINT 语句显示。局部变量的赋值可以通过 SELECT、UPDATE 和 SET 语句进行。

2)全局变量。

全局变量通常被服务器用来跟踪服务器范围和特定会话期间的信息,不能显式地被赋值或声明。全局变量不能由用户定义,也不能被应用程序用来在处理器之间交叉传递信息。

全局变量由系统提供,在某个给定的时刻,各用户的变量值将肯定互不相同。表 1.11 所示是 SQL Server 中常用的全局变量。

表 1.11　SQL Server 中常用的全局变量

变量	说明
@@rowcount	前一条命令处理的行数
@@error	前一条 SQL 语句报告的错误号
@@trancount	事务嵌套的级别
@@transtate	事务的当前状态
@@tranchained	当前事务的模式(链接的、非链接的)
@@servername	本地 SQL Server 的名称
@@version	SQL Server 和 OS 版本级别
@@spid	当前进程 id
@@identity	上次 INSERT 操作中使用的 identity 值
@@nestlevel	存储过程/触发器中的嵌套层
@@fetch_status	游标中上条 FETCH 语句的状态

3. 函数

函数是一组编译好的 T-SQL 语句,它们可以带一个或一组数值作参数,也可不带参数,它返回一个数值、数值集合,或执行一些操作。函数能够重复执行一些操作,从而避免不断重写代码。

SQL Server 2008 支持两种函数类型:内置函数和用户定义函数。

（1）内置函数。内置函数是一组预定义的函数，是 T-SQL 的一部分，按 T-SQL 中定义的方式运行且不能修改。在 SQL Server 中，函数主要用来获得系统的有关信息、执行数学计算和统计、实现数据类型的转换等。SQL Server 2008 提供的函数包括字符串函数、数学函数、日期函数、系统函数等。

（2）用户定义函数。在 SQL Server 中，由用户定义的 T-SQL 函数即为用户定义函数。它将频繁执行的功能语句块封装到一个命名实体中，该实体可以由 T-SQL 语句调用。

4．运算符

T-SQL 语言运算符共有 5 类，即算术运算符、位运算符、比较运算符、逻辑运算符和连接运算符。

（1）算术运算符。

算术运算符用于数值型列或变量间的算术运算。算术运算符包括加（+）、减（-）、乘（*）、除（/）和取模（%）等。表 1.12 所示是所有的算术运算符及其可操作的数据类型。

表 1.12　算术运算符及其可操作的数据类型

算术运算符	数据类型
+、-、*、/	Int、smallint、tinyint、numeric、decimal、float、real、money、smallmoney
%	Int、smallint、tinyint

如果表达式中有多个算术运算符，则先计算乘、除和求余，然后计算加减法。如果表达式中所有算术运算符都具有相同的优先顺序，则执行顺序为从左到右。括号中的表达式比所有其他运算都要优先。算术运算的结果为优先级较高的参数的数据类型。

（2）位运算符。

位运算符用于对数据进行按位与（&）、或（\）、异或（^）、求反（~）等运算。在 T-SQL 语句中进行整型数据的位运算时，SQL Server 先将它们转换为二进制数，然后再进行计算。其中与、或、异或运算符需要两个操作数，求反运算符仅需要一个操作数。表 1.13 所示是位运算符及其可操作的数据类型。

表 1.13　位运算符及其可操作的数据类型

位运算符	左操作数	右操作数
&	int、smallint、tinyint	int、smallint、tinyint、bigint
\	int、smallint、tinyint	int、smallint、tinyint、binary
^	binary、varbinary、int	int、smallint、tinyint、bit
~	无左操作数	int、smallint、tinyint、bit

做&运算时，只有当两个表达式中的两个位值都为 1，结果中的位才被设置为 1，否则结果中的位被设置为 0。

做\运算时，如果两个表达式的任一位为 1 或者两个位均为 1，则结果的对应位被设置为 1；如果表达式中的两个位都不为 1，则结果中该位的值被设置为 0。

做^运算时，如果在两个表达式中，只有一位的值为 1，则结果中该位的值被设置为 1；如果两个位的值都为 0 或者都为 1，则结果中该位的值被清除为 0。

做~运算时，如果表达式的某位为 1，则结果中该位为 0，否则相反。

（3）比较运算符。

比较运算符用来比较两个表达式的值，可用于字符、数字或日期数据。SQL Server 中的比较运算符有大于（>）、小于（<）、大于等于（>=）、小于等于（<=）和不等于（!=）等，比较运算返回布尔值，通常出现在条件表达式中。

比较运算符的结果为布尔数据类型，其值为 TRUE、FALSE 和 UNKNOWN，如表达式 2=3 的运算结果为 FALSE。

一般情况下，带有一个或两个 NULL 表达式的运算符返回 UNKNOWN。当 SET ANSI_NULLS 为 OFF 且两个表达式都为 NULL 时，那么"="运算符返回 TRUE。

（4）逻辑运算符。

逻辑运算符有与（AND）、或（OR）、非（NOT）等，用于对某个条件进行测试，以获得其真实情况。逻辑运算符和比较运算符一样，返回 TRUE 或 FALSE 的布尔数据值。表 1.14 所示是逻辑运算符及其运算情况。

表 1.14　逻辑运算符及其运算情况

运算符	含义
AND	如果两个布尔表达式都为 TRUE，那么结果为 TRUE
OR	如果两个布尔表达式中的一个为 TRUE，那么结果就为 TRUE
NOT	对任何其他布尔运算符的值取反
LIKE	如果操作数与一种模式相匹配，那么值为 TRUE
IN	如果操作数等于表达式列表中的一个，那么值为 TRUE
ALL	如果一系列的比较都为 TRUE，那么值为 TRUE
ANY	如果一系列的比较中任何一个为 TRUE，那么值为 TRUE
BETWEEN	如果操作数在某个范围之内，那么值为 TRUE
EXISTS	如果子查询包含一些行，那么值为 TRUE

例如，NOT TRUE 为假；TRUE AND FALSE 为假；TRUE OR FALSE 为真。

逻辑运算符通常和比较运算符一起构成更为复杂的表达式。与比较运算符不同的是，逻辑运算符的操作数都只能是布尔型数据。

（5）连接运算符。

连接运算符（+）用于两个字符串数据的连接，通常也称为字符串运算符。在 SQL Server 中，对字符串的其他操作通过字符串函数进行。字符串连接运算符的操作数类型有 char、varchar 和 text 等。例如，'Dr.'+'Computer'中的"+"运算符将两个字符串连接成一个字符串'Dr. Computer'。

5. 运算符的优先级别

不同运算符具有不同的运算优先级，在一个表达式中，运算符的优先级决定了运算的顺序。SQL Server 中各种运算符的优先顺序为：()→~→^→&→\→*、/、%→+、-→NOT→AND →OR。

排在前面的运算符的优先级高于其后的运算符。在一个表达式中，先计算优先级高的运算，后计算优先级低的运算，相同优先级的运算按自左向右的顺序依次进行。

1.6.3   语句块和注释

在程序设计中，往往需要根据实际情况将需要执行的操作设计为一个逻辑单元，用一组 T-SQL 语句实现。这就需要使用 BEGIN...END 语句将各语句组合起来。此外，对于程序中的源代码，为了方便阅读或调试，可在其中加入注释。

1. 语句块 BEGIN...END

BEGIN...END 用来设定一个语句块，将 BEGIN...END 中的所有语句视为一个逻辑单元执行。语句块 BEGIN...END 的语法格式为：

```
BEGIN
    { sql_statement \ statement_block }
END
```

其中，{sql_statement \ statement_block }是任何有效的 T-SQL 语句或以语句块定义的语句分组。

在 BEGIN...END 中可嵌套另外的 BEGIN...END 来定义另一程序块。

2. 注释

有两种方法来声明注释：单行注释和多行注释。

（1）单行注释。在语句中，使用两个连字符"--"开头，则从此开始的整行或者行的一部分就成为了注释，注释在行的末尾结束。注释的部分不会被 SQL Server 执行。

（2）多行注释。多行注释方法是 SQL Server 自带的特性，可以注释大块跨越多行的代码，它必须用一对分隔符"/*   */"将余下的其他代码分隔开。

注释并没有长度限制。SQL Server 文档禁止嵌套多行注释，但单行注释可以嵌套在多行注释中。

1.6.4   流程控制语句

T-SQL 提供了一些可以用于改变语句执行顺序的命令，称为流程控制语句。流程控制语句允许用户更好地组织存储过程中的语句，方便地实现程序的功能。流程控制语句与常见的程序设计语言类似，主要包含以下几种。

1. 选择控制

根据条件来改变程序流程的控制叫选择控制。T-SQL 中 IF...ELSE 语句是最常用的控制流语句，CASE 函数可以判断多个条件值，GOTO 语句无条件地改变流程，RETURN 语句会将当前正在执行的批处理、存储过程等中断。

（1）IF...ELSE 条件执行语句。

通常是按顺序执行程序中的语句，但在许多情况下，语句执行的顺序和是否执行依赖于程序运行的中间结果。在这种情况下，必须根据条件表达式的值来决定执行哪些语句。这时，利用 IF...ELSE 结构可以实现这种控制。

IF...ELSE 的语法格式为：

```
IF Boolean_expression
        { sql_statement \ statement_block }      --条件表达为真时执行
[ ELSE
        { sql_statement \ statement_block } ]    --条件表达式为假时执行
```

其中，Boolean_expression 是值为 TRUE 或 FALSE 的布尔表达式。{sql_statement \

statement_block}是 T-SQL 语句或语句块。IF 或 ELSE 条件只能影响一个 T-SQL 语句。若要执行多个语句，则必须使用 BEGIN 和 END 将其定义成语句块。

IF...ELSE 语句可以嵌套。两个嵌套的 IF...ELSE 语句可以实现 3 个条件分支。

（2）CASE 函数。

如果有多个条件要判断，可以使用多个嵌套的 IF...ELSE 语句，但这样会造成程序的可读性差，此时使用 CASE 函数来取代多个嵌套的 IF...ELSE 语句更为合适。

CASE 函数计算多个条件并为每个条件返回单个值。CASE 具有以下两种格式：

格式 1：简单 CASE 函数，将某个表达式与一组简单表达式进行比较以确定结果。

```
CASE input_expression
    WHEN when_expression THEN result_expression
    [ ...n ]
    [ELSE else_result_expression ]
END
```

格式 2：CASE 搜索函数，CASE 计算一组逻辑表达式以确定结果。

```
CASE
    WHEN boolean_expression THEN result_expression
    [ ... n ]
    [ ELSE else_result_expression ]
END
```

各选项的含义如下：

1）input_expression：使用简单 CASE 格式时所计算的表达式。

2）WHEN when_expression：使用简单 CASE 格式时与 input_expression 进行比较的简单表达式。input_expression 和每个 when_expression 的数据类型必须相同，或者是隐性转换。

3）n 表明可以使用多个 WHEN 子句。

4）THEN result_expression：当 input_expression=when_expression 或 boolean_expression 取值为 TRUE 时返回的表达式。

5）ELSE else_result_expression：当比较运算取值不为 TRUE 时返回的表达式。如果省略此参数并且比较运算取值不为 TRUE，CASE 将返回 NULL 值。else_result_expression 和所有 result_expression 的数据类型必须相同，或者必须是隐性转换。

6）WHEN boolean_expression：使用 CASE 搜索格式时所计算的布尔表达式。boolean_expression 是任意有效的布尔表达式。

7）input_expression、when_expression、result_expression、else_result_expression：任意有效的 SQL Server 表达式。

（3）GOTO 跳转语句。

GOTO 语句将允许程序的执行转移到标签处，尾随在 GOTO 语句之后的 T-SQL 语句被忽略，而从标签继续处理，这增加了程序设计的灵活性。但是，GOTO 语句破坏了程序结构化的特点，使程序结构变得复杂且难以测试。事实上，使用 GOTO 语句的程序都可以用其他语句来代替，所以尽量少使用 GOTO 语句。

GOTO 语句的语法格式如下：

```
GOTO label
```

其中，label 为 GOTO 语句处理的起点。label 必须符合标识符规则。

（4）RETURN 语句。

RETURN 语句可使程序从批处理、存储过程或触发器中无条件退出，不再执行本语句之后的任何语句。

RETURN 语句的语法格式为：

> RETURN [integer_expression]

其中，integer_expression 是返回的整型值。

如果没有指定返回值，SQL Server 系统会根据程序执行的结果返回一个内定状态值，如表 1.15 所示。

表 1.15　RETURN 命令返回的内定状态值

返回值	含义	返回值	含义
0	程序执行成功	-7	资源错误，如磁盘空间不足
-1	找不到对象	-8	非致命的内部错误
-2	数据类型错误	-9	已达到系统的极限
-3	死锁	-10、-11	致命的内部不一致性错误
-4	违反权限原则	-12	表或指针破坏
-5	语法错误	-13	数据库破坏
-6	用户造成的一般错误	-14	硬件错误

（5）WAITFOR 调度执行语句。

WAITFOR 语句允许定义一个时间或者一个时间间隔，在定义的时间内或者经过定义的时间间隔时，其后的 T-SQL 语句会被执行。

WAITFOR 语句格式如下：

> WAITFOR {DELAY 'time' \ TIME 'time'}

这个语句中有两个变量。DELAY 'time'指定执行继续进行下去前必须经过的延迟（时间间隔）。作为语句的参数，指定的时间间隔必须小于 24 小时。

2．循环控制

WHILE 语句根据条件表达式控制 T-SQL 语句或语句块重复执行的次数。条件为真（TRUE）时，在 WHILE 循环体内的 T-SQL 语句会一直重复执行，直到条件为假（FALSE）为止。在 WHILE 循环内，T-SQL 语句的执行可以使用 BREAK 与 CONTINUE 语句来控制。

WHILE 循环语句的语法格式如下：

> WHILE boolean_expression
> { sql_statement \ statement_block }
> [BREAK]
> [sql_statement \ statement_block]
> [CONTINUE]

各选项的含义如下：

（1）boolean_expression：返回值为 TRUE 或 FALSE。如果该表达式含有 SELECT 语句，必须用圆括号将 SELECT 语句括起来。

（2）{sql_statement \ statement_block}：T-SQL 语句或语句块。语句块定义应使用控制流关键字 BEGIN 和 END。

（3）BREAK：导致从最内层的 WHILE 循环中退出。将执行出现在 END 关键字后面的任何语句，END 关键字为循环结束标记。

（4）CONTINUE：使 WHILE 循环重新开始执行，忽略 CONTINUE 关键字后的任何语句。

在 WHILE 循环中，只要 boolean_expression 的条件为 TRUE，就会重复执行循环体内的语句或语句块。

习题1

一、思考题

（1）什么是数据库、数据库管理系统、数据库系统？它们之间有什么联系？

（2）当前，主要有哪几种新型数据库系统？它们各有什么特点？用于什么领域？试举例说明。

（3）什么是数据模型？目前数据库主要有哪几种数据模型？它们各有什么特点？

（4）关系数据库中选择、投影、连接运算的含义是什么？

（5）关键字段的含义是什么？它的作用是什么？

（6）什么是 E-R 图？E-R 图是由哪几种基本要素组成的？这些要素如何表示？

二、选择题

（1）数据库系统与文件系统的主要区别是（　　）。

　　A. 数据库系统复杂，而文件系统简单

　　B. 文件系统只能管理程序文件，而数据库系统能够管理各种类型的文件

　　C. 文件系统管理的数据量较少，而数据库系统可以管理庞大的数据量

　　D. 文件系统不能解决数据冗余和数据独立性问题，而数据库系统可以解决

（2）在关系数据库系统中，当关系的模型改变时，用户程序可以不变，这是因（　　）所致。

　　A. 数据的物理独立性　　　　　　　　B. 数据的逻辑独立性

　　C. 数据的位置独立性　　　　　　　　D. 数据的存储独立性

（3）在数据库三级模式中，对用户所用到的那部分数据的逻辑描述是（　　）。

　　A. 外模式　　　　　B. 概念模式　　　　　C. 内模式　　　　　D. 逻辑模式

（4）E-R 图用于描述数据库的（　　）。

　　A. 概念模型　　　　B. 数据模型　　　　C. 存储模型　　　　D. 逻辑模型

（5）以下对关系模型性质的描述，不正确的是（　　）。

　　A. 在一个关系中，每个数据项不可再分，是最基本的数据单位

　　B. 在一个关系中，同一列数据具有相同的数据类型

　　C. 在一个关系中，各列的顺序不可以任意排列

　　D. 在一个关系中，不允许有相同的字段名

（6）已知两个关系：

职工（<u>职工号</u>，职工名，性别，职务，工资）

设备（<u>设备号</u>，职工号，设备名，数量）

其中"职工号"和"设备号"分别为职工关系和设备关系的关键字，则两个关系的属性中，存在一个外部关键字为（　　）。

A. 设备关系的"职工号"　　　　　　B. 职工关系的"职工号"

C. 设备号　　　　　　　　　　　　D. 设备号和职工号

（7）在建立表时，将年龄字段值限制在 18～40 之间，这种约束属于（　　）。

A. 实体完整性约束　　　　　　　　B. 用户定义完整性约束

C. 参照完整性约束　　　　　　　　D. 视图完整性约束

（8）下列标识符可以作为局部变量使用的是（　　）。

A. [@Myvar]　　　B. My var　　　C. @Myvar　　　D. @My var

（9）T-SQL 支持的一种程序结构语句是（　　）。

A. BEGIN…END　　　　　　　　　B. IF…THEN…ELSE

C. DO CASE　　　　　　　　　　　D. DO WHILE

（10）字符串常量使用（　　）作为定界符。

A. 单引号　　　　B. 双引号　　　　C. 方括号　　　　D. 大括号

第 2 章　数据库的管理与使用

- **了解**：SQL Server 数据库的存储结构；数据库文件的基本类型；数据库文件和文件组的基本概念。
- **理解**：数据库文件的组织结构；数据库对象的基本概念；数据库的分离、附加、扩大和收缩的基本概念。
- **掌握**：数据库文件的创建、修改、删除、分离、附加的操作方法；数据库、数据库文件的扩大和收缩的操作方法。

2.1　SQL Server 数据库的存储结构

SQL Server 数据库管理是有关建立、存储、修改和存取数据库中信息的技术和手段，是为了保证数据库系统正常运行、能提供实际的数据服务的一项技术管理工作。了解和掌握 SQL Server 数据库的组织结构和存储方式对使用、管理和维护数据库十分重要。SQL Server 数据库的存储结构分为逻辑存储结构和物理存储结构两种。

2.1.1　逻辑存储结构

数据库的逻辑存储结构指的是数据库是由哪些性质的信息所组成的。它主要应用于面向用户的数据组织和管理，从逻辑的角度，数据库由若干个用户可视的对象构成，如表、视图、存储等，由于这些对象是存储在数据库中，因此也叫数据库对象。

1. 数据库对象

SQL Server 2008 的数据库对象也叫逻辑组件，这些逻辑组件也就是具体存储数据或对数据进行操作的实体。SQL Server 2008 中的数据库对象主要包括数据库关系图、表、视图、同义词、可编程性、Service Broker、存储和安全性等，如表 2.1 所示。它们分别用来存储特定信息并支持特定功能，构成数据库的逻辑存储结构。

表 2.1　SQL Server 2008 的数据库对象及功能

对象名称	功能
数据库关系图	用来描述数据库中表和表之间的对应关系，是数据库设计的常用方法。在数据库技术领域中，这种关系图也常常被称为 ER 图、ERD 图或 EAR 图等
表	由数据的行和列组成，格式与工作表类似。行代表一个唯一的记录，列代表记录中的一个字段。类型定义规定了某个列中可以存放的数据类型
视图	可以限制某个表格可见的行和列，或者将多个表格数据结合起来，作为一个表格显示。一个视图还可以集中列

对象名称	功能
同义词	同义词是数据库对象的别名，使用同义词对象可以大大简化对复杂数据库对象名称的引用方式
可编程性	是一个逻辑组合，它包括存储过程、函数、数据库触发器、程序集、类型、规则、默认值、计划指南等对象
Service Broker	Service Broker（服务代理）可帮助数据库开发人员生成可靠且可扩展的应用程序。它包含了用来支持异步通信机制的对象，这些对象包括消息类型、约定、队列、服务、路由、远程服务绑定、Broker 优先级等对象
存储	在"存储"节点中包含了 4 类对象，即全文目录、分区方案、分区函数和全文非索引字表，这些对象都与数据存储有关
安全性	与安全有关的数据库对象被组织在了"安全性"节点中，这些对象包括用户、角色、架构、证书、非对称密钥、对称密钥、数据库审核规范等

2. 数据库类型

SQL Server 2008 数据库分为两种类型，即系统数据库和用户数据库。

（1）系统数据库。

系统数据库是由系统创建和维护的数据库。系统数据库中记录着 SQL Server 2008 的配置情况、任务情况和用户数据库的情况等系统管理的信息，它实际上就是常说的数据字典，SQL Server 2008 使用这些系统级信息管理和控制整个数据库服务器系统。在 SQL Server 2008 中有 master、model、msdb 和 tempdb 共 4 个系统数据库，表 2.2 列出了 SQL Server 2008 系统数据库及相应的描述。

表 2.2　SQL Server 2008 系统数据库及描述

数据库名称	数据库描述
master	master 数据库记录 SQL Server 系统的所有系统级信息。主要包括实例范围的元数据、端点、链接服务器和系统配置设置以及记录了所有其他数据库的存在、数据库文件的位置以及 SQL Server 的初始化信息
model	提供了 SQL Server 实例上创建的所有数据库的模板
msdb	主要由 SQL Server 代理用于计划警报和作业
tempdb	tempdb 系统数据库是一个全局资源，可供连接到 SQL Server 实例的所有用户使用，并可用于保存显式创建的临时用户对象、SQL Server 数据库引擎创建的内部对象和一些版本数据等

（2）用户数据库。

用户数据库分为系统提供的示例数据库和用户创建的数据库。

1）示例数据库。示例数据库中包含了各种数据库对象，使用户可以自由地对其中的数据或者表结构进行查询、修改等操作。在安装 SQL Server 2008 的过程中，可以在安装组件窗口中选择安装示例数据库，默认的示例数据库有 AdventureWorks 和 AdventureWorksDW 两个。AdventureWorks 数据库存储了某个假设的自行车制造公司的业务数据，示意了制造、销售、采购、产品管理、合同管理、人力资源管理等场景。用户可以利用该数据库来学习 SQL Server 的操作，也可以模仿该数据库的结构设计用户自己的数据库。AdventureWorksDW 数据库是

Analysis Services（分析服务）的示例数据库。Microsoft 将分析示例数据库与事务示例数据库联系在一起，以提供展示两者协同运行的完整示例数据库。

2）用户创建的数据库。用户创建的数据库是由具有适当权限的任意服务器登录，由用户根据管理对象的要求创建的数据库，此数据库中保存着用户直接需要的数据信息。

2.1.2　物理存储结构

数据库的物理存储结构指的是数据库文件在磁盘中是如何存储的。它主要应用于面向计算机的数据组织和管理，如数据文件、表和视图的数据组织方式，磁盘空间的利用和回收，文本和图形数据的有效存储等。它的表现形式是操作系统的物理文件，一个数据库由一个或多个磁盘上的文件组成，对用户是透明的，数据库物理文件名是操作系统使用的。

1. 数据库文件

数据库文件是存放数据库数据和数据库对象的文件。在 SQL Server 2008 系统中组成数据库的文件有两种类型：数据文件（包括主数据文件和次数据文件）和事务日志文件。

（1）主数据文件（Primary Database File）。一个数据库可以有一个或多个数据文件，当有多个数据文件时，有一个文件被定义为主数据文件，它用来存储数据库的启动信息和部分或全部数据，一个数据库只能有一个主数据文件，主数据文件名称的默认后缀是.mdf。

（2）次数据文件（Secondary Database File）。次数据文件用来存储主数据文件中没存储的其他数据。使用次数据文件来存储数据的优点在于，可以在不同物理磁盘上创建次数据文件，并将数据存储在这些文件中，这样可以提高数据处理的效率。另外，如果数据库超过了单个 Windows 文件的最大文件大小，可以使用次数据文件，这样数据库就能继续增长。一个数据库可以有零个或多个次数据文件，次数据文件名称的默认后缀是.ndf。

注意：在 Windows 中，文件为 FAT 格式时，单个文件存储容量最大为 4GB；文件为 NTFS 格式时，单个文件存储容量最大为无限制。

（3）事务日志文件（Transaction Log File）。事务是一个单元的工作，该单元的工作要么全部完成，要么全部不完成。SQL Server 2008 系统使用数据库的事务日志来实现事务的功能。事务日志记录了每一个事务的开始、对数据的改变和取消修改等信息。如使用 INSERT、UPDATE、DELETE 等对数据库进行操作都会记录在此文件中，而 SELECT 等对数据库内容不会有影响的操作则不会记录在案。一个数据库可以有一个或多个事务日志文件，事务日志文件名称的默认后缀是.ldf。

数据库的每个数据文件和日志文件都具有一个逻辑文件名和一个物理文件名。逻辑文件名是在所有 T-SQL 语句中引用物理文件时所使用的名称，该文件名必须符合 SQL Server 标识符规则，而且在一个数据库中，逻辑文件名必须是唯一的。物理文件名是操作系统识别的文件，创建时要指明存储文件的路径以及物理文件名称，物理文件名的命名必须符合操作系统文件命名规则。一般情况下，如果有多个数据文件，为了获得更好的性能，建议将文件分散存储在多个物理磁盘上。

2. 数据库文件的存储形式

SQL Server 2008 数据库文件的存储形式如图 2.1 所示。每个数据库在物理上分为数据文件和事务日志文件，这些数据文件和事务日志文件存放在一个或多个磁盘上，它们不与其他文件共享。

（1）数据文件。SQL Server 将一个数据文件中的空间分配给表格和索引，每块有 64KB

的空间，叫做"扩展盘区"。一个扩展盘区由 8 个相邻的页构成。页是 SQL Server 中数据存储的基本单位，每个页的大小为 8KB，页的单个行中的最大数据量是 8060B，页的大小决定了数据库表的一行数据的最大大小。共有 8 种类型的页面：数据页面、索引页面、文本/图像页面、全局分配页面、页面剩余空间页面、索引分配页面、大容量更改映射表页面和差异更改映射表页面。SQL Server 每次读取或写入数据的最小数据单位是数据页，从逻辑角度而言，数据库的最小存储单位为页，即 8KB。

（2）事务日志文件（简称日志文件）。此文件驻留在与数据文件不同的一个或多个物理文件中，包含一系列事务日志记录而不是扩展盘区分配的页。日志文件用来记录数据变化的过程。

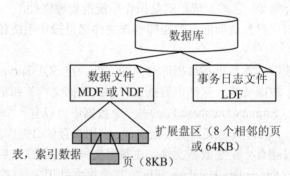

图 2.1   SQL Server 2008 数据库文件的存储形式

3. 数据库文件组

出于分配和管理目的，可以将数据库文件分成不同的文件组（File Group，文件的逻辑集合）。一些系统可以通过控制在特定磁盘驱动器上放置的数据和索引来提高自身的性能。每个文件组有一个组名。在 SQL Server 中有主文件组和用户定义的文件组。

（1）主文件组。每个数据库有一个主文件组，主文件组中包含了所有的系统表。当建立数据库时，主文件组包括主数据文件和未指定组的其他文件。一个文件只能存在于一个文件组中，一个文件组也只能被一个数据库使用。

（2）用户定义的文件组。用户定义的文件组是指用户首次创建数据库或以后修改数据库时明确创建的任何文件组。创建这类文件组主要用于将数据文件集合起来，以便于数据、管理分配和放置。

每个数据库中都有一个文件组作为默认文件组运行。如果在数据库中创建对象时，没有指定对象所属的文件组，对象将被分配给默认文件组。不管何时，只能将一个文件组指定为默认文件组。默认文件组中的文件必须足够大，能够容纳未分配给其他文件组的所有新对象。如果没有指定默认文件组，则主文件组是默认文件组。

注意：文件组只能包含数据文件。日志文件不属于任何文件组。文件组中的文件不自动增长，除非文件组中的文件全都没有可用空间。

2.2   数据库的创建

在 SQL Server 2008 中创建数据库的方法主要有两种：一种是使用 SSMS 中的对象资源管理器以图形化的方式完成对数据库的创建；另一种是通过编写 T-SQL 语句创建。

用户在创建数据库时，不管使用哪种方式，都必须对数据库进行规划，如数据库的名称、大小、存放位置、增量等。在一个 SQL Server 2008 实例中，最多可以创建 32767 个数据库，数据库的名称必须满足系统的标识符规则。在命名数据库时，一定要使数据库名称简短并有一定的含义。默认情况下，SQL Server 2008 数据库文件保存在 "..\Program Files\Microsoft SQL Server\MSSQL10.MSSQLSERVER\MSSQL\DATA" 目录下。

2.2.1　使用对象资源管理器创建数据库

在 SSMS 的图形界面中使用"对象资源管理器"创建学生数据库"Student_db"（本教材以此数据库为基本数据库进行相关操作），其具体操作步骤如下：

（1）以管理员身份启动 SSMS，并连接到 SQL Server 2008 中的数据库。在对象资源管理器中，右击"数据库"文件夹，在弹出的快捷菜单中选择"新建数据库"命令，打开"新建数据库"窗口，如图 2.2 所示。

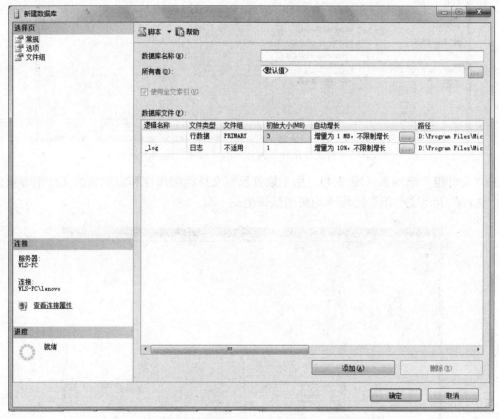

图 2.2　"新建数据库"窗口中的"常规"选项卡界面

（2）在"新建数据库"窗口的左上方有"常规"、"选项"和"文件组" 3 个选项卡，通过这 3 个选项卡可以设置新创建的数据库。

1）"常规（数据库设计器，是一种可视化的工具）"选项卡，用于设置数据库的名称、所有者、数据库文件属性。

注意：在"新建数据库"窗口中"所有者"文本框的值为 "<默认值>"，这是创建数据库时使用的登录账户。这个账户一般是 Sa，这是一个内置的 SQL Server 系统管理员账户。

2）"选项"选项卡（图 2.3）用于设置数据库的排序规则、恢复模式、兼容级别等。

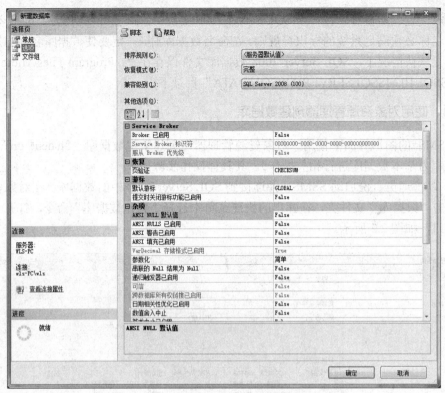

图 2.3 "新建数据库"窗口中的"选项"选项卡界面

3）"文件组"选项卡（图 2.4），用于设置已有文件组的属性和添加新的文件组等操作。这里"选项"和"文件组"选项卡均采用默认值。

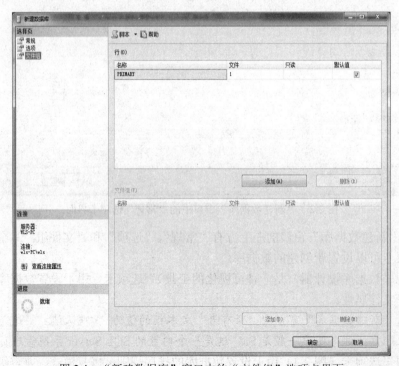

图 2.4 "新建数据库"窗口中的"文件组"选项卡界面

（3）在"新建数据库"窗口"常规"选项卡中完成以下操作：

1）在"数据库名称"文本框中，输入数据库名称"**Student_db**"（数据库的名称最长为 128 个字符，且不区分大小写），当此项设置完成，系统自动在"数据库文件"列表框中产生一个主数据文件（名称为 Student_db.mdf，初始大小默认为 3MB）和一个日志文件（名称为 Student_db_log.ldf，初始大小默认为 1MB），同时显示文件组、自动增长和路径等默认设置。用户可以根据需要自行修改这些默认的设置，也可以单击右下角的"添加"按钮添加数据文件。

注意：SQL Server 2008 要求主数据文件必须至少是 3 MB 才能容纳 model 数据库的副本。

若要更改数据库文件的自动增长设置，可以在"常规"选项卡中，通过单击"自动增长"列右侧的浏览按钮 ，在弹出的对话框中（图 2.5）设置数据库是否自动增长、增长方式、数据库文件最大文件大小。事务日志文件的自动增长设置与数据文件的设置类似。

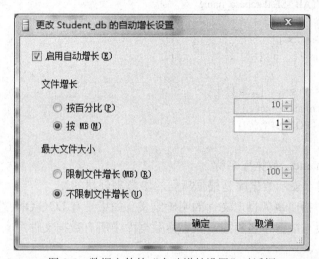

图 2.5　数据文件的"自动增长设置"对话框

2）单击"所有者"文本框右边的浏览按钮 ，在弹出的列表框中选择数据库的所有者，如 sa。数据库所有者是对数据库具有操作权限的用户，这里选择"默认值"选项，表示数据库所有者为用户登录 Windows 操作系统使用的管理员账户。

2.2.2　使用 T-SQL 创建数据库

为了让读者能更好地掌握和使用 T-SQL，这里对 T-SQL 的语法进行约定，如表 2.3 所示。

表 2.3　T-SQL 的语法约定及使用说明

约定	使用说明
大写	T-SQL 关键字
斜体	用户提供的 T-SQL 语法的参数
粗体	数据库名、表名、列名、索引名、存储过程、实用工具、数据类型名以及必须按所显示的原样输入的文本
下划线	指示当语句中省略了包含带下划线的值的子句时应使用的默认值
|（竖线）	分隔括号或大括号中的语法项。只能使用其中一项
[ ]（方括号）	可选语法项。不要输入方括号

约定	使用说明
{ }（大括号）	必选语法项。不要输入大括号
[,...n]	指示前面的项可以重复 n 次。各项之间以逗号分隔
[...n]	指示前面的项可以重复 n 次。每一项由空格分隔
[;]	可选的 T-SQL 语句终止符。不要输入方括号
<label> ::=	语法块的名称。此约定用于对可在语句中的多个位置使用的过长语法段或语法单元进行分组和标记。可使用的语法块的每个位置由括在尖括号内的标签表示：<label>

使用 T-SQL 创建数据库的命令是 CREATE DATABASE，其语法格式如下：

```
CREATE DATABASE database_name
[ ON
 [ < filespec > [ ,...n ] ]
 [ , < filegroup > [ ,...n ] ]
]
[ LOG ON { < filespec > [ ,...n ] } ]
[ COLLATE collation_name ]
[ FOR LOAD | FOR ATTACH ]
```

参数说明：

（1）database_name：数据库名称。

（2）ON：关键字表示数据库是根据后面的参数来创建的。

（3）LOG ON：指明事务日志文件的明确定义。如果没有 LOG ON 选项，则系统会自动产生一个文件名前缀与数据库名相同，大小为数据库中所有数据文件总大小 25%的事务日志文件。

（4）COLLATE：指明数据库使用的默认排序规则。collation_name 可以是 Windows 的排序规则名称，也可以是 SQL 排序规则名称。如果省略此子句，则数据库使用当前 SQL Server 设置的排序规则。

（5）FOR LOAD：此选项是为了与 SQL Server 7.0 以前的版本兼容而设定的。读者可以不用管它。RESTORE 命令可以更好地实现此功能。

（6）FOR ATTACH：用于附加已经存在的数据库文件到新的数据库中，而不用重新创建数据库文件。

（7）< filespec >：代表数据文件或日志文件的定义，语法格式如下：

```
< filespec > ::=
[ PRIMARY ]
( [ NAME = logical_file_name , ]
FILENAME = 'os_file_name'
[ , SIZE = size ]
[ , MAXSIZE = { max_size | UNLIMITED } ]
[ , FILEGROWTH = growth_increment ] ) [ ,...n ]
```

1）PRIMARY：指定主文件。主文件组包含所有数据库系统表，还包含所有未指派给用户文件组的对象。主文件组的第一个文件被认为是主数据文件。如果没有 PRIMARY 项，则在 CREATE DATABASE 命令中列出的第一个文件将被默认为主文件。

2）NAME = logical_file_name：为该文件指定逻辑名称。

3）FILENAME = 'os_file_name'：为该文件指定在操作系统中存储的路径名和文件名称。

4）SIZE：指定数据库的初始容量大小。

5）MAXSIZE：指定文件的最大容量。如果没有指定 max_size，则文件可以不断增长直到充满磁盘。

6）UNLIMITED：指明文件无容量限制。

7）FILEGROWTH = growth_increment：指定文件每次增容时增加的容量大小。

（8）<filegroup>：代表数据库文件组的定义，语法格式如下：

```
<filegroup> ::=
FILEGROUP filegroup_name < filespec > [ ,...n ]
```

使用 FILEGROUP 子句将创建的对象指定到定义的文件组，此时该对象的所有页均从指定的文件组中分配。

在 SSMS 主窗口中单击"新建查询"工具按钮，打开 SQL Server 2008 的查询设计器，如图 2.6 所示，T-SQL 的所有命令都可在查询设计器中使用。

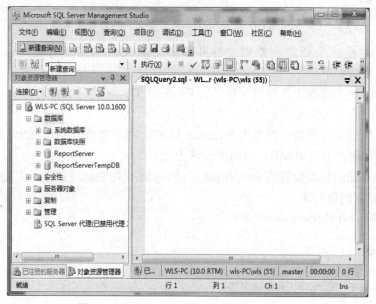

图 2.6　SQL Server 2008 的查询设计器窗口

【例 2.1】创建一个名称为 Exercise_db1 的简单数据库，文件的所有属性均取默认值。

创建此数据库的语句为：

```
CREATE DATABASE Exercise_db1
```

输入完毕，单击 SSMS 窗口中的"执行"按钮 ! 执行(X)，如图 2.7 所示。从图中可以看到，CREATE DATABASE 命令执行时，在结果窗口中将显示命令的执行情况。

当命令成功执行后，在"对象资源管理器"中展开"数据库"目录，可以看到新建的数据库"Exercise_db1"就显示在其中。如果没有发现"Exercise_db1"，则右击"数据库"，在弹出的快捷菜单中单击"刷新"命令即可。

注意：新建的"Exercise_db1"数据库在默认安装目录下，即"D:\Program Files\Microsoft SQL Server\MSSQL10.MSSQLSERVER\MSSQL\DATA"。此目录是本教材中系统安装的目录。

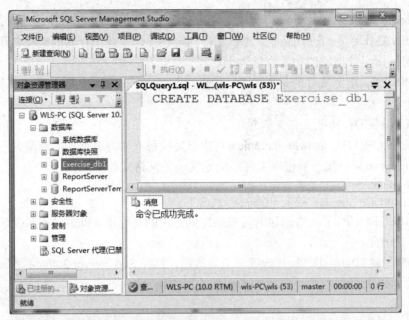

图 2.7　在 SQL Server 2008 的查询设计器窗口执行创建数据库命令

【例 2.2】创建一个指定主数据文件和事务日志文件的简单数据库，数据库名称为 Exercise_db2。要求如下：

（1）数据库的主数据文件逻辑文件名为 Exercise_Data，物理文件名为 Exercise.MDF，初始大小为 5MB，最大文件大小无限制，自动增长量为 10%。

（2）事务日志文件逻辑文件名为 Exercise_LOG，物理文件名为 Exercise.LDF，初始大小为 1MB，最大文件大小为 10MB，自动增长量为 2MB。

（3）文件存储的物理位置均为 F:\mydb（设 mydb 文件夹已经建立，下同）。

创建此数据库的语句为：

```
CREATE DATABASE Exercise_db2
ON
PRIMARY
( NAME=Exercise_Data,
FILENAME= 'F:\mydb\Exercise.MDF',
SIZE=5,
MAXSIZE=Unlimited,
FILEGROWTH=10% )
LOG ON
( NAME=Exercise_LOG,
FILENAME= 'F:\mydb\Exercise.LDF',
SIZE=1,
MAXSIZE=10,
FILEGROWTH=2 )
```

注意：本例使用 PRIMARY 关键字显式地指出了主数据文件。FILENAME 选项中指定的数据和日志文件的目录必须存在，否则将产生错误，即创建数据库失败。

【例 2.3】创建一个指定多个数据文件和事务日志文件的数据库。此数据库名称为 Exercise_db3。要求如下：

（1）第一个和第二个数据文件的逻辑文件名分别为 Exercise31 和 Exercise32，物理文件名分别为 Exe31dat.MDF 和 Exe32dat.NDF，初始大小分别为 10MB 和 15MB，最大文件大小分别为无限制和 50MB，自动增长量分别为 10%和 1MB。

（2）事务日志文件逻辑文件名分别为 Exercise_LOG31 和 Exercise_LOG32，物理文件名分别为 Exe31log.LDF 和 Exe32log.LDF，初始大小均为 10MB，最大文件大小均为 10MB，自动增长量均为 1MB。

（3）文件存储的物理位置均在 F:\mydb 文件下。

创建此数据库的语句为：

```
CREATE DATABASE Exercise_db3
ON
( NAME=Exercise31,
FILENAME= 'F:\mydb\Exe31dat.MDF',
SIZE=10,
MAXSIZE=Unlimited,
FILEGROWTH=10% ),
( NAME=Exercise32,
FILENAME= 'F:\mydb\Exe32dat.NDF',
SIZE=15,
MAXSIZE=50MB,
FILEGROWTH=1 )
LOG ON
( NAME=Exercise_LOG31,
FILENAME= 'F:\mydb\Exe31log.LDF',
SIZE=10,
MAXSIZE=10,
FILEGROWTH=1 ),
( NAME=Exercise_LOG32,
FILENAME= 'F:\mydb\Ex3log2.LDF',
SIZE=10,
MAXSIZE=10,
FILEGROWTH=1 )
```

注意：此语句中没有使用关键字 PRIMARY，则第一个文件 Exercise31 成为主数据文件。

【例 2.4】创建具有两个文件组的数据库，此数据库的文件名称为 Exercise_db4。要求如下：

（1）主文件组包含两个文件，分别是 Exe4_1_dat 和 Exe4_2_dat，初始大小分别为 10MB 和 15MB，最大文件大小分别为无限制和 50MB，自动增长量分别为 10%和 1MB，文件存储的物理位置及文件名分别为 E:\mydb\Exe4_F1dat.MDF 和 F:\mydb\Exe4_F2dat.NDF。

（2）文件组 Exe4_Group1 包含文件 E4_G1_F1_dat 和 E4_G1_F2_dat，初始大小均为 10MB，最大文件大小均为无限制，自动增长量分别为 15%和 3MB，文件存储的物理位置及文件名分别为 F:\mydb\Exe4_G1F1dat.NDF 和 F:\mydb\Exe4_G1F2dat.NDF。

（3）事务日志文件名为 Exe4_LOG，初始大小为 5MB，最大文件大小为 35MB，自动增长量为 5MB，文件存储的物理位置及文件名为 F:\mydb\Exe4log.LDF。

创建此数据库的语句为：

```
CREATE DATABASE Exercise_db4
/* 创建主文件组 */
```

```
ON
PRIMARY
( NAME=Exe4_1_dat,
    FILENAME= 'E:\mydb\Exe4_F1dat.MDF',
    SIZE=10,
    MAXSIZE=Unlimited,
    FILEGROWTH=10% ),
( NAME=Exe4_2_dat,
    FILENAME= 'F:\mydb\Exe4_F2dat.NDF',
    SIZE=15,
    MAXSIZE=50MB,
    FILEGROWTH=1 ),
/* 创建文件组 1 */
FILEGROUP Exe4_Group1
( NAME=E4_G1_F1_dat,
    FILENAME= 'F:\mydb\Exe4_G1F1dat.NDF',
    SIZE=10,
    MAXSIZE=Unlimited,
    FILEGROWTH=15% ),
( NAME=E4_G1_F2_dat,
    FILENAME= 'F:\mydb\Exe4_G1F2dat.NDF',
    SIZE=10,
    MAXSIZE=Unlimited,
    FILEGROWTH=3 )
/* 创建事务日志文件 */
LOG ON
( NAME=Exe4_LOG,
    FILENAME= 'F:\mydb\Exe4log.LDF',
    SIZE=5,
    MAXSIZE=35,
    FILEGROWTH=5 )
```

注意：此例在创建数据库的同时创建了文件组。

2.3 数据库的修改

创建数据库之后，可以在 SSMS 中使用"对象资源管理器"或使用 T-SQL 对数据库的原始定义进行修改，如修改数据库的所有者、数据库文件的逻辑名称、数据文件自动增长的方式和最大文件大小等。

2.3.1 使用对象资源管理器修改数据库

在 SSMS 中使用"对象资源管理器"可以查看或修改数据库的相关设置。操作步骤如下：
（1）在"对象资源管理器"中，选中要查看或修改的数据库，这里选定"Exercise_db1"数据库并右击，在弹出的快捷菜单中单击"属性"命令，如图 2.8 所示。

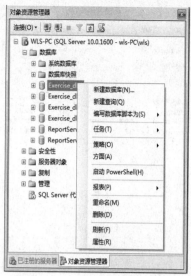

图 2.8　选择数据库"属性"命令

（2）此时将弹出"数据库属性"窗口，如图 2.9 所示。此窗口中有"常规"、"文件"、"文件组"、"选项"、"更改跟踪"、"权限"、"扩展属性"、"镜像"和"事务日志传送"9 个选项卡。

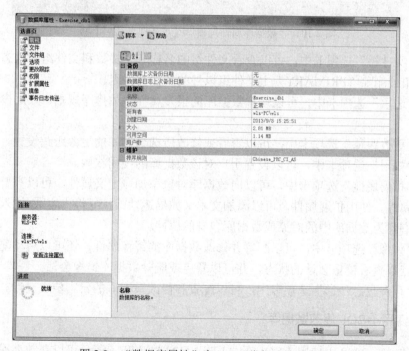

图 2.9　"数据库属性"窗口（"常规"选项卡）

1）在"常规"选项卡中，可以查看选定数据库的名称、状态、所有者、创建日期、大小（以 MB 为单位）、可用空间、用户数、上次数据库和事务日志备份的日期和时间、数据库排序规则类型。

2）在"文件"选项卡中，如图 2.10 所示，可以查看选定的数据库文件的文件名、所有者、位置、分配的空间和文件组，还可以修改数据库的所有者、数据库文件的逻辑名称、数据文件自动增长的方式和最大文件大小。但不能修改数据文件的物理文件名。

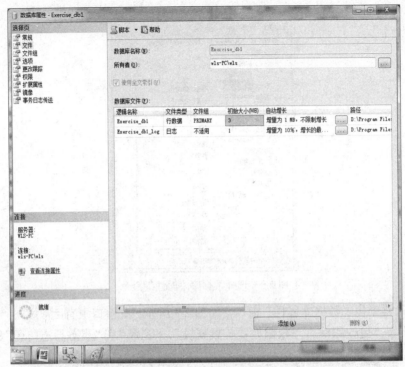

图 2.10　"数据库属性"窗口（"文件"选项卡）

3）在"文件组"选项卡中，可以查看文件组的名称、文件数和文件组的状态，还可以添加新的文件组或删除"PRIMARY"主文件组以外的其他文件组。

4）在"选项"选项卡中，可以设置数据库的很多属性，如排序规则、还原模式、兼容级别等。

5）在"更改跟踪"选项卡中，可以查看或修改所选数据库的更改跟踪设置。

6）在"权限"选项卡中，可以设置用户对该数据库的使用权限。

7）在"扩展属性"选项卡中，可以向数据库对象添加自定义属性，可以查看或修改所选对象的扩展属性。使用扩展属性，可以添加文本（如描述性或指导性内容）、输入掩码和格式规则，将它们作为数据库中的对象或数据库自身的属性。

8）在"镜像"选项卡中，可以配置并修改数据库的镜像属性，还可以启动配置数据库镜像安全向导，以查看镜像会话的状态，并可以暂停或删除数据库镜像会话。

9）在"事务日志传送"选项卡中，可以配置和修改数据库的日志传送属性。

2.3.2　使用 T-SQL 修改数据库

在 SQL Server 2008 中使用 T-SQL 的 ALTER DATABASE 命令，可以在数据库中添加或删除文件和文件组，也可以更改文件和文件组的属性（如更改数据库的存放位置和容量、数据库名称、文件组名称以及数据文件和日志文件的逻辑名称）。此命令语法格式如下：

```
ALTER DATABASE database
{ ADD FILE < filespec > [ ,...n ] [ TO FILEGROUP filegroup_name ]
| ADD LOG FILE < filespec > [ ,...n ]
| REMOVE FILE logical_file_name
| ADD FILEGROUP filegroup_name
```

```
| REMOVE FILEGROUP filegroup_name
| MODIFY FILE < filespec >
| MODIFY NAME = new_dbname
| MODIFY FILEGROUP filegroup_name {filegroup_property | NAME = new_filegroup_name }
| SET < optionspec > [ ,...n ] [ WITH < termination > ]
| COLLATE < collation_name >
}
```

参数说明：

（1）database：要更改的数据库的名称。

（2）ADD FILE：指定要添加的文件。

（3）TO FILEGROUP：指定要将文件添加到的文件组。

（4）ADD LOG FILE：指定要将日志文件添加到的数据库。

（5）REMOVE FILE：从系统中删除文件描述和物理文件。

（6）ADD FILEGROUP：指定要添加的文件组。

（7）REMOVE FILEGROUP：从系统中删除文件组。

（8）MODIFY FILE：指定要更改给定的文件及文件属性。

（9）MODIFY NAME = new_dbname：重命名数据库。

（10）MODIFY FILEGROUP filegroup_name { filegroup_property | NAME = new_filegroup_name }：指定要修改的文件组和所需的改动。

（11）filespec：表示文件说明，它包含像逻辑文件名和物理文件名这样的进一步选择项。

【例 2.5】向数据库中添加文件。要求如下：

（1）在 Exercise_db2 数据库中添加一个新数据文件，数据文件的逻辑文件名、物理位置及文件名分别为 Exe1dat1 和 F:\mydb\Exe1_dat1.NDF。

（2）数据文件的初始大小为 5MB，最大文件大小为 30MB，自动增长量为 2MB。

完成操作的语句如下：

```
ALTER DATABASE Exercise_db2
ADD FILE
(
NAME=Exe1dat1,
FILENAME='f:\mydb\Exe1_dat1.NDF',
SIZE=5MB,
MAXSIZE=30MB,
FILEGROWTH=2MB
)
```

在消息框的执行结果为：

命令已成功完成。

【例 2.6】向数据库中添加由两个文件组成的文件组。要求如下：

（1）在 Exercise_db2 数据库中添加 Exe1FG1 文件组。

（2）将文件 Exe1dat2 和 Exe1dat3 添加至 Exe1FG1 文件组，文件 Exe1dat2 和 Exe1dat3 的物理位置及文件名分别为 f:\mydb\Exe1_dat2.ndf 和 f:\mydb\Exe1_dat3.ndf。

（3）两个数据文件的初始大小均为 2MB，最大文件大小均为 30MB，自动增长量均为 2MB。

（4）将 Exe1FG1 设置为默认文件组。

完成操作的语句如下：

```
/* 向 Exercise_db2 数据库添加文件组 */
ALTER DATABASE Exercise_db2
ADD FILEGROUP Exe1FG1
GO
/* 将文件 Exe1dat2 和 Exe1dat3 添加至文件组 */
ALTER DATABASE    Exercise_db2
ADD FILE
( NAME=Exe1dat2,
   FILENAME='f:\mydb\Exe1_dat2.ndf',
   SIZE=2MB,
   MAXSIZE=30MB,
   FILEGROWTH=2MB),
( NAME=Exe1dat3,
   FILENAME='f:\mydb\Exe1_dat3.ndf',
   SIZE=2MB,
   MAXSIZE=30MB,
   FILEGROWTH=2MB)
TO FILEGROUP Exe1FG1
GO
/* 将 Exe1FG1 设置为默认文件组 */
ALTER DATABASE Exercise_db2
MODIFY FILEGROUP Exe1FG1 DEFAULT
GO
```

在消息框的执行结果为：

文件组 属性 'DEFAULT' 已设置。

注意：以上语句块中 GO 不是 T-SQL 中的一个语句（即不能被 T-SQL 识别），而是可为 osql 和 isql 实用工具及 SQL Server 查询编辑器识别的命令。它用来通知执行 GO 之前的一个或多个 SQL 语句。GO 命令和 T-SQL 语句不可在同一行。

【例 2.7】向数据库中添加两个日志文件。要求如下：

（1）在 Exercise_db2 数据库中添加两个日志文件 Exe1log2 和 Exe1log3，它们的物理位置及文件名分别为 f:\mydb\Exe1_log2.ldf 和 f:\mydb\Exe1_log3.ldf。

（2）两个日志文件的初始大小均为 2MB，最大文件大小均为 30MB，自动增长量均为 2MB。

完成操作的语句如下：

```
ALTER DATABASE Exercise_db2
ADD LOG FILE
( NAME=Exe1log2,
   FILENAME='f:\mydb\Exe1_log2.ldf',
   SIZE=2MB,
   MAXSIZE=30MB,
   FILEGROWTH=2MB),
( NAME=Exe1log3,
   FILENAME='f:\mydb\Exe1_log3.ldf',
   SIZE=2MB,
   MAXSIZE=30MB,
```

```
        FILEGROWTH=2MB)
    GO
```

在消息框的执行结果为：

命令已成功完成。

【例 2.8】修改现有文件的容量。要求是：对例 2.6 中添加到数据库 Exercise_db2 中的 Exe1dat2 文件增加容量至 10MB。

完成操作的语句如下：

```
    ALTER DATABASE Exercise_db2
    MODIFY FILE
        (NAME = Exe1dat2,
        SIZE = 10MB)
```

在消息框的执行结果为：

命令已成功完成。

注意： 在对现有文件进行容量修改时，指定容量的大小必须大于当前容量的大小。

【例 2.9】修改数据库文件名称。要求是：将数据库 Exercise_db2 名称修改为 Exe_db2。

完成操作的语句如下：

```
    ALTER DATABASE Exercise_db2
    MODIFY NAME=Exe_db2
```

在消息框的执行结果为：

数据库 名称 'Exe_db2' 已设置。

注意： 在对数据库的名称进行修改前，应保证当前没有人使用该数据库，同时将要修改名称的数据库的访问选项设为单用户模式（single user mode）并关闭数据库。修改数据库名称后，在对象资源管理器中所看到的仍然是原来的数据库名称，只有进行了"刷新"操作或在 SQL Server 重新启动后才会看到修改后的数据库名称。另外，对数据库文件名称进行修改时，必须遵循标识符的规则。

2.4　数据库的删除

不需要的数据库可以删除，这样可以释放在磁盘上所占用的空间。删除数据库有多种方法，既可使用图形界面方式，也可使用 T-SQL 完成操作。

2.4.1　使用图形界面方式删除数据库

在 SSMS 图形界面中，可以使用快捷菜单、主菜单命令和 Delete 键来删除数据库。

1. 使用快捷菜单删除数据库

使用快捷菜单删除选定数据库的操作步骤如下：

（1）在"对象资源管理器"中展开"数据库"文件夹，选中要删除的数据库（这里选定"Exercise_db1"数据库）并右击，在弹出的快捷菜单中单击"删除"命令，如图 2.11 所示。

（2）弹出"删除对象"窗口，如图 2.12 所示。在此窗口中单击"确定"按钮即可删除选定的数据库。

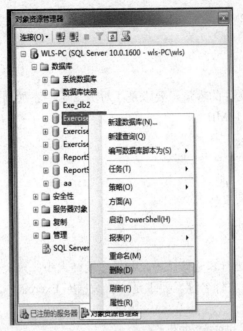

图 2.11　选择"删除"命令

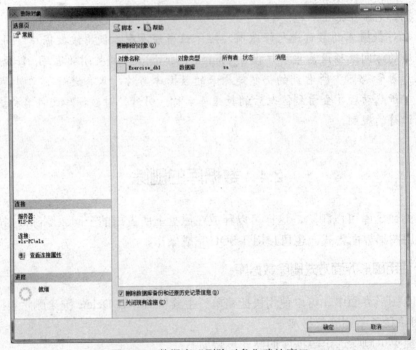

图 2.12　数据库"删除对象"确认窗口

2. 使用 SSMS 中主菜单命令或按 Delete 键

在"对象资源管理器"中，选中要删除的数据库，选择"编辑"→"删除"菜单命令或在键盘上按下 Delete 键，在弹出的"删除对象"窗口（图 2.12）中，单击"确定"按钮，即可删除选定的数据库。

删除数据库一定要慎重，因为删除数据库将删除数据库所使用的数据库文件和磁盘文件。

注意：当数据库正在使用、正在被还原或包含用于复制的已经存在的对象时，数据库不能删除。SQL Server 的系统数据库也不能删除。

2.4.2　使用 T-SQL 删除数据库

使用 T-SQL 的 DROP　DATABASE 命令，可以一次删除一个或几个数据库。此命令语法格式如下：

　　　　DROP DATABASE database_name [,...n]

参数说明：

database_name：指定要删除的数据库名称。

【例 2.10】删除 Test_db1 单个数据库。

完成操作的语句如下：

　　　　DROP DATABASE Test_db1

【例 2.11】同时删除 Test_db2 和 Test_db3 多个数据库。

完成操作的语句如下：

　　　　DROP DATABASE Test_db2,Test_db3

2.5　数据库的分离和附加

SQL Server 2008 允许分离数据库的数据文件和事务日志文件，然后将其重新附加到同一台或另一台服务器上。在 SQL　Server　2008 中可以使用 SSMS 中的"对象资源管理器"，也可以使用 T-SQL 来实现数据库的分离和附加。

2.5.1　数据库的分离

数据库的分离就是将用户的数据库从 SQL Server 的列表中删除，即从 SQL Server 服务器中分离出来，但是保持组成该数据的数据文件和事务日志文件中的数据完好无损，即数据库文件仍保留在磁盘上。在实际工作中，分离数据库作为对数据库的一种备份来使用。

1. 使用对象资源管理器分离数据库

使用"对象资源管理器"分离数据库的操作步骤如下：

（1）在"对象资源管理器"中选择要分离的数据库并右击，在弹出的快捷菜单中选择"任务"→"分离"命令，如图 2.13 所示。

（2）在弹出的"分离数据库"窗口中的"要分离数据库"栏下（图 2.14）检查数据库的状态。

1）"数据库名称"选项：显示要分离的数据库的名称。

2）"删除连接"选项：数据库正在使用时，需要断开与指定数据库的连接。

3）"更新统计信息"选项：在分离数据库之前，更新过时的优化统计信息。

4）"状态"选项：显示当前数据库状态："就绪"或"未就绪"。

5）"消息"选项：当数据库进行了复制操作，则"状态"为"未就绪"，"消息"列将显示"已复制数据库"。当数据库有一个或多个活动连接时，则"状态"为"未就绪"，"消息"列将显示"<活动连接数> 活动连接"，如"1 活动连接"。在分离数据库之前，需要通过选择"删除连接"断开所有活动连接。

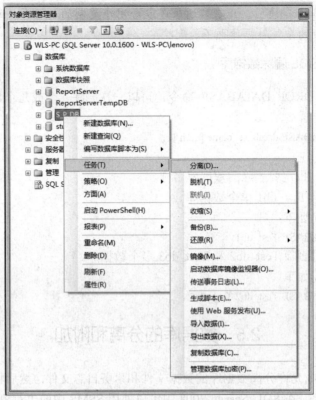

图 2.13   选择"分离"命令

图 2.14   "分离数据库"窗口

（3）最后，单击"确定"按钮，选定的数据库就被分离。

注意：SQL Server 中的 master、msdb、model 和 tempdb 这 4 个系统数据库不能进行分离操作。

2. 使用 T-SQL 分离数据库

在 SQL Server 2008 中可以使用系统存储过程 sp_detach_db 分离数据库，此命令语法格式如下：

    sp_detach_db [@dbname=] 'database_name'

参数说明：

[@dbname =] 'database_name'：要分离的数据库的名称。database_name 为 sysname 值，默认值为 NULL。

【例 2.12】将 student_db 数据库从 SQL Server 2008 服务器中分离。

完成操作的语句如下：

    Use student_db

```
Go
sp_detach_db 'student_db'
Go
```

在消息框的执行结果为：

命令已成功完成。

2.5.2 数据库的附加

附加数据库的工作是分离数据库的逆操作，通过附加数据库，可以将没有加入 SQL Server 服务器的数据库文件添加到服务器中。还可以很方便地在 SQL Server 服务器之间利用分离后的数据文件和事务日志文件组成新的数据库，即附加数据库时对数据库进行更名。

1. 使用对象资源管理器附加数据库

使用"对象资源管理器"附加数据库的操作步骤如下：

（1）首先复制或移动数据库文件。先将与数据库关联的.MDF（主数据文件）和.LDF（事务日志文件）文件复制到目标服务器或是同一服务器的不同文件夹下。这两个文件一般位于 "..\Program Files\Microsoft SQL Server\MSSQL10.MSSQLSERVER\MSSQL\DATA" 安装的默认目录下（具体看安装时选择的哪个盘符）。

（2）在"对象资源管理器"中选择要附加的数据库并右击，在弹出的快捷菜单选择"附加"命令，如图 2.15 所示。

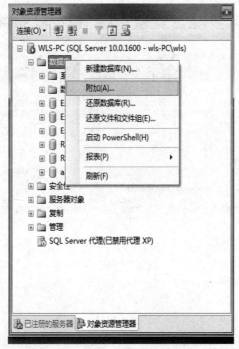

图 2.15 选择"附加"命令

（3）弹出"附加数据库"窗口。在"附加数据库"窗口中单击"添加"按钮，打开"定位数据库文件"窗口（图 2.16），选择数据文件所在的路径，并选择文件扩展名为".mdf"的数据文件，单击"确定"按钮，返回"附加数据库"窗口，如图 2.17 所示。

（4）在"附加数据库"窗口中，单击"确定"按钮，完成数据库附加。

图 2.16　"定位数据库文件"窗口

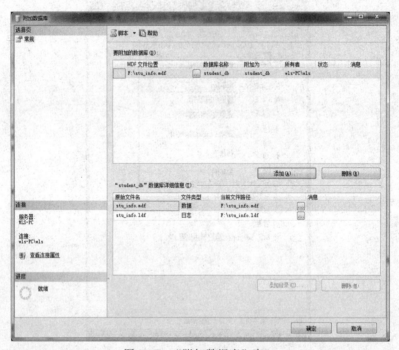

图 2.17　"附加数据库"窗口

附加数据库时应注意以下几点：

（1）在附加数据库时，当确定主数据文件的名称和物理位置后，与它相配套的事务日志文件（.LDF）也一并加入。若在图 2.17 所示的"附加数据库"窗口中的当前文件位置前出现❌符号，如图 2.18 所示，则说明该文件的位置已经改变，还必须指出该文件改变的正确位置才能附加。否则，SQL Server 将试图基于存储在主文件中的不正确的文件位置信息附加文件，且不能成功附加数据库。

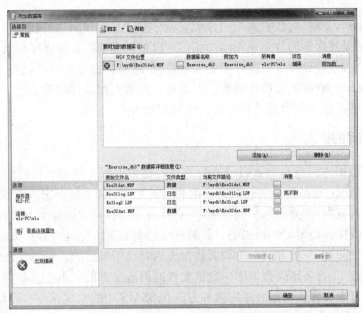

图 2.18　已经改变位置的文件信息

（2）将 SQL Server 2000 或 SQL Server 2005 数据库附加到 SQL Server 2008 后，该数据库立即变为可用，然后自动升级。如果数据库具有全文索引，升级过程将导入、重置或重新生成它们，具体取决于"全文升级选项"服务器属性的设置。

2. 使用 T-SQL 附加数据库

在 SQL Server 2008 中使用 CREATE DATABASE 命令附加数据库，此命令的语法格式如下：

```
CREATE DATABASE database_name
    ON <filespec> [ ,...n ]
    FOR ATTACH
```

参数说明：

（1）database_name：数据库名称。

（2）ON(FILENAME= 'os_fnil_name')：带路径的主数据文件名称。

（3）FOR ATTACH：指定通过附加一组现有的操作系统文件来创建数据库。

【例 2.13】将 student_db 数据库附加至 SQL Server 服务器中，假设在 F:盘的根目录下已经有主数据文件 stu_info.mdf 和日志文件 stu_info.ldf。

完成操作的语句如下：

```
Use master
Go
CREATE DATABASE student_db
ON(FILENAME='f:\stu_info.mdf')
FOR ATTACH
Go
```

在消息框的执行结果为：

命令已成功完成。

2.6　数据库的扩大和收缩

由于 SQL Server 2008 对数据库空间分配采取"先分配、后使用"的机制，所以在 SQL Server 2008 系统中，如果数据库的数据量不断膨胀，可以根据需要扩大数据库的大小。同理，对于数据库的设计过大，或者删除了数据库中的大量数据，这时数据库会白白耗费大量的磁盘资源。则可使用 SQL Server 2008 提供的收缩数据库功能，对数据库进行收缩，还可以对数据库中的每个文件进行收缩，直至收缩到没有剩余的可用空间为止。

2.6.1　数据库的扩大

如果在创建数据库时没有设置自动增长方式，则数据库在使用一段时间后可能会出现数据库空间不足的情况，这些空间包括数据空间和日志空间。如果数据空间不够，则意味着不能再向数据库中插入数据；如果日志空间不够，则意味着不能再对数据库数据进行任何修改操作，因为对数据的修改操作是要记入日志的。此时就应该对数据库空间进行扩大。

扩大数据库空间有 3 种方法：①设置数据库为自动增长方式，可以在创建数据库时设置（前面已经介绍）；②直接修改数据库的数据文件或日志文件的大小；③在数据库中添加新的次要数据文件或日志文件。下面介绍后两种方法在 SSMS 中的实现。

1. 扩大数据库中已有文件的大小

在"对象资源管理器"中，以图形化方式扩大数据库中已有文件大小的操作步骤如下：

（1）以数据库管理员身份连接到 SSMS 主窗口，在"对象资源管理器"中选择要扩大空间的数据库并右击，在弹出的快捷菜单中单击"属性"命令，在打开的"数据库属性"窗口中，单击"文件"选项卡，如图 2.19 所示。

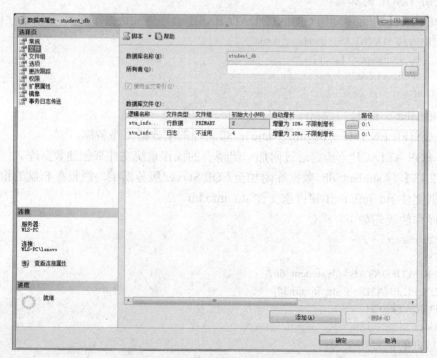

图 2.19　"文件"选项卡

（2）在图 2.19 所示的"数据库文件"栏下，修改相应文件类型的"初始大小"，即在"初始大小"文本框中直接输入一个新的初始大小，来扩大文件空间的大小。

（3）单击"确定"按钮，完成扩大选定文件空间大小的操作。

2．为数据库添加新的文件

为数据库增加新的文件，达到扩大数据库空间的目的，这种情况尤其适合当已有文件所在磁盘的空白空间不足时使用。其操作步骤如下：

（1）在图 2.19 中单击"添加"按钮，并在"数据库文件"栏下，完成以下操作即可添加新的文件：

1）在"逻辑名称"文本框中输入新文件的逻辑名。该文件名在数据库中必须唯一。

2）在"文件类型"列表框中指定文件的类型（"数据"或"日志"）。如果是数据文件，则可从列表框中选择文件所属的文件组，或选择"<新文件组>"以创建新的文件组。

3）在"初始大小"文本框中指定文件的初始大小。

4）如果要指定文件的增长方式，可单击"自动增长"列中的按钮，然后从弹出的"自动增长设置"窗口中进行相应的设置。

5）在"路径"文本框中指定文件的存储位置。

可通过多次单击"添加"按钮添加多个文件。

（2）添加完成后单击"确定"按钮，完成添加文件操作。

2.6.2　数据库的收缩

SQL Server 2008 数据库的数据文件和日志文件都可以收缩。既可以对数据库进行设置，使其按照指定的间隔自动收缩，也可以成组或单独地手动收缩数据文件。

1．自动收缩数据库

SQL Server 2008 在执行收缩操作时，数据库引擎会删除数据库的每个文件中已经分配但还没有使用的页，收缩后的数据库空间将自动减少。自动收缩数据库设置的操作步骤如下：

（1）在 SSMS 主窗口的"对象资源管理器"中右击要设置收缩的数据库，在弹出的快捷菜单中单击"属性"命令，在打开的"数据库属性"窗口中，单击"选项"选项卡，如图 2.20 所示。

（2）在"其他选项"栏下单击"自动/自动收缩"的下拉列表按钮，在弹出的下拉列表框中选择"TRUE"。

（3）单击"确定"按钮，完成自动收缩数据库设置。

此后，数据库引擎会定期检查每个数据库空间使用情况，如果发现大量闲置的空间，就会自动收缩数据库文件的大小。

2．手动收缩数据库

在 SQL Server 2008 中，可以使用手动收缩数据库设置来实现收缩整个数据库大小的目的。操作步骤如下：

（1）在"对象资源管理器"中，右击任意一个数据库（这里选择"student_db"数据库），在弹出的快捷菜单中单击"任务"→"收缩"→"数据库"命令，如图 2.21 所示。

图 2.20　"数据库属性"窗口

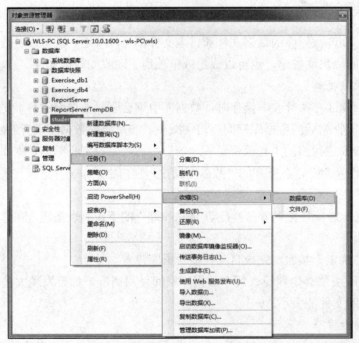

图 2.21　选择收缩数据库

（2）弹出"收缩数据库-student_db"窗口，如图 2.22 所示。其中：

"数据库"文本框显示了要收缩的数据库名称。

"数据库大小"栏：

"当前分配的空间"文本框显示了所选数据库的总已用空间和未使用空间。

图 2.22　手动收缩数据库

"可用空间"文本框显示了所选数据库的日志文件和数据文件中可用空间的总和。

"收缩操作"栏：

"在释放未使用的空间前重新组织文件。选中此项可能会影响性能"复选框，若勾选此复选框，系统会按指定百分比收缩数据库。

"收缩后文件中的最大可用空间"选项，通过它右边的微调按钮，设置在数据库收缩后数据库文件中剩余可用空间的最大百分比（取值范围介于 0～99 之间）。

（3）设置完成后，单击"确定"按钮，进行数据库收缩操作。

3．手动收缩数据文件

在 SQL Server 2008 中，可以手动收缩指定的数据库文件，并且可以将文件收缩至小于其初始创建的大小，重新设置当前的大小为其初始创建的大小。手动收缩数据文件设置操作步骤如下：

（1）在"对象资源管理器"中，右击任意一个数据库（这里选择 student_db 数据库），在弹出的快捷菜单中单击"任务"→"收缩"→"文件"命令，参见图 2.21。

（2）弹出"收缩文件-stu_info_dat"窗口，如图 2.23 所示。

其中：

"数据库"文本框显示了所选数据库名称。

"数据库文件和文件组"栏下有 3 个选项和 3 个文本框：

"文件类型"选项：用于选择"数据"和"日志"类型，默认选项为"数据"。

"文件组"选项：用于选择不同的文件组。

"文件名"选项：用于从所选文件组和文件类型的可用文件列表中选择文件。

"位置"文本框：显示当前所选文件的完整路径。此路径无法编辑，但是可以复制到剪贴板。

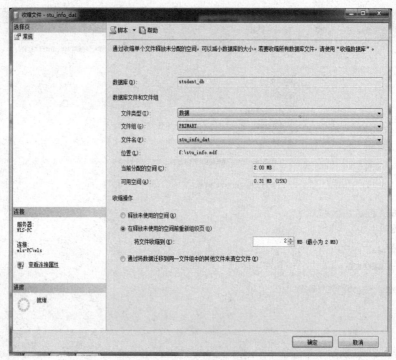

图 2.23　手动收缩数据文件

"当前分配的空间"文本框：对于数据文件，会显示当前分配的空间。对于日志文件，会显示根据 DBCC SQLPERF（LOGSPACE）的输出计算出的当前分配的空间。

"可用空间"文本框：对于数据文件，会显示根据 SHOWFILESTATS（fileid）的输出计算出的当前可用空间。对于日志文件，会显示根据 DBCC SQLPERF（LOGSPACE）的输出计算出的当前可用空间。

"收缩操作"栏下有 3 个单选按钮：

"释放未使用的空间"选项：将任何文件中未使用的空间释放给操作系统，并将文件收缩到最后分配的区域，因此无需移动任何数据即可减小文件尺寸。不会将行重新定位到未分配的页。

"在释放未使用的空间前重新组织页"选项：选中此单选按钮时，用户必须在"将文件收缩到"数字框中指定目标文件的大小。

"将文件收缩到"选项：为收缩操作指定目标文件的大小。此大小值不得小于当前分配的空间或大于为文件分配的全部区的大小。如果输入的值超出最小值或最大值，那么一旦焦点改变或单击工具栏上的按钮时，数值将恢复到最小值或最大值。

（3）设置完成后，单击"确定"按钮，进行数据文件收缩操作。

习题2

一、思考题

（1）在 SQL Server 2008 中的数据库中包含哪些对象？其中什么对象是必不可少的？其作用又是什么？

（2）SQL Server 提供的系统数据库 master 的作用是什么？用户可以删除和修改吗？为什么？

（3）什么文件是数据库文件？组成数据库的文件有哪些类型？如何识别？它们的作用是什么？

（4）分离数据库和附加数据库的区别是什么？分离数据库是不是将其从磁盘上真正删除了？为什么？

（5）数据库的收缩是不是指数据库的压缩？为什么？收缩数据库能起什么作用？

二、选择题

（1）下列（　　）不是 SQL 数据库文件的后缀。

　　A．.mdf　　　　　　　B．.ldf　　　　　　　C．.tif　　　　　　　D．.ndf

（2）SQL Server 数据库对象中最基本的元素是（　　）。

　　A．表和语句　　　　　B．表和视图　　　　　C．文件和文件组　　　D．用户和视图

（3）事务日志用于保存（　　）。

　　A．程序运行过程　　　　　　　　　　　　　B．程序的执行结果

　　C．对数据的更新操作　　　　　　　　　　　D．数据操作

（4）master 数据库是 SQL Server 系统最重要的数据库，如果该数据库被损坏，SQL Server 将无法正常工作。该数据库记录了 SQL Server 系统的所有（　　）。

　　A．系统设置信息　　　　　　　　　　　　　B．用户信息

　　C．对数据库操作的信息　　　　　　　　　　D．系统信息

（5）SQL Server 中组成数据库的文件有（　　）种类型。

　　A．2　　　　　　　　　B．3　　　　　　　　　C．4　　　　　　　　　D．5

（6）分离数据库就是将数据库从（　　）中删除，但是保持组成该数据的数据文件和事务日志文件中的数据完好无损。

　　A．Windows　　　　　B．SQL Server　　　　C．U 盘　　　　　　　D．对象资源管理器

（7）SQL Server 的数据库的收缩方法有（　　）。

　　A．在表设计器中修改

　　B．在 SQL Server 中修改数据库文件的大小

　　C．自动收缩数据库和手动收缩数据库

　　D．在操作系统中修改数据库文件的大小。

（8）下面描述错误的是（　　）。

　　A．每个数据文件中有且只有一个主数据文件

　　B．日志文件可以存在于任意文件组中

　　C．主数据文件默认为 PRIMARY 文件组

　　D．文件组是为了更好地实现数据库文件组织

（9）下列文件中不属于 SQL Server 数据库文件的是（　　）。

　　A．device_data.MDF　　　　　　　　　　　B．device_log.LDF

　　C．device_mdf.DAT　　　　　　　　　　　 D．device_data.NDF

（10）关于 SQL Server 的数据库和文件的管理，叙述错误的是（　　）。

　　A．可以收缩数据库和数据库文件　　　　　B．可以收缩数据库

　　C．可以收缩数据库文件　　　　　　　　　D．只可以收缩数据库日志文件

第3章　数据表的管理与维护

- 　**了解**：SQL Server 的基本数据类型和数据库完整性的类型。
- 　**理解**：数据表和表数据的概念；表对象的管理和维护；数据库完整性的概念。
- 　**掌握**：对象资源管理器和使用 T-SQL 语句创建表、管理和维护表的基本操作；数据库完整性设置的基本操作。

3.1　数据表的创建和管理

一个数据库可以拥有许多表，每个表都代表一个特定的实体，如学生数据库可能包含学生个人信息、院系信息、课程信息、成绩信息等多个表。对每个实体使用一个单独的表可以消除重复数据，使数据存储更有效，并减少数据输入项错误。

SQL Server 2008 中数据库的主要对象是数据表，创建好数据库后，就可以向数据库中添加数据表。数据通常存储在表中，表存储在数据库文件中，任何有相应权限的用户都可以对之进行操作。在 SQL Server 2008 中数据表的创建可以以图形界面方式完成，也可以使用 T-SQL 完成。

3.1.1　使用对象资源管理器创建数据表

在创建数据表之前应首先确定数据表的结构，即确定数据表的字段个数、字段名、字段类型、字段宽度及小数位数等，然后再输入相应的记录。

使用"对象资源管理器"创建数据库 student_db 中的学生信息表 St_Info，其表结构见 1.4.4 节中表 1.4。操作步骤如下：

（1）以管理员身份启动 SSMS，在"对象资源管理器"中，选中要添加表的数据库 student_db 并展开，右击"表"对象，如图 3.1 所示。

（2）在弹出的快捷菜单中单击"新建表"命令，在 SSMS 主窗口的右边弹出"表设计器"窗口，同时在 SSMS 的主菜单栏中出现"表设计器"菜单，可以使用此菜单下的命令对表进行相关操作，当关闭"表设计器"窗口时，此菜单也随之关闭。

（3）在"表设计器"中，根据设计好的表结构对列名、数据类型（包括长度）、是否允许空进行相应的设置。

注意：在 SQL Server 中，一个汉字占据两个字符的位置，因此计算一个字段长度时，一个汉字的长度是 2B。

（4）在"St_Id"（学号）列上右击，在弹出的快捷菜单中选择"设置主键"命令，如图 3.2 所示。在"列属性"选项卡中的"说明"项中填写"主键"说明。St_Info 表结构设计后的结果如图 3.3 所示。

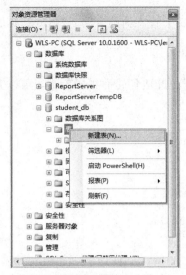

图 3.1 选择"新建表"命令

图 3.2 设置 St_Info 表的主键

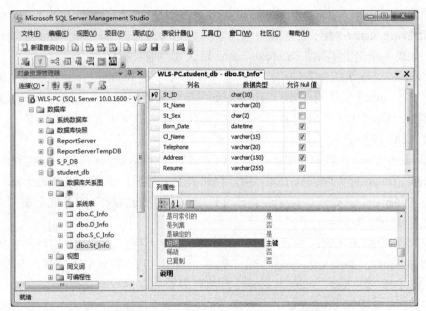

图 3.3 St_Info 表结构编辑完成结果

（5）设置完成后，单击工具栏上的"保存"按钮  或单击"表设计器"右上角的关闭按钮 ✕，在弹出的"选择名称"对话框中输入表名为"St_Info"，如图 3.4 所示。单击"确定"按钮，完成数据表的创建。

图 3.4 "选择名称"对话框

此时可在"对象资源管理器"右窗格的表项目列表中看到新建立的 St_Info 数据表。

3.1.2 使用 T-SQL 创建数据表

使用 T-SQL 创建数据表的命令是 CREATE TABLE，此语句带有很多参数，可以完成非常强大的功能。其语法格式如下：

```
CREATE TABLE
[database_name.[owner.]|owner.]table_name
({<column_definition>
| column_name AS computed_column_expression
| <table_constraint>::=[CONSTRAINT constraint_name]}
| [{PRIMARY KEY | UNIQUE}])
[ON{filegroup | DEFAULT}]
[TEXTIMAGE_ON{filegroup | DEFAULT}]
<column_definition>::={column_name data_type}
[COLLATE<collation_name>]
[DEFAULT constant_expression]
```

参数说明：

（1）database_name：表示要在其中创建表的数据库名称。database_name 必须是现有数据库的名称。如果不指定数据库，database_name 默认为当前数据库。

（2）owner：是新表所有者的用户 ID 名，owner 必须是 database_name 所指定的数据库中的现有用户 ID，owner 默认为与 database_name 所指定的数据库中当前连接相关联的用户 ID。

（3）table_name：表示新表的名称。表名必须符合标识符规则且命名必须唯一。table_name 最多可包含 128 个字符。

（4）column_name：表示表中的列名。列名必须符合标识符规则，并且在表内唯一。

（5）ON {filegroup | DEFAULT}：指定存储表的文件组。如果指定 filegroup，则表将存储在指定的文件组中。数据库中必须存在该文件组。如果指定 DEFAULT 或者根本未指定 ON 参数，则表存储在默认文件组中。

（6）TEXTIMAGE_ON：表示 text、ntext 和 image 列存储在指定文件组中的关键字。如果表中没有 text、ntext 或 image 列，则不能使用 TEXTIMAGE_ON。如果没有指定 TEXTIMAGE_ON，则 text、ntext 和 image 列将与表存储在同一个文件组中。

【例 3.1】在数据库 student_db 中创建 Student 学生信息表，要求包含 S_NO（学号）、NAME（姓名）、AGE（年龄）、SEX（性别）信息，其中学号不能为空。

操作步骤如下：

（1）在 SSMS 主窗口中，单击"新建查询"按钮。

（2）在"查询设计器"窗口中输入创建表的语句。

语句如下：

```
Use student_db
Go
CREATE TABLE Student
        (S_NO CHAR(7) NOT NULL,
        NAME CHAR(10),
        AGE SMALLINT,
        SEX CHAR(1))
```

注意：第一条语句“Use student_db”表示打开数据库。在对数据库进行操作之前，必须打开数据库；Go 为批处理语句结束标志。

（3）单击工具栏上的“分析”按钮✔，若结果窗口无错误信息，再单击“执行”按钮 ! 执行(X)，系统返回“命令已成功完成”信息，如图 3.5 所示。完成 Student（学生信息）表的创建。

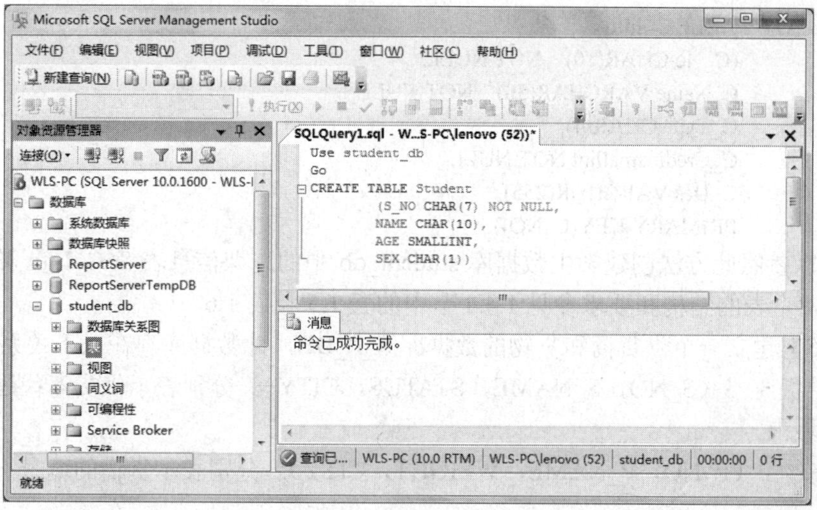

图 3.5 创建 Student 表

【例 3.2】在数据库 student_db 中创建 Student_1 学生信息表，要求包含 S_NO（学号）、NAME（姓名）、AGE（年龄）信息，并限制年龄在 15～25 周岁之间，指定学号为主关键字。

语句如下：

```
Use student_db
Go
CREATE TABLE Student_1
        (S_NO CHAR(7) NOT NULL,            /*用 NOT NULL 说明非空*/
    NAME CHAR(10),
        AGE SMALLINT,
        PRIMARY KEY(S_NO),                 /*用 PRIMARY KEY 关键字设置主键*/
CHECK(AGE BETWEEN 15 AND 25))              /* 用 CHECK 关键字设置年龄限制*/
```

有时需要临时创建一个中间表，完成一些临时存储数据的功能，在完成临时功能之后，再删除这些临时表。在 T-SQL 中可用 CREATE TABLE 来创建临时表，只要在表名前加“#”或“##”符号。其中“#”表示本地临时表，在当前数据库内使用；“##”表示全局临时表，可在所有数据库内使用。这些表存储在系统数据库 tempdb 中，它们在与服务器的交互结束时自动删除，而且如果与服务器的交互异常而结束，这些表仍会被删除。

【例 3.3】创建临时表 temp_student。

语句如下：

```
CREATE  TABLE  #temp_student               /*用#说明 temp_student 为本地临时表*/
( 学号 SMALLINT NOT NULL ,
  姓名 VARCHAR(30) NOT NULL,
  年龄 INT NOT NULL,
  PRIMARY KEY (学号)
)
```

【例 3.4】在学生数据库 student_db 中创建课程信息表 C_Info，表结构和要求参见 1.4.4 节的表 1.4。

语句如下：

```
Use student_db
Go
CREATE TABLE C_Info
        (C_No CHAR(10)    NOT NULL,
        C_Name VARCHAR(30)    NOT NULL,
        C_Type CHAR(4),
        C_Credit smallint NOT NULL,
        C_Des VARCHAR(255)
        PRIMARY KEY(C_NO))
```

读者可以参照此方法创建学生数据库 student_db 中的选课信息表 S_C_Info 和学院信息表 D_Info，这两个表的结构和要求参见 1.4.4 节中的表 1.5 和表 1.6。

【例 3.5】建立一个供货商和货物的数据库 S_P_DB，此数据库存在以下关系：

（1）供货商 S（S_NO，S_NAME，STATUS，CITY）。分别表示供货商代码、名称、身份、所在的城市。

（2）货物 P（P_NO，P_NAME，WEIGHT，CITY）。分别表示货物的编号、名称、重量和产地。

要求如下：

（1）供货商代码不能为空，且值是唯一的，供货商的名称也是唯一的。

（2）货物编号不能为空，且值是唯一的，货物的名称也不能为空。

使用以下 T-SQL 语句创建数据库 S_P_DB，创建关系 S 和关系 P 为表 S 和 P：

```
/* 创建数据库 S_P_DB */
CREATE DATABASE S_P_DB
/* 创建供货商信息表 S */
CREATE TABLE S
        (S_NO CHAR(9) NOT NULL UNIQUE,
        S_NAME CHAR(20) UNIQUE,
        STATUS CHAR(9),
        CITY CHAR(10),
        PRIMARY KEY(S_NO))
/* 创建货物信息表 P */
CREATE TABLE P
        (P_NO CHAR(9) NOT NULL UNIQUE,
        P_NAME CHAR(20) UNIQUE,
        WEIGHT CHAR(9),
        CITY CHAR(10),
        PRIMARY KEY(P_NO))
```

因为表 S 和表 P 之间存在一个多对多的联系，但在 SQL Server 中，数据库不能直接管理这种联系，所以必须创建一个新表 SP（其原因可参见第 1 章的相关内容），其主键由 S 表和 P 表的主键构成。表 SP 的列分别为 S_NO、P_NO 和 QTY，其中 S_NO 和 P_NO 为外部关键字，QTY 为进货数量。创建该数据表的 T-SQL 语句如下：

```
/* 创建进货信息表 SP */
CREATE TABLE SP
```

```
(S_NO CHAR(9),
P_NO CHAR(9),
QTY CHAR(9),
PRIMARY KEY(S_NO ,P_NO),
FOREIGN KEY(S_NO) REFERENCES S(S_NO),
FOREIGN KEY(P_NO) REFERENCES P(P_NO))
```

注意：SQL Server 的每个数据库最多可存储 20 亿个表，每个表可以有 1024 列，每行最多可以存储 8060 字节。表和列的命名必须是唯一的，但同一数据库中的不同表可使用相同的列名。必须为每列指定数据类型。

3.1.3　使用对象资源管理器对数据表进行管理

创建数据表后，可以使用对象资源管理器或 T-SQL 对数据表进行管理，这些管理主要有更改表名、增加列、删除列、修改已有列的属性（列名、数据类型、是否为空值等）。

1．使用对象资源管理器更改数据表名称

SQL Server 2008 中允许改变一个表的名字，但当表名改变后，与此相关的某种对象（如视图），以及通过表名与表相关的存储过程将全部无效。因此，建议一般不要更改一个已有的表名，特别是在其上定义了视图或建立了相关的表时。

使用对象资源管理器更改数据表名称的操作步骤如下：

（1）在"对象资源管理器"中选择要更改的数据表并右击，在弹出的快捷菜单中单击"重命名"命令，如图 3.6 所示。

图 3.6　选择"重命名"命令

（2）待重命名的表显示高亮的蓝色状态后，重新输入数据表的名称，然后按回车键，完成选定数据表重命名的操作。

2．使用对象资源管理器删除数据表

删除数据表时，表的定义、表中的所有数据以及表的索引、触发器、约束等均被删除。

在 SQL Server 2008 中不能删除系统表和外键约束所参照的表。

操作步骤如下：

（1）在"对象资源管理器"中选择要删除的数据表并右击，在弹出的快捷菜单中单击"删除"命令，参看图 3.6。

（2）在弹出的"删除对象"窗口（图 3.7）中，显示待删除的表的名字，单击"确定"按钮，进行删除表的操作。

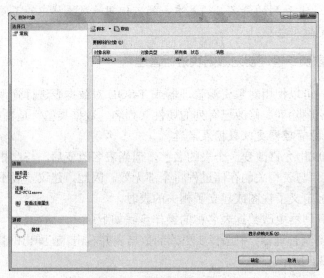

图 3.7   "删除对象"窗口

3. 使用对象资源管理器修改数据表结构

使用对象资源管理器修改数据表结构的操作步骤如下：

（1）在"对象资源管理器"中选择要修改表结构的数据表并右击，在弹出的快捷菜单中单击"设计"命令，如图 3.8 所示。

图 3.8   选择"设计"命令

（2）弹出如图 3.3 所示的"表设计器"界面，可以在此界面中修改数据表的相关选项。修改完成后，若单击"表设计器"右上角的关闭按钮 ✕，系统弹出如图 3.9 所示的对话框，单击"是"按钮，修改有效；单击"否"按钮，修改无效；单击"取消"按钮，系统返回"表设计器"界面。

图 3.9　保存数据表结构修改确认对话框

3.1.4　使用 T-SQL 对数据表进行管理

在 SQL Server 2008 中可以使用 T-SQL 对数据表进行修改和删除。

1. 修改数据表

在 T-SQL 中，修改数据表可使用 ALTER TABLE 语句，其语法格式如下：

```
ALTER TABLE table
{ [ ALTER COLUMN column_name
{ new_data_type [ ( precision [ , scale ] ) ]
    [ COLLATE < collation_name > ]
    [ NULL | NOT NULL ]
    | {ADD | DROP } ROWGUIDCOL }]
    | ADD { [ < column_definition > ] | column_name AS computed_column_expression } [ ,...n ]
    | [ WITH CHECK | WITH NOCHECK ] ADD { < table_constraint > } [ ,...n ]
    | DROP { [ CONSTRAINT ] constraint_name  | COLUMN column } [ ,...n ]
    | { CHECK | NOCHECK } CONSTRAINT{ ALL | constraint_name [ ,...n ] }
    | { ENABLE | DISABLE } TRIGGER { ALL | trigger_name [ ,...n ] }
}
```

参数说明：

（1）table：要更改的数据表的名称。

（2）ALTER COLUMN：指定要更改的列。

（3）column_name：要更改、添加的列的名称。

（4）new_data_type [(precision [, scale])]：如果要修改表中已经存在的列，必须指定与该列相兼容的新数据类型。其中 precision 用于指定数据类型的精度；scale 用于指定数据类型的小数位数。

（5）COLLATE < collation_name >：为更改列指定新的排序规则。

（6）NULL|NOT NULL：指定该列是否可以接受空值，默认定义是允许空值。

（7）{ADD | DROP } ROWGUIDCOL }]：在指定列上添加或去除 ROWGUIDCOL 属性。

（8）ADD { [< column_definition >] | column_name AS computed_column_expression}
[,...n]：指定要添加一个或多个列定义、计算列定义或者表约束。

（9）[WITH CHECK | WITH NOCHECK] ADD { < table_constraint > } [,...n]：指定表中的数据是否用新添加的或重新启用的 FOREIGN KEY 或 CHECK 约束进行验证。如果没有指定，将新约束假定为 WITH CHECK，将重新启用的约束假定为 WITH NOCHECK。

（10）DROP { [CONSTRAINT] constraint_name | COLUMN column } [,...n]：指定删除某个列。

（11）{ CHECK | NOCHECK } CONSTRAINT{ ALL | constraint_name [,...n] }：指定启用或禁用 constraint_name。如果禁用，将来插入或更新该列时将不用该约束条件进行验证。此选项只能与 FOREIGN KEY 和 CHECK 约束一起使用。其中 ALL 表示指定使用 NOCHECK 选项禁用所有约束，或者使用 CHECK 选项启用所有约束。

（12）{ ENABLE | DISABLE } TRIGGER { ALL | trigger_name [,...n] }：指定启用或禁用 trigger_name。当一个触发器被禁用时，它对表的定义依然存在；然而，当在表上执行 INSERT、UPDATE 或 DELETE 语句时，触发器中的操作将不执行，除非重新启用该触发器。其中 ALL 表示指定启用或禁用表中所有的触发器。

【例 3.6】在例 3.1 的 Student 学生信息表中增加 zzmm（政治面貌）字段。

增加该字段的语句如下：

```
ALTER TABLE Student ADD zzmm char(4)
```

【例 3.7】将例 3.6 中增加的字段 zzmm 的宽度由 4 修改为 8。

修改该字段的语句如下：

```
ALTER TABLE Student ALTER COLUMN zzmm char(8)
```

注意：在新增加字段时，不管原来的表中是否有数据，新增加的字段值一律为空。

【例 3.8】删除例 3.6 中增加的 zzmm 字段。

删除该字段的语句如下：

```
ALTER TABLE Student DROP COLUMN zzmm
```

2. 删除数据表

在 T-SQL 中，删除数据表可使用 DROP TABLE 语句，其语法格式如下：

```
DROP TABLE table_name
```

参数说明：

table_name：表示要删除的表名。

注意：①DROP TABLE 不能用于删除由 FOREIGN KEY 约束引用的表，必须先删除引用的 FOREIGN KEY 约束或引用的表。②在系统表上不能使用 DROP TABLE 语句。

【例 3.9】删除当前数据库中的 Student_1 学生信息表。

删除该表的语句如下：

```
Drop TABLE Student_1
```

【例 3.10】在同一个语句中指定多个表并对它们进行删除。假设有一个 stu 数据库，此数据库中存在 book 表和 temp2 表。

同时删除这两张表的语句如下：

```
DROP TABLE book,temp2
```

【例 3.11】删除指定数据库中的表。假设 stu 数据库内有 temp1 表，可以在任何数据库内执行以下语句，完成删除 temp1 表的操作。

删除该表的语句如下：

```
DROP TABLE stu.dbo.temp1
```

注意：删除的表不在当前数据库下时，必须加前缀，即加数据库名和所有者，并用点运算符连接。

3.2　表数据的管理

表数据的管理主要是指对表进行添加或插入新数据、更改或更新现有数据、删除现有数据、检索（或查询）现有数据的操作。这些操作可使用对象资源管理器或 T-SQL 语句完成。

3.2.1　使用对象资源管理器管理表数据

使用对象资源管理器，可以在"表设计器"界面添加、修改和删除数据，还可以创建数据库关系图，实现对表数据的管理。

1．在表设计器中管理数据

【例 3.12】使用对象资源管理器，完成 student_db 数据库中 St_Info 表的数据输入。St_Info 表的数据如图 3.10 所示。

St_ID	St_Na...	St_Sex	Born_Date	Cl_Name	Telephone	Address	Resume
0603060108	徐文文	男	1987-12-10 00:00...	材料科学0601	0731_20223388	湖南省长沙市韶山北路	NULL
0603060109	黄正刚	男	1987-12-26 00:00...	材料科学0601	NULL	贵州省平坝县夏云中学	NULL
0603060110	张红飞	男	1988-03-29 00:00...	材料科学0601	NULL	河南省焦作市西环路26号	NULL
0603060111	曾莉娟	女	1987-05-13 00:00...	材料科学0601	NULL	湖北省天门市多宝镇公益村六组	NULL
2001050105	邓红艳	女	1986-07-03 00:00...	法学0501	NULL	广西桂林市兴安县溶江镇司门街	NULL
2001050106	金萍	女	1984-11-06 00:00...	法学0502	NULL	广西桂平市社坡福和11队	NULL
2001050107	吴中华	男	1985-04-10 00:00...	法学0503	NULL	河北省邯郸市东街37号	NULL
2001050108	王铭	男	1987-09-09 00:00...	法学0504	NULL	河南省上蔡县大路李乡涧沟王村	2003年获县级三好学生
2001060103	郑远月	男	1986-06-18 00:00...	法学0601	0731_88837342 ...	湖南省邵阳市一中	2003年获市级三好学生
2001060104	张力明	男	1987-08-29 00:00...	法学0602	3834123	安徽省太湖县北中镇桐山村	NULL
2001060105	张妤然	女	1988-04-10 00:00...	法学0603	010_86634234 ...	北京市西城区新街口外大街34号	NULL
2001060106	李娜	女	1988-10-21 00:00...	法学0604	13518473581	重庆市黔江中学	NULL
2602060105	杨平娟	女	1988-05-20 00:00...	口腔(七)0601	NULL	北京市西城区复兴门内大街97号	NULL
2602060106	王小维	男	1987-12-11 00:00...	口腔(七)0601	NULL	泉州泉秀花园西区十二幢	NULL
2602060107	刘小玲	女	1988-05-20 00:00...	口腔(七)0601	NULL	厦门市前埔二里42号0306室	NULL
2602060108	何邵阳	男	1987-06-01 00:00...	口腔(七)0601	NULL	广东省韶关市广东北江中学	NULL
0603060201	张红飞	男	1988-03-29 00:00...	材料科学0602	NULL	河南省焦作市西环路26号	NULL
NULL	NULL	NULL	NULL	NULL	NULL	NULL	NULL

图 3.10　学生信息表 St_Info 的数据

操作步骤如下：

（1）在"对象资源管理器"中，展开要修改的数据表所在的数据库，选择要修改表结构的 St_Info 数据表并右击，在弹出的快捷菜单中单击"编辑前 200 行"命令，如图 3.11 所示。此时在 SSMS 主窗口的主菜单栏中，出现"查询设计器"菜单，并提供相关的命令操作数据表。

（2）再打开与图 3.10 相似（因刚建好数据结构的表中，此时还无数据）的表数据窗口，可以对数据表中的数据进行添加、修改和删除等操作。

图 3.11　选择"编辑前 200 行"命令

1）在表数据窗口添加记录的操作方法是：在表数据输入框内输入一条记录，单击第二行，继续输入记录，重复此操作，直到输入完全部记录。单击工具栏上的"执行 SQL"按钮 ！，保存表数据，然后关闭表数据窗口，此时 St_Info 数据表完全建好。

2）若要修改数据表中的数据，在表数据窗口先定位要修改的记录字段，然后对该字段值进行修改，修改之后将光标移到下一行即可保存修改的内容。

3）若要删除数据表中某些记录，在数据窗口先定位要删除的记录行，单击该行最前面的黑色箭头选择全行并右击，在弹出的快捷菜单中选择"删除"命令，如图 3.12 所示。在弹出的删除确认对话框（图 3.13）中，单击"是"按钮将删除所选择的记录，单击"否"按钮将不删除选择的记录。

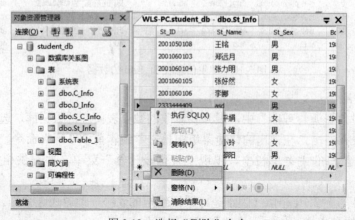

图 3.12　选择"删除"命令

图 3.13　删除记录确认对话框

2. 在数据库关系图中管理数据

数据库关系图是以图形方式显示部分或全部数据库结构的关系图。关系图可用来创建和修改表、列、关系、键、索引、约束。为使数据库可视化，可创建一个或多个关系图，以显示数据库中的部分或全部的表、列、键、关系。操作步骤如下：

（1）在"对象资源管理器"中展开要操作的数据库，右击"数据库关系图"对象，在弹出的快捷菜单中单击"新建数据库关系图"命令，如图 3.14 所示。

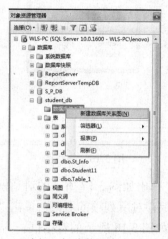

图 3.14　选择"新建数据库关系图"命令

（2）弹出"添加表"对话框，如图 3.15 所示。在此对话框中选择要建立关系的所有表添加到关系图的列表框中，然后按提示操作完成关系图的创建。这里创建的是学生信息 St_Info 表、课程信息 C_Info 表和选课信息 S_C_Info 表的关系图，如图 3.16 所示。由此图可看到 SSMS 主菜单上出现了"表设计器"和"数据库关系图"两个菜单，可以使用这两个菜单下的相关命令对数据表进行管理。

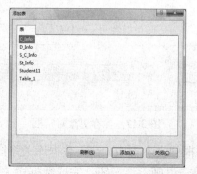

图 3.15　"添加表"对话框

（3）图 3.16 所示的是 student_db 数据库中一个简单而典型的关系图。在此关系图中，可以看到表 St_Info 与表 S_C_Info 由一条连接线建立了联系，表 C_Info 与表 S_C_Info 也由一条连接线建立了联系，这就是这 3 个表之间的关系，当鼠标移到该连线上时，会弹出提示框显示该关系的名称信息。

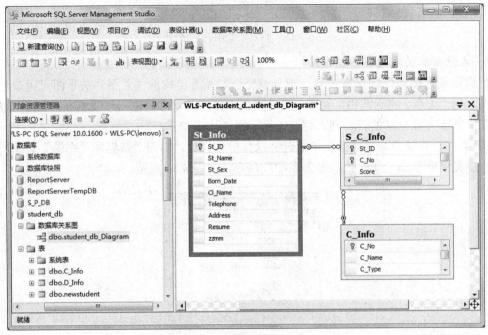

图 3.16　关系图

（4）当关闭关系图窗格时，弹出如图 3.17 所示的对话框，单击"是"按钮，保存对所列项的更改；单击"否"按钮，不保存对所列项的更改；单击"取消"按钮，返回关系图的列表框。这里单击"是"按钮，弹出如图 3.18 所示的对话框。

图 3.17　保存更改对话框

（5）在"选择名称"对话框的文本框中，输入数据库关系图的名称"student_db_Diagram"（默认名称是 Diagram_0）。单击"确定"按钮，完成数据库关系图的创建。

图 3.18　"选择名称"对话框

3.2.2　使用 T-SQL 管理表数据

在"查询设计器"中，可以使用 T-SQL 对表数据进行添加、修改和删除。

1. 表数据的添加

在 T-SQL 中，可以使用 INSERT INTO 语句对数据表进行数据添加，其语法格式如下：

```
INSERT [INTO] table_or_view [(column_list)] data_values
```

参数说明：

（1）[INTO]：一个可选的关键字，可以将它用在 INSERT 和目标表之间。

（2）table_or_view：要输入数据的表名或视图名。

（3）[(column_list)]：要在其中插入数据的一列或多列的列表。必须用圆括号将 column_list 括起来，并且用逗号进行分隔。如果 column_list 没有为表或视图中的所有列命名，将在列表中没有命名的任何列中插入一个 NULL 值（或者在默认情况下为这些列定义的默认值）。在列的列表中没有指定的所有列都必须允许 NULL 值或指定的默认值。

（4）data_values：作为一行或多行插入已命名的表或视图中。

注意：①使用 INSERT 语句一次只能为表插入一行数据。②如果 INSERT 语句违反约束或规则，或者出现与列的数据类型不兼容的值，那么该语句就会失败，并且 SQL Server 将显示错误信息。

【例 3.13】假设数据库 student_db 中已经创建好了课程信息数据表 C_Info（参考 1.4.4 节表结构）。试将新课程记录（9720044，网络技术与应用，选修，3）添加到课程信息数据表 C_Info 中，如图 3.19 所示。

	C_No	C_Name	C_Type	C_Credit	C_Des
	19010122	艺术设计史	选修	5	NULL
	20010051	民法学	必修	6	NULL
	29000011	体育	必修	5	NULL
	9710011	大学计算机基础	必修	2	NULL
	9710021	VB程序设计基础	必修	3	NULL
	9710031	数据库应用基础	必修	3	NULL
	9710041	C++程序设计基础	必修	3	NULL
	9720013	大学计算机基础实践	实践	1	NULL
	9720033	数据库应用基础实践	实践	2	本实践是在学完…
🖉	9720043	C++程序课程设计	实践	2	NULL
	9720044	网络技术与应用	选修	3	NULL
*	NULL	NULL	NULL	NULL	NULL

图 3.19　课程信息数据表

添加新课程记录的语句如下：

```
INSERT INTO C_Info VALUES ('9720044','网络技术与应用','选修',3,null)
```

注意： 由于课程号、课程名和课程类别均为字符型数据，所以需加上单引号，而课程说明无值，所以用空值填上。

【例 3.14】在 C_Info 表中添加一条新记录，课程类别和课程说明暂缺。

根据题意知，要求添加 3 个字段的数据，使用以下语句：

```
INSERT INTO    C_Info(C_NO,C_Name,C_Credit)
        VALUES ('9720045','Web 开发技术',2)
```

注意： ①此时必须列出列名（因为提供的值的个数与表中列的个数不一致）。②C_Info 中的课程类别和课程说明列必须允许为 NULL，因为系统实际插入的数据为('9720045','Web 开发技术',null,2,null)。

2. 表数据的修改

在 T-SQL 中，修改数据用到的是 UPDATE 语句，其语法格式如下：

```
UPDATE
      { table_name | view_name }
      SET
      { column_name = { expression | DEFAULT | NULL }
      | @variable = expression
      | @variable = column = expression } [ ,...n ]
      [ FROM { < table_source > } [ ,...n ] ]
```

参数说明：

（1）table_name | view_name：要修改数据的表名或视图名。

（2）SET 子句：引出后面的赋值表达式。

（3）{ column_name = { expression | DEFAULT | NULL }：指定要更改数据的列的名称或变量名称和它们的新值，也可指定使用对列定义的默认值替换列中的现有值。如果该列没有默认值并且定义为允许空值，也可用来将列更改为 NULL。

（4）@variable = expression：已声明的变量，该变量将设置为 expression 所返回的值。

（5）@variable = column = expression } [,...n]：将变量设置为与列相同的值。

（6）[FROM { < table_source > } [,...n]]：指定修改的数据将来自一个或多个表或视图。

【例 3.15】将数据表 C_Info 中的所有学分加 1。

这是无条件修改数据，使用语句如下：

```
UPDATE C_Info SET C_Credit=C_Credit+1
```

【例 3.16】将数据表 C_Info 中课程号为 "9710011" 的学分减 1。

这是有条件修改数据，使用语句如下：

```
UPDATE C_Info SET C_Credit=C_Credit-1
        WHERE C_NO='9710011'
```

3. 表数据的删除

当确定数据表中有些记录不需要时，就可以将其删除。在 SQL Server 2008 中删除记录的 T-SQL 语句有 DELETE 或 TRUNCATE TABLE。

（1）DELETE 语句

其语法格式如下：

```
DELETE   [ FROM ]
      { table_name | view_name
        }
      [ FROM { < table_source > } [ ,...n ] ]
```

参数说明：

1）[FROM]：是可选的关键字，可用在 DELETE 关键字与目标 table_name、view_name 之间。

2）table_name | view_name：要删除的行的表名或视图名。

3）[FROM { ＜ table_source ＞ } [,...n]]：指定删除时用到的额外的表或视图及连接的条件。

（2）TRUNCATE TABLE 语句

其语法格式如下：

```
TRUNCATE TABLE
    [ { database_name.[ schema_name ]. | schema_name . } ]
    table_name [ ; ]
```

参数说明：

1）database_name：数据库的名称。

2）schema_name：表所属架构的名称。

3）table_name：要截断的表的名称，或要删除其全部行的表的名称。

TRUNCATE TABLE 语句在功能上与不带 WHERE 子句的 DELETE 语句相同：二者均删除表中的全部行。TRUNCATE TABLE 比 DELETE 速度快，且使用的系统和事务日志资源少。DELETE 语句每次删除一行，并在事务日志中为所删除的每行记录一项。TRUNCATE TABLE 通过释放存储表数据所用的数据页来删除数据，并且只在事务日志中记录页的释放。

TRUNCATE TABLE 删除表中的所有行，但表结构及其列、约束、索引等保持不变。新行标识所用的计数值重置为该列的种子。如果想保留标识计数值，则应使用 DELETE 语句。若要删除表定义及其数据，应使用 DROP TABLE 语句。

【例 3.17】设学生数据库 student_db 中存在 Table_1 表，并且有若干记录，要求删除 Table_1 表中全部记录，但保留数据表结构。

这是无条件全部删除记录，使用语句如下：

```
TRUNCATE TABLE    student_db.dbo.Table_1
```

【例 3.18】在 C_Info 表中删除课程号为 "9720045" 的记录。

这是有条件删除记录，使用语句如下：

```
DELETE FROM C_Info
    WHERE C_NO='9720045'
```

3.3　数据库完整性管理

数据库是一种共享资源。因此，在数据库的使用过程中保证数据的安全、可靠、正确、可用就成为非常重要的问题。数据库的完整性保护可以保证数据的正确性和一致性。读者可以通过学习约束、规则和触发器等技术来充分认识到保证数据库完整性的重要性。

3.3.1　数据库完整性概述

数据的完整性是指数据库中数据的正确性、有效性和一致性。

（1）正确性：指数据的合法性，如数值型数据只能包含数字，不能包含字母。

（2）有效性：指数据是否处在定义域的有效范围之内。

（3）一致性：指同一事实的两个数据应该一致，不一致即是不相容的。

通俗地讲，就是限制数据库中的数据表可输入的数据，防止数据库中存在不符合语义规定的数据和因错误信息的输入输出造成的无效操作或错误信息。使用数据库完整性可确保数据库中的数据质量。例如，如果在学生信息表中规定学号为主关键字，那么在数据表中若已经有了 2001060106 的学号，则该数据库不应允许其他学生再使用该学号；如果计划将 ST_ID 列的值的范围设定为从 2001060100～2001060199，则数据库不应接受此区间之外的值，如 2001060200 就是一个不符合要求的数据。

对数据库中的数据设置某些约束机制，这些添加在数据上的语义约束条件称为数据库完整性约束条件，完整性约束条件是完整性控制机制的核心。完整性约束保证授权用户对数据库进行修改时不会破坏数据的一致性，从而保护数据库不受意外的破坏。

数据库系统是对现实系统的模拟，现实系统中存在各种各样的规章制度，这些规章制度可以看成是对数据的某种约束。它们定义关于列中允许值的规则，是强制完整性的标准机制。

完整性约束条件作用的对象可以是关系、元组和列 3 种，其状态可以是静态的，也可以是动态的。静态约束是指数据库每一个确定状态时的数据对象所应满足的约束条件，是反映数据库状态合理性的约束，是最重要的一类完整性约束；动态约束是指数据库从一种状态转变为另一种状态时，新、旧值之间所应该满足的约束条件，是反映数据库状态变迁的约束。常说的实体完整性约束、参照完整性约束和域完整性约束均属于静态约束。

数据库系统必须提供一种机制来检验数据库中的数据库完整性，看其是否满足语义规定的条件，这种机制称为完整性检查。为此，数据库管理系统的完整性控制机制应该具有以下 3 个方面的功能，防止用户在使用数据库时，输入不合法或不符合语义规则的数据。

（1）定义功能。提供定义完整性约束条件的机制。

（2）验证功能。检查用户发出的操作请求是否违背了完整性约束条件。

（3）处理功能。如果发现是用户的操作请求的数据违背了完整性约束条件，则采取一定的行动来保证数据的完整性。

3.3.2　数据库完整性的类型

数据库完整性有 4 种类型：实体完整性、域完整性、引用完整性和用户定义完整性。

1．实体完整性

实体完整性是指一个关系中所有主属性不能取空值。"空值"就是"不知道"或"无意义"的值。如主属性取空值，就说明存在某个不可标识的实体，这与现实世界的应用环境相矛盾，因此这个实体一定不是一个完整的实体。

在关系数据库中，空值实际上是一个占位符，它表示"该属性的值是未知的，可能是值域中的任意值"。例如，某个学生的某科成绩为 0 和某科成绩为 NULL 是不同的含义。成绩为 0 表示该学生的该科成绩已经有了，是 0 分；而为 NULL 则表明该成绩还没有被填入。这是两个不同的概念。

实体完整性可以通过标识列、主键约束、唯一性约束以及建立唯一性索引等措施来实现。

（1）标识列（IDENTITY）。每个表都可以有一个标识列。每次向表中插入一条记录时，SQL Server 都会根据 IDENTITY 的参数（初始值、步长值）自动生成唯一的值作为标识列的值。

（2）主键约束（PRIMARY KEY）。主键约束指定表的一列或几列的组合能唯一地标识一行记录。在规范化的表中，每行中的所有数据值都完全依赖于主键，在创建或修改表时可通过定义 PRIMARY KEY 约束来创建。每个表中只能有一个主键。IMAGE 和 TEXT 数据类型的列不能被指定为主键，也不允许指定的主键列有 NULL 属性。

（3）唯一性约束（UNIQUE）。唯一性约束指定一个或多个列的组合的值具有唯一性，以防止在列中输入重复的数据。

（4）唯一性索引（UNIQUE INDEX）。数据库中的数据在使用过程中有些原本不相同的数据有可能变成相同数据，这种情况可能会产生错误，可以通过建立唯一性索引来实现数据的实体完整性。

2.　域完整性

域完整性也称列完整性，用于限制用户向列中输入的内容，即保证表的某一列的任何值是该列域（即合法的数据集合）的成员。强制域有效性的方法有限制类型（数据类型、精度、范围、格式和长度等）、使用约束（CHECK 约束、DEFAULT 约束、NOT NULL 约束）和创建规则、默认值等数据库对象来实施。

（1）限制类型数据库中存储的数据多种多样，为每一列指定一个准确的数据类型是设计表的第一步，列的数据类型规定了列上允许的数据值。当添加或修改数据时，其类型必须要符合建表时所指定的数据类型。这种方式为数据库完整性提供了最基本的保障。

（2）使用约束是 SQL Server 提供的自动保持数据库完整性的一种方法，是独立于表结构的。约束的方式有以下几种：

1）CHECK 约束（检查约束）。通过约束条件表达式来限制列上可以接受的数据值和格式。

2）DEFAULT 约束（默认约束）。数据库中每一行记录的每一列都应该有一个值。当然这个值也可以是空值，当向表中插入数据时，如果用户没有明确给出某一列的值，SQL Server 自动为该列添加空值，这样可以减少数据输入的工作量。

3）NOT NULL 约束。空值（NULL）意味着数据尚未输入。它与 0 或长度为零的字符串（""）的含义不同。如果某一列必须有值才能使记录有意义，那么可以指明该列不允许取空值。

（3）规则（rule）就是创建一套准则，可以绑定到一列或多列上，也可以绑定到用户自定义数据类型上。规则和检查约束在使用上的区别是：检查约束可以对一列或多列定义多个约束，而列或用户自定义数据类型只能绑定一个规则。列可以同时绑定一个规则和多个约束；表 CHECK 约束不能直接作用于用户自定义数据类型，它们是相互独立的，但表或用户自定义对象的删除修改不会对与之相联的规则产生影响。

（4）默认值（default）是一种数据库对象，如果在插入行时没有指定列的值，那么由默认值指定列中所使用的值。默认值可以是任何取值为常量的对象，可以绑定到一列或多列上，也可以绑定到用户自定义数据类型上，其作用类似于默认约束，默认约束是在 CREATE TABLE 或 ALTER TABLE 语句中定义的，删除表的时候默认约束也随之被删除了。默认值作为一种单独的数据库对象是独立于表的，删除表不能删除默认值约束。

3.　引用完整性

引用完整性也称为参照完整性，是用来维护相关数据表之间数据一致性的手段。通过实现引用完整性，可以避免因一个数据表的记录改变而使另一个数据表内的数据变成无效的值。引用完整性约束是指引用关系中外码的取值是空值（外码的每个属性值均为空值）或是被引用关系中某个元组的主码值。

4．用户定义完整性

用户定义完整性使用户得以定义不属于其他任何完整性分类的特定业务规则。所有的完整性类型都支持用户定义完整性。

3.3.3　使用对象资源管理器实现数据库完整性的设置

在 SQL Server 环境下，既可以通过对象资源管理器设置数据库完整性，也可以使用 T-SQL 描述数据库完整性。下面介绍通过对象资源管理器设置数据库完整性的操作方法。

1．主键约束操作

【例 3.19】使用对象资源管理器，在选课信息表 S_C_Info 中，设置 St_Id 和 C_No 为选课信息表的主关键字，并尝试输入某个不存在的学生学号，验证数据库系统如何实现对实体完整性的保护。

操作步骤如下：

（1）在"对象资源管理器"中选择要修改的 S_C_Info 数据表并右击，在弹出的快捷菜单中单击"设计"命令。

（2）在打开的"表设计器"中，选中需设置成主键的第 1 个字段，再按住 Shift（或 Ctrl）键选择第 2 个字段（因此表的主键是由 St_Id 和 C_No 两个字段构成的）并右击，在弹出的快捷菜单中选择"设置主键"命令，此时可看到设置为主键的字段前面带有 🔑 标识，如图 3.20 所示。

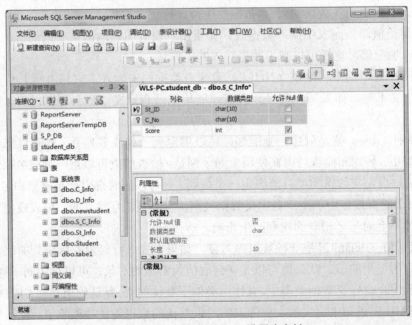

图 3.20　"st_id 和 c_no"设置为主键

注意： 也可以单击工具栏中的"设置主键"按钮 🔑，对选择的字段设置主键。

（3）关闭"表设计器"。

（4）在表窗格中右击课程表 S_C_Info，在弹出的快捷菜单中单击"编辑前 200 行"命令。

（5）在打开的课程表 S_C_Info 中输入某个不存在的学生学号（3602060108），课程编号（9710031）和成绩（99）新记录，如图 3.21 所示。

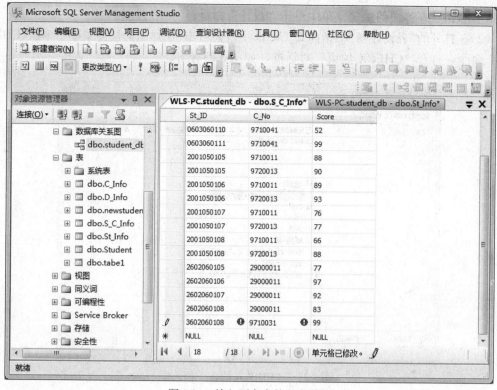

图 3.21　输入不存在的学生学号

（6）输入该条新记录后单击其他任意一条记录，此时系统提示出错，DBMS 对数据的实体完整性管理得以体现，如图 3.22 所示。

图 3.22　系统提示出错

2. CHECK 约束操作

【例 3.20】　使用对象资源管理器设置 CHECK 约束，将 C_Info 课程信息表中 C_Credit（学分）的取值范围设置在 1～8 之间，并输入取值范围之外的值来验证数据库系统对域完整性的保护。

操作步骤如下：

（1）创建 CHECK 约束。在"对象资源管理器"中选择要创建 CHECK 约束的数据表

C_Info 并右击，在弹出的快捷菜单中单击"设计"命令。

（2)在打开的"表设计器"中指向 C_Credit 字段并右击，在弹出的快捷菜单中单击"CHECK 约束"命令，打开 "CHECK 约束" 对话框，如图 3.23 所示。

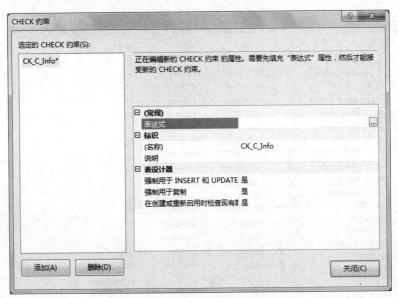

图 3.23　"CHECK 约束"对话框

（3）在打开的 "CHECK 约束" 对话框中，单击"添加"按钮，在"选定的 CHECK 约束"栏下，系统自动添加可用的 CHECK 约束"CK_C_Info*"，然后单击"表达式"右边的▥按钮，在弹出的 "CHECK 约束表达式" 对话框中输入约束表达式"C_Credit>= 1 and C_Credit<= 8"，如图 3.24 所示，也可以直接在"表达式"右边的文本框中输入约束表达式。单击"确定"按钮，返回"CHECK 约束"对话框，再单击"关闭"按钮，返回至"表设计器"。

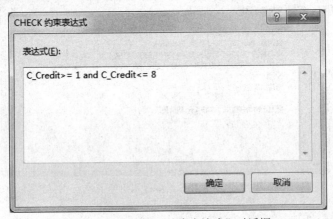

图 3.24　"CHECK 约束表达式"对话框

（4）单击"表设计器"的关闭按钮，弹出"保存对以下各项的更改吗？"对话框，如图 3.25 所示。单击"是"按钮，关闭"表设计器"。

（5）验证 CHECK 约束。打开课程信息表 C_Info，输入"C 语言程序设计基础"课程的学分为 9，系统弹出错误信息框，如图 3.26 所示。

图 3.25 "保存对以下各项的更改吗？"对话框

图 3.26 系统弹出的错误信息框

3. 默认值约束操作

【例 3.21】使用对象资源管理器，设置 St_Info 学生信息表中 St_Sex（性别）字段的默认值为"男"。

操作步骤如下：

（1）在"对象资源管理器"中指向 St_Info 表并右击，在弹出的快捷菜单中单击"设计"命令，打开"表设计器"。

（2）在打开的"表设计器"中选中 St_Sex（性别）字段，在"表设计器"下面的默认值栏中输入表达式'男'，如图 3.27 所示，关闭表设计器，完成默认值设置。

【例 3.22】使用"对象资源管理器"设置 St_Info 学生信息表中的性别约束为"男或女"。

操作步骤（可参看例 3.20 的操作）如下：

（1）在"对象资源管理器"中指向 St_Info 表并右击，在弹出的快捷菜单中单击"设计"命令，打开"表设计器"。

（2）在打开的"表设计器"中，指向 St_Sex 字段并右击，在弹出的快捷菜单中单击"CHECK 约束"命令，打开"CHECK 约束"对话框。

（3）在打开的"CHECK 约束"对话框中，单击"添加"按钮，在"选定的 CHECK 约束"栏下，系统自动添加可用的 CHECK 约束"CK_St_Info_1*"，然后在"表达式"右边的文本框中输入约束表达式"st_sex like '[男女]'"，如图 3.28 所示。单击"确定"按钮，返回"CHECK 约束"对话框，再单击"关闭"按钮，返回"表设计器"界面。

图 3.27　对 St_Sex 字段设置默认值为'男'

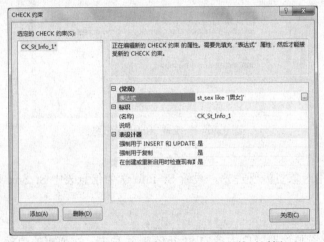

图 3.28　设置约束名为 CK_St_Info_1 的对话框

（4）单击"表设计器"的关闭按钮，在弹出的"保存对以下各项的更改吗？"对话框中，单击"是"按钮，关闭"表设计器"，完成设置性别约束为"男或女"的操作。

一、思考题

（1）数据通常存储在什么对象中？表对象存储在什么文件中？什么用户可以对表对象进行操作？

（2）什么是数据库完整性？数据库完整性包括哪些内容？为什么要使用数据库完整性？

（3）假定利用 CREATE TABLE 命令建立下面的 BOOK 表：

CREATE TABLE BOOK

（ 总编号 char(6),

　　分类号 char(6),

　　书名 char(6),

　　单价 numeric(10,2))

则"单价"列的数据类型是什么？列宽度是多少？是否有小数位？

（4）在 SQL Server 中删除数据表和删除表数据是一个问题吗？为什么？若要删除表的定义及其数据，应使用什么语句？

（5）什么是实体完整性？实体完整性可通过什么措施实现？主键约束和唯一性约束有什么区别？

二、选择题

（1）"表设计器"的"允许空"单元格用于设置该字段是否可以输入空值，实际上就是创建该字段的（　　）约束。

　　A．主键　　　　　　　　B．外键　　　　　　　　C．NULL　　　　　　　　D．CHECK

（2）创建一个数据表时，可以指定的约束类型中不包含（　　）。

　　A．主键约束　　　　　　B．唯一性约束　　　　　C．共享性　　　　　　　D．外键约束

（3）下列关于主关键字的叙述正确的是（　　）。

　　A．一个表可以没有主关键字

　　B．只能将一个字段定义为主关键字

　　C．如果一个表只有一个记录，则主关键字字段可以为空值

　　D．都正确

（4）下列语句用来删除表对象或表数据，其中不正确的语句是（　　）。

　　A．truncate table book

　　B．Delete * from book

　　C．drop table book

　　D．delete from book

（5）CREATE TABLE 语句（　　）。

　　A．必须在数据表名称中指定表所属的数据库

　　B．必须指明数据表的所有者

　　C．指定的所有者和表名称组合起来在数据库中必须唯一

　　D．省略数据表名称时，则自动创建一个本地临时表

（6）删除数据表的语句是（　　）。

　　A．DROP　　　　　　　B．ALTER　　　　　　　C．UPDATE　　　　　　D．DELETE

（7）数据库完整性不包括（　　）。

　　A．实体完整性　　　　　B．程序完整性　　　　　C．域完整性　　　　　　D．用户自定义完整性

（8）下面关于 INSERT 语句的说法，正确的是（　　）。

　　A．INSERT 一次只能插入一行的元组　　　　　B．INSERT 只能插入，不能修改

　　C．INSERT 可以指定要插入到哪行　　　　　　D．INSERT 可以加 WHERE 条件

（9）表数据的删除语句是（　　）。

　　A．DELETE　　　　　　B．INSERT　　　　　　C．UPDATE　　　　　　D．ALTER

（10）SQL 数据定义语言中，表示外键约束的关键字是（　　）。

　　A．CHECK　　　　　　B．FOREIGN KEY　　　C．PRIMARY KEY　　　D．UNIQUE

第 4 章　数据库查询

- 了解：T-SQL 的特点、查询语句 SELECT 的基本组成。
- 理解：查询语句 SELECT 的语法格式及各项子句的含义、子查询、嵌套查询和连接查询的基本概念。
- 掌握：简单查询、子查询、嵌套查询、多表连接查询；查询语句 SELECT 的综合运用。

4.1　查询概述

在数据库应用中，最常见的操作是数据查询，它是数据库系统中最重要的功能，也是数据库其他操作（如统计、插入、删除及修改）的基础。无论是创建数据库还是创建数据表等，其最终的目的都是为了使用数据，而使用数据的前提是需要从数据库中获取数据库所提供的数据信息。在 SQL Server 2008 中查询操作就是一种获取数据信息的方法。SQL Server 2008 的查询是对数据库表中的数据进行查询，同时产生一个类似于表的结果。在 SQL Server 2008 中可以使用 SSMS 图形界面的菜单方式直接查询，也可以通过 T-SQL 编写查询语句 SELECT 实现查询。这两种操作方式最终都会显示操作所对应的 SELECT 查询语句。本章按照先简单后复杂、逐步细化的原则重点介绍利用 SELECT 语句对数据库进行各种查询的方法。

4.1.1　图形界面的菜单方式

在 SQL Server 2008 的 SSMS 图形界面中，通过"对象资源管理器"可以直接查询数据表中的数据。其操作步骤是：在"对象资源管理器"中选择要查询的数据表并右击，在弹出的快捷菜单中单击"选择前 1000 行"命令，打开"查询设计器"，如图 4.1 所示。在"查询设计器"中显示进行查询所对应的 T-SQL 的查询语句 SELECT，在查询"结果"窗格中显示查询结果集。

这时在查询"结果"窗格，用户可以很方便地浏览数据并进行查询。但是，对于大型表或复杂的数据查询，使用菜单命令查询就显得很不方便或根本无法直接实现，必须编写 T-SQL 的查询语句 SELECT 来实现。也就是说，与图形界面的菜单方式相比，用 T-SQL 方式更为灵活。

图 4.1　在 SSMS 窗口中查询数据

4.1.2　查询语句 SELECT

使用 SELECT 语句不但可以在数据库中精确地查找某条信息，而且还可以模糊地查询带有某项特征的多条数据。这在很大程度上方便了用户查询数据信息。在 SQL Server 2008 中查询数据库的最基本方式是使用 T-SQL 的查询语句 SELECT。

SELECT 语句可以根据实际需要从一个或多个表中选择行或列，使用灵活、方便，但语法较为复杂，包含主要子句的语法格式如下：

SELECT select_list	/*指定要选择的列或行及其限定*/
[INTO new_table]	/*指定结果存入新表*/
FROM table_source	/*指定数据来源的表和视图*/
[WHERE search_condition]	/*指定查询条件*/
[GROUP BY group_by_expression]	/*指定分组表达式*/
[HAVING search_condition]	/*指定分组统计条件*/
[ORDER BY order_expression [ASC	DESC]]	/*指定查询结果的排序方式*/

在 SELECT 语句中，最简单的子句是 SELECT select_list，利用这个最简单的 SELECT 语句，可以进行 SQL Server 2008 所支持的任何运算。例如，SELECT 20*21，它将返回 420。

所有被使用的子句必须按语法说明中显示的顺序严格地排序。例如，一个 HAVING 子句必须位于 GROUP BY 子句之后，并位于 ORDER BY 子句之前。

SELECT 语句返回一个表的结果集，通常该结果集称为表值表达式。

SELECT 语句可以实现对表的选择、投影及连接（参见 1.4.2 节）操作，其功能非常强大，选项非常丰富。

使用 SELECT 语句进行查询的操作方法是：在 SSMS 主窗口单击"新建查询"按钮，打开"查询设计器"，并在主窗口左上角（图 4.2）选择要进行查询的数据库，系统默认为系统数据库 master。也可使用 USE database_name 语句选择要操作的数据库。如：

    Use student_db
    Go

其中，Go 是"查询设计器"为了区分多个批处理而设的分隔符，表示一个批处理的结束。

图 4.2　选择要查询的数据库

选择好数据库后，若未对操作的数据库对象进行限定，则所有的命令均是针对当前数据库中的表进行操作。

4.2　基本查询

SELECT 语句的基本框架是 SELECT-FROM-WHERE，各子句分别指定输出字段、数据来源和查询条件。其中 WHERE 子句可以省略，但 SELECT 关键字和 FROM 子句是必需的。基本查询一般指使用 SELECT 语句基本格式和关键字取得满足特殊要求的数据。它主要包括简单查询、条件查询和查询结果处理等操作。

4.2.1　简单查询

简单查询是指 SELECT 语句只包含 SELECT 子句和 FROM 子句的操作，涉及的对象是单表中的列，即在查询过程中只对一张表的列进行操作。在单表中对列进行的操作实质是对关系的"投影"操作。

语法格式：

SELECT [ALL | DISTINCT] [TOP n [PERCENT]] select_list FROM table_name

参数说明：

（1）ALL：表示输出所有记录，包括重复记录。

（2）DISTINCT：表示输出无重复结果的记录。

（3）TOP n [PERCENT]：指定返回查询结果的前 n 行数据，如果指定 PERCENT 关键字，则返回查询结果的前 n%行数据。

（4）select_list：是所要查询选项的集合，多个选项之间用逗号分隔。

在输出结果中，如果不希望使用字段名作为各列的标题，可以根据要求设置一个列标题，语法格式如下：

column_name1 [[AS] column_title1],column_name2 [[AS] column_title2][,…]

其中，column_name 表示要查询的列名，column_title 是指定的列标题。

（5）table_name：表示要查询的表。当选择多个数据表中的字段时，可使用别名来区分不同的表。语法格式如下：

      table_name1 [table_alias1][,table_name2 [table_alias2][,…]

其中，table_alias 是数据表的别名。

1. 查询全部列或指定列

    若要查询表的全部字段，使用"*"表示全部列；若要查询表中指定的列，则各列之间用逗号隔开。

【例 4.1】显示 Student_db 数据库中，St_info 表的学生的全部信息。

    SELECT ALL * FROM St_info

查询的结果如图 4.3 所示。

	St_ID	St_Name	St_Sex	Born_Date	Cl_Name	Telephone	Address	Resume
1	0603060108	徐文文	男	1987-12-10 00:00:00.000	材料科学0601	0731_20223388	湖南省长沙市韶山北路	NULL
2	0603060109	黄正刚	男	1987-12-26 00:00:00.000	材料科学0601	NULL	贵州省平坝县夏云中学	NULL
3	0603060110	张红飞	男	1988-03-29 00:00:00.000	材料科学0601	NULL	河南省焦作市西环路26号	NULL
4	0603060111	曾莉娟	女	1987-05-13 00:00:00.000	材料科学0601	NULL	湖北省天门市多宝镇公益村六组	NULL
5	0603060201	张红飞	男	1988-03-29 00:00:00.000	材料科学0602	NULL	河南省焦作市西环路26号	NULL
6	2001050105	邓红艳	女	1986-07-03 00:00:00.000	法学0501	NULL	广西桂林市兴安县溶江镇司门街	NULL
7	2001050106	金萍	女	1984-11-06 00:00:00.000	法学0502	NULL	广西桂林市社坡福和11队	NULL
8	2001050107	吴中华	男	1985-04-10 00:00:00.000	法学0503	NULL	河北省邯郸市东街37号	NULL
9	2001050108	王铭	男	1987-09-09 00:00:00.000	法学0504	NULL	河南省上蔡县大路李乡涧沟王村	2003...
10	2001060103	郑远月	男	1986-06-18 00:00:00.000	法学0501	0731_88837342	湖南省邵阳市一中	2003...
11	2001060104	张力明	男	1987-08-29 00:00:00.000	法学0602	8834123	安徽省太湖县北中镇桐山村	NULL
12	2001060105	张好然	女	1988-04-19 00:00:00.000	法学0603	010_86634234	北京市西城区新街口外大街34号	NULL
13	2001060106	李娜	女	1988-10-21 00:00:00.000	法学0604	13518473581	重庆市黔江中学	NULL
14	2602060105	杨平娟	女	1988-05-20 00:00:00.000	口腔(七)0601	NULL	北京市西城区夏兴门内大街97号	NULL
15	2602060106	王小维	男	1987-12-11 00:00:00.000	口腔(七)0601	NULL	泉州泉秀花园西区十二幢	NULL
16	2602060107	刘小玲	女	1987-06-01 00:00:00.000	口腔(七)0601	NULL	厦门市前埔二里42号0306室	NULL
17	2602060108	何邵阳	男	1987-06-01 00:00:00.000	口腔(七)0601	NULL	广东省韶关市广东北江中学	NULL

图 4.3　St_info 表的全部信息

    此语句表示输出所有记录，包括重复记录。若省略 ALL 关键字，结果一样。

【例 4.2】在 St_info 表中，查询学生的"学号、姓名、性别"。

    SELECT ST_ID,ST_NAME,st_sex from St_Info　　　/* 语句中字符的大小写无区别*/

查询的结果如图 4.4 所示。

	ST_ID	ST_NAME	st_sex
1	0603060108	徐文文	男
2	0603060109	黄正刚	男
3	0603060110	张红飞	男
4	0603060111	曾莉娟	女
5	0603060201	张红飞	男
6	2001050105	邓红艳	女
7	2001050106	金萍	女
8	2001050107	吴中华	男
9	2001050108	王铭	男
10	2001060103	郑远月	男
11	2001060104	张力明	男
12	2001060105	张好然	女
13	2001060106	李娜	女
14	2602060105	杨平娟	女
15	2602060106	王小维	男
16	2602060107	刘小玲	女
17	2602060108	何邵阳	男

图 4.4　学生的部分信息

2. 消除重复行或定义列别名

    若查询只涉及表的部分字段，可能会出现重复行（如图 4.4 中有两个男学生张红飞）。这时可用 DISTINCT 关键字消除结果集中的重复记录。

    为了便于理解查询结果，可以自定义显示每一列标题行的名称，即为列取别名。

【例 4.3】查询 St_Info 表中全部学生的姓名和性别。要求用汉字作为列标题，且去掉重名的学生。

SELECT DISTINCT St_Name AS 姓名, St_Sex 性别 FROM St_Info

查询的结果如图 4.5 所示。

从图 4.5 中可以看出，"张红飞"的记录只列出了一条，这是由于 DISTINCT 关键字控制查询结果集无重复记录的结果。

若将命令改写为：

SELECT DISTINCT St_Id 学号, St_Name AS 姓名 FROM St_Info

则输出的结果中会出现两个"张红飞"。因为他们的学号不一样，所以不是重复记录。

	姓名	性别
1	邓红艳	女
2	何邵阳	男
3	黄正刚	男
4	金萍	女
5	李娜	女
6	刘小玲	女
7	王铭	男
8	王小维	男
9	吴中华	男
10	徐文文	男
11	杨平娟	女
12	曾莉娟	女
13	张好然	女
14	张红飞	男
15	张力明	男
16	郑远月	男

图 4.5　去掉重名的记录

3. 计算列值

SELECT 语句中的选项，不仅可以是字段名，也可以是表达式，还可以是一些函数。有一类函数可以对查询结果集进行汇总统计。例如，求一个结果集的最大值、最小值、平均值、总和值及计数值等，这些函数被称为聚合函数。表 4.1 中列出了常用聚合函数。使用 SELECT 语句对列进行查询时，不仅可以查询原表中已有的列，还可以通过计算得到新的列值。

表 4.1　常用聚合函数

函数	功能	函数	功能
AVG(<字段名>)	求一列数据的平均值	MIN(<字段名>)	求列中的最小值
SUM(<字段名>)	求一列数据的和	MAX(<字段名>)	求列中的最大值
COUNT(*)	统计查询的行数		

【例 4.4】对 St_Info 表分别查询学生总数和学生的平均年龄。

SELECT COUNT(*) AS 总数 FROM St_Info

SELECT AVG(YEAR(GETDATE())- YEAR(born_date)) AS 平均年龄 FROM St_Info

查询的结果分别如图 4.6 和图 4.7 所示。

图 4.6　学生的总数

图 4.7　学生的平均年龄

语句中 GETDATE 和 YEAR 均是系统提供的内置函数（参见附录 1）。GETDATE 函数获取当前日期，YEAR 函数获取指定日期的年份整数。例如，设当前日期为"2013-05-04"，则 YEAR(GETDATE())表达式的返回值为数值 2013。所以在以上语句中，先通过表达式 YEAR(GETDATE())- YEAR(born_date)求得学生的年龄，再通过聚合函数 AVG 求得学生的平均年龄，这实际上是函数嵌套的应用。

注意：图 4.7 随着当前年限的不同，结果可能不同。后续的命令中与年限有关的地方,请读者自己做相应调整。

4. 限制结果集的行数

若查询的结果集行数特别多，可指定返回的行数，也可指定按百分比数目返回的行。

【例 4.5】对 St_Info 表选择姓名、性别查询，返回结果集中前 5 行。

> SELECT TOP 5 St_Name AS 姓名, St_Sex AS 性别 FROM
> St_Info

查询的结果如图 4.8 所示。

	姓名	性别
1	徐文文	男
2	黄正刚	男
3	张红飞	男
4	曾莉娟	女
5	邓红艳	女

图 4.8 返回结果集中前 5 行

4.2.2 条件查询

条件查询是用得最多的且比较复杂的一种查询方式。在 SELECT 语句中通过 WHERE 子句来指定查询条件，实现查询符合要求的数据信息。条件查询的本质是对表中的数据进行筛选，即关系运算中的"选择"操作。语法格式如下：

> WHERE search_condition

其中，search_condition 表示条件表达式。

条件表达式是指查询的结果集应满足的条件，如果某行条件为真就包括该行记录。

在条件查询中，主要是通过判断运算来确定条件的真（或假）进行查询，返回的值都是逻辑真 TRUE 或逻辑假 FALSE。T-SQL 中判断运算主要有比较运算、逻辑运算、字符匹配运算、范围比较运算和空值比较运算等。

1. 比较运算

在 SQL Server 2008 中的比较运算符有=(等于)、<>、!=或<>(不等于)、>(大于)、>=(大于等于)、<(小于)、<=(小于等于)等。在进行比较运算时，其结果只能是逻辑真 TRUE 或逻辑假 FALSE。

【例 4.6】查询 St_Info 表中学号为"2001060103"的学生情况，要求列出学号、姓名和所在班级情况。

> SELECT st_id,St_Name,Cl_Name FROM St_Info WHERE st_id='2001060103'

查询的结果如图 4.9 所示。

	st_id	St_Name	Cl_Name
1	2001060103	郑远月	法学0601

图 4.9 使用比较运算符查询的结果

2. 逻辑运算

在进行查询时，可能有多个条件，这时需要用逻辑运算符 AND、OR 和 NOT 等（参见第 1 章表 1.14）来连接 WHERE 子句中的多个查询条件。当一条语句中同时含有多个逻辑运算符时，取值的优先顺序为 NOT、AND 和 OR。在进行逻辑运算时，其结果也只能是逻辑真 TRUE 或逻辑假 FALSE。

【例 4.7】查询 S_C_Info 表中选课成绩分数大于等于 80 分且小于 90 分的学生信息。

> SELECT * FROM S_C_Info WHERE Score >=80 and Score<90

查询的结果如图 4.10 所示。

	St_ID	C_No	Score
1	2001050105	9710011	88
2	2001050106	9710011	89
3	2001050108	9720013	88
4	2602060108	29000011	83

图 4.10 使用逻辑运算符查询的结果

3. 字符匹配运算

在实际应用中，有时用户并不能给出精确的查询条件，需要根据不确切的线索来查询。T-SQL 提供了 LIKE 关键字进行字符匹配运算来实现这类模糊查询。LIKE 关键字的语法格式如下：

> match_ expression [NOT] LIKE pattern [ESCAPE escape_character]

参数说明：

（1）match_ expression：匹配表达式，一般为字符串表达式，在查询语句中可以是列名。

（2）pattern：在 match_ expression 中的搜索模式串。在搜索模式中可以使用通配符，表 4.2 列出了 LIKE 关键字可以使用的通配符。

（3）ESCAPE escape_character：转义字符，应为有效的 SQL Server 字符。escape_character 是字符表达式，无默认值，且必须为单个字符。用 ESCAPE 来指定转义符。

表 4.2　LIKE 使用的通配符

运算符	描述	示例
%	包含零个或多个字符的任意字符串	address LIKE '%公司%' 将查找地址任意位置包含公司的所有职员
_	下划线，对应任何单个字符	employee_name LIKE '_海燕' 将查找以"海燕"结尾的所有 6 个字符的名字
[ ]	指定范围（如[a-f]）或集合（如[abcdef]）中的任何单个字符	employee_name LIKE '[张李王]海燕' 将查找张海燕、李海燕、王海燕等
[^]	不属于指定范围或集合的任何单个字符	employee_name LIKE '[^张李]海燕' 将查找不姓张、李的名为海燕的职员

【例 4.8】查询 st_info 表中姓"张"的男学生的信息。

> SELECT * FROM st_info WHERE St_Name LIKE '张%' and St_Sex='男'

查询的结果如图 4.11 所示。

	St_ID	St_Name	St_Sex	Born_Date	Cl_Name	Telephone	Address	Resume	zzmm
1	0603060110	张红飞	男	1988-03-29 00:00:00.000	材料科学0601	NULL	河南省焦作市西环路26号	NULL	团员
2	0603060201	张红飞	男	1988-03-29 00:00:00.000	材料科学0602	NULL	河南省焦作市西环路26号	NULL	团员
3	2001060104	张力明	男	1987-08-29 00:00:00.000	法学0602	8834123	安徽省太湖县北中镇桐山村	NULL	团员

图 4.11　姓"张"的男学生信息

语句中的 WHERE 子句还有等价的形式，其语句格式如下：

> WHERE LEFT(St_Name,1)='张' AND St_Sex='男'

语句中 LEFT 是系统提供的一个内置函数，用于求字符串从左边开始指定个数的字符，格式及功能参见附录1。

【例 4.9】在 St_Info 表中查询学号倒数第 3 个数为 1，倒数第 1 个数在 1~4 之间的学生的学号、姓名、班级信息。

> SELECT St_ID, St_Name, Cl_Name FROM St_Info WHERE St_ID like '%1_[1234]'

查询的输出结果如图 4.12 所示。

	St_ID	St_Name	Cl_Name
1	0603060111	曾莉娟	材料科学0601
2	2001060103	郑远月	法学0601
3	2001060104	张力明	法学0602

图 4.12　学号倒数第 3 个数为 1，倒数第 1 个数在 1~4 之间

【例 4.10】在 St_Info 表中，查询所有"口腔"班，名叫"小玲"的学生的学号、姓名、班级信息。

```
SELECT St_ID, St_Name, Cl_Name
FROM St_Info
WHERE st_name like '_小玲%' and Cl_Name like '口腔%'
```

查询的输出结果如图 4.13 所示。

	St_ID	St_Name	Cl_Name
1	2602060107	刘小玲	口腔(七)0601

图 4.13　名为"小玲"的学生

如果要查找的字符中包含通配符，则使用 ESCAPE 转义字符功能来处理。ESCAPE 表示其后出现的第一个表示通配符的字符不再被视为通配符，而被视为普通字符对待。

【例 4.11】在 St_Info 表中，查询学生"张好然"和"郑远月"的信息。要求显示学号、姓名、班级和电话号码。注意此表中是用下划线（_）将区号与电话号码连接的。

```
SELECT St_ID, St_Name, Cl_Name,Telephone
FROM St_Info
WHERE    st_name='张好然' or st_name='郑远月'
```

若将题目修改为查询所有电话号码带区号的学生信息，则应使用语句：

```
SELECT St_ID, St_Name, Cl_Name,Telephone
FROM St_Info
WHERE Telephone like '%#_%'ESCAPE'#'        /* 定义#为转义字符*/
```

查询的输出结果如图 4.14 所示。

	St_ID	St_Name	Cl_Name	Telephone
1	0603060108	徐文文	材料科学0601	0731_20223388
2	2001060103	郑远月	法学0601	0731_88837342
3	2001060105	张好然	法学0603	010_86634234

图 4.14　使用转义字符查询

语句中使用了关键字 ESCAPE 定义"#"为转义字符，即用"#"取代"_"，这时语句中在"#"后面的"_"就失去了它原来特殊的意义。

4. 范围比较运算

在 T-SQL 中用于范围比较的关键字有 BETWEEN 和 IN。BETWEEN 一般应用于数值型数据和日期型数据，IN 一般应用于字符型数据。

当要查询的条件是某个值的范围时，可以使用 BETWEEN 关键字，语法格式如下：

```
expression [ NOT ] BETWEEN begin_expression AND end_expression
```

其中表达式 begin_expression 的值不能大于表达式 end_expression 的值。

【例 4.12】在 St_Info 表中查询 1984 年出生的学生信息。

```
SELECT * FROM St_Info WHERE Born_Date BETWEEN '1984-1-1' and '1984-12-31'
```

查询的结果如图 4.15 所示。

	St_ID	St_Name	St_Sex	Born_Date	Cl_Name	Telephone	Address	Resume	zzmm
1	2001050106	金萍	女	1984-11-06 00:00:00.000	法学0502	NULL	广西桂平市社坡福和11队	NULL	团员

图 4.15　1984 年出生的学生

【例 4.13】在 st_info 表中，查询年龄在 27～29 岁之间的学生信息。

SELECT * FROM st_info WHERE YEAR(GETDATE())-YEAR(Born_Date) BETWEEN　27 AND 29

查询的结果如图 4.16 所示。

	St_ID	St_Name	St_Sex	Born_Date	Cl_Name	Telephone	Address	Resume	zzmm
1	2001050105	邓红艳	女	1986-07-03 00:00:00.000	法学0501	NULL	广西桂林市兴安县溶江镇司门街	NULL	团员
2	2001050106	金萍	女	1984-11-06 00:00:00.000	法学0502	NULL	广西桂平市社坡镇和11队	NULL	团员
3	2001050107	吴中华	男	1985-04-10 00:00:00.000	法学0503	NULL	河北省邯郸市东街37号	NULL	团员
4	2001060103	郑远月	男	1986-06-18 00:00:00.000	法学0601	0731_88837342	湖南省邵阳市一中	2003年获市级三好学生	团员

图 4.16　年龄在 27～29 之间的学生名单

语句中的 WHERE 子句还有等价的形式，其语句格式如下：

WHERE YEAR(GETDATE())- YEAR(Born_Date)>=27 AND YEAR(GETDATE())- YEAR(Born_Date)<=29

以上子句说明也可以使用逻辑运算符运算来确定查询范围。

当要搜索在列表中的数据时，使用 IN 关键字（此关键字多用于子查询，后面章节介绍子查询），语法格式如下：

expression [NOT] IN (expression [,...n])

【例 4.14】在 st_info 表中，查询班级名称为"法学 0501"、"法学 0601"和"材料科学 0601"班的学生信息。

SELECT * FROM st_info
WHERE Cl_Name IN ('法学 0501','法学 0601','材料科学 0601')

查询的结果如图 4.17 所示。

	St_ID	St_Name	St_Sex	Born_Date	Cl_Name	Telephone	Address	Resume	zzmm
1	0603060108	徐文文	男	1987-12-10 00:00:00.000	材料科学0601	0731_20223388	湖南省长沙市韶山北路	NULL	团员
2	0603060109	黄正刚	男	1987-12-26 00:00:00.000	材料科学0601	NULL	贵州省平坝县夏云中学	NULL	团员
3	0603060110	张红飞	男	1988-03-29 00:00:00.000	材料科学0601	NULL	河南省焦作市西环路26号	NULL	团员
4	0603060111	曾莉娟	女	1987-05-13 00:00:00.000	材料科学0601	NULL	湖北省天门市多宝镇公益村六组	NULL	团员
5	2001050105	邓红艳	女	1986-07-03 00:00:00.000	法学0501	NULL	广西桂林市兴安县溶江镇司门街	NULL	团员
6	2001060103	郑远月	男	1986-06-18 00:00:00.000	法学0601	0731_88837342	湖南省邵阳市一中	2003年获市级三好学生	团员

图 4.17　使用 IN 关键字查询

5. 空值比较运算

空值表示值未知。空值不同于空白或零值，没有两个相等的空值。

当需要判定一个表达式的值是否为空时，使用 IS NULL 关键字用来测试字段值是否为空值，在查询时用"字段名 IS [NOT]NULL"的形式，而不能写成"字段名=NULL"或"字段名!=NULL"。

【例 4.15】对 st_info 表，查询所有 Telephone 为空值的学生信息。

SELECT * FROM st_info WHERE Telephone IS NULL

查询的结果如图 4.18 所示。

	St_ID	St_Name	St_Sex	Born_Date	Cl_Name	Telephone	Address	Resume	zzmm
1	0603060109	黄正刚	男	1987-12-26 00:00:00.000	材料科学0601	NULL	贵州省平坝县夏云中学	NULL	团员
2	0603060110	张红飞	男	1988-03-29 00:00:00.000	材料科学0601	NULL	河南省焦作市西环路26号	NULL	团员
3	0603060111	曾莉娟	女	1987-05-13 00:00:00.000	材料科学0601	NULL	湖北省天门市多宝镇公益村六组	NULL	团员
4	0603060201	张红飞	男	1988-03-29 00:00:00.000	材料科学0602	NULL	河南省焦作市西环路26号	NULL	团员
5	2001050105	邓红艳	女	1986-07-03 00:00:00.000	法学0501	NULL	广西桂林市兴安县溶江镇司门街	NULL	团员
6	2001050106	金萍	女	1984-11-06 00:00:00.000	法学0502	NULL	广西桂平市社坡镇和11队	NULL	团员
7	2001050107	吴中华	男	1985-04-10 00:00:00.000	法学0503	NULL	河北省邯郸市东街37号	NULL	团员
8	2001050108	王铭	男	1987-09-09 00:00:00.000	法学0504	NULL	河南省上蔡县大路李乡涧沟王村	2003年获县级三好学生	团员
9	2602060105	杨平娟	女	1988-05-20 00:00:00.000	口腔(七)0601	NULL	北京市西城区夏兴门内大街97号	NULL	团员
10	2602060106	王小维	男	1987-12-11 00:00:00.000	口腔(七)0601	NULL	泉州泉秀花园西区十二幢	NULL	团员
11	2602060107	刘小玲	女	1988-05-20 00:00:00.000	口腔(七)0601	NULL	厦门市前埔二里42号0306室	NULL	团员
12	2602060108	何郁阳	男	1987-06-01 00:00:00.000	口腔(七)0601	NULL	广东省韶关市武江北江中学	NULL	团员

图 4.18　所有 Telephone 为空值的学生信息

4.2.3　查询结果处理

使用 SELECT 语句完成查询工作后，所查询的结果默认显示在屏幕上，若需要对这些查询结果进行处理，可使用 SELECT 的其他子句配合操作。

1.　排序输出（ORDER BY）

SELECT 的查询结果是按查询过程中的自然顺序给出的，因此查询结果通常无序，如果希望查询结果有序输出，需要用 ORDER BY 子句配合，其语法格式如下：

　　　　ORDER BY order_by_expression1[ASC|DESC][,order_by_expression2[ASC|DESC]] [,…]]

参数说明：

（1）order_by_expression 代表排序选项，可以是字段名和数字。字段名必须是主 SELECT 子句的选项，当然是所操作的表中的字段。数字是表的列序号，第 1 列为 1。

（2）ASC 指定的排序项按升序排列。

（3）DESC 指定的排序项按降序排列。

在默认情况下，ORDER BY 按升序进行排序即默认使用的是 ASC 关键字。如果用户特别要求按降序进行排序，必须使用 DESC 关键字。

【例 4.16】对 st_info 表，按性别顺序列出学生的信息，性别相同的再按年龄由小到大排序。

　　　　SELECT * FROM st_info ORDER BY St_Sex,Born_Date DESC

查询的结果如图 4.19 所示。

	St_ID	St_Name	St_Sex	Born_Date	CI_Name	Telephone	Address	Resume	zzmm
1	0603060110	张红飞	男	1988-03-29 00:00:00.000	材料科学0601	NULL	河南省焦作市西环路26号	NULL	团员
2	0603060201	张红飞	男	1988-03-29 00:00:00.000	材料科学0602	NULL	河南省焦作市西环路26号	NULL	团员
3	0603060109	黄正刚	男	1987-12-26 00:00:00.000	材料科学0601	NULL	贵州省平坝县夏云中学	NULL	团员
4	2602060106	王小维	男	1987-12-11 00:00:00.000	口腔(七)0601	NULL	泉州泉秀花园西区十二幢	NULL	团员
5	0603060108	徐文文	男	1987-12-10 00:00:00.000	材料科学0601	0731_20223388	湖南省长沙市韶山北路	NULL	团员
6	2001050108	王铭	男	1987-09-09 00:00:00.000	法学0504	NULL	河南省上蔡县大路李乡涧沟王村	2003年获县级三好学生	团员
7	2001060104	张力明	男	1987-08-29 00:00:00.000	法学0602	8834123	安徽省太湖县北中镇柳山村	NULL	团员
8	2602060108	何邵阳	男	1987-06-01 00:00:00.000	口腔(七)0601	NULL	广东省韶关市广东北江中学	NULL	团员
9	2001060103	郑远月	男	1986-06-18 00:00:00.000	法学0601	0731_88837342	湖南省邵阳市一中	2003年获市级三好学生	团员
10	2001050107	吴中华	男	1985-04-10 00:00:00.000	法学0503	NULL	河北省邯郸市东街37号	NULL	团员
11	2001060106	李娜	女	1988-10-21 00:00:00.000	法学0604	13518473581	重庆市黔江中学	NULL	团员
12	2602060105	杨平娟	女	1988-05-20 00:00:00.000	法学0601	NULL	北京市西城区复兴门内大街97号	NULL	团员
13	2602060107	刘小玲	女	1988-05-20 00:00:00.000	口腔(七)0601	NULL	厦门市前埔二里42号306室	NULL	团员
14	2001060105	张妤然	女	1988-04-19 00:00:00.000	法学0603	010_86634234	北京市西城区新街口外大街34号	NULL	团员
15	0603060111	曾莉娟	女	1987-05-13 00:00:00.000	材料科学0601	NULL	湖北省天门市多宝镇公益村六组	NULL	团员
16	2001050105	邓红艳	女	1986-07-03 00:00:00.000	法学0501	NULL	广西桂林市兴安县溶江镇司门街	NULL	团员
17	2001050106	金萍	女	1984-11-06 00:00:00.000	法学0502	NULL	广西桂平市社坡福和11队	NULL	团员

图 4.19　结果的排序输出

2.　重定向输出（INTO）

INTO 子句用于把查询结果存放到一个新建的表中，其语法格式如下：

　　　　INTO new_table

参数 new_table 指定了新建的表的名称，新表的列由 SELECT 子句中指定的列构成。新表中的数据行是由 WHERE 子句指定的，但如果 SELECT 子句中指定了计算列在新表中对应的列，则不是计算列而是一个实际存储在表中的列。其中的数据由执行 SELECT…INTO 语句时计算得出。

注意： 执行带 INTO 子句的 SELECT 语句，必须在目标数据库中具有 CREATE TABLE 权限。

【例 4.17】对 s_c_info 表，查询选修"大学计算机基础"（课程号为"9710011"）课程的所有学生信息，并将结果存入 newstudent 表中。

> SELECT st_id 学号,c_no 大学计算机基础,score 成绩　INTO newstudent
> FROM s_c_info
> WHERE c_no= '9710011'

注意： 由于在 s_c_info 表中无课程名，只有课程号。要查找选修了"大学计算机基础"课程的学生信息，可以根据课程号来进行，而"大学计算机基础"课程的课程号为"9710011"。

通过 INTO 子句创建的新表 newstudent 的结果集如图 4.20 所示。

	学号	大学计算机基础	成绩
1	2001050105	9710011	88
2	2001050106	9710011	89
3	2001050107	9710011	76
4	2001050108	9710011	66

图 4.20　newstudent 表的结果集

3. 输出合并（UNION）

合并查询就是使用 UNION 操作符将来自不同查询的数据组合起来，形成一个具有综合信息的查询结果，UNION 操作会自动将重复的数据行剔除。必须注意的是，参加合并查询的各子查询使用的表结构应该相同，即各子查询中的数据数目和对应的数据类型都必须相同。

其语法格式如下：

> [UNION [ALL] <SELECT 语句>]

参数说明：

ALL：表示结果全部合并。若没有 ALL，则重复的记录将被自动去掉。合并的规则是：

（1）不能合并子查询的结果。

（2）两个 SELECT 语句必须输出同样的列数。

（3）两个表各相应列的数据类型必须相同，数字和字符不能合并。

（4）仅最后一个 SELECT 语句中可以用 ORDER BY 子句，且排序选项必须依据第一个 SELECT 列表中的列。

【例 4.18】 对 c_info 表，列出课程编号为"9710011"或"9720033"的课程名称和学分。

> SELECT c_name,c_credit FROM c_info WHERE c_no='9710011'
> UNION
> SELECT c_name,c_credit FROM c_info WHERE c_no='9720033'

查询的结果如图 4.21 所示。

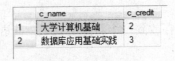

	c_name	c_credit
1	大学计算机基础	2
2	数据库应用基础实践	3

图 4.21　结果的合并输出

4. 分组统计（GROUP BY）与筛选（HAVING）

使用 GROUP BY 子句可以对查询结果进行分组，其语法格式如下：

> GROUP BY group_by_expression1 [,group_by_expression2][,...]

参数说明：

group_by_expression：是分组选项，既可以是字段名，也可以是分组选项的序号（第 1 个分组选项的序号为 1）。

GROUP BY 子句可以将查询结果按指定列进行分组，该列值相等的记录为一组。通常，在每组中通过聚合函数来计算一个或多个列。若在分组后还要按照一定的条件进行筛选，则需使用 HAVING 子句，其语法格式如下：

　　　　HAVING <search_condition>

参数说明：

<search_condition>：指定组或聚合应满足的搜索条件。

HAVING 子句与 WHERE 子句一样，也可以起到按条件选择记录的功能，但两个子句作用对象不同，WHERE 子句作用于基本表，而 HAVING 子句作用于组，必须与 GROUP BY 子句连用，用来指定每一分组内应满足的条件。HAVING 子句与 WHERE 子句不矛盾，在查询中先用 WHERE 子句选择记录，然后进行分组，最后再用 HAVING 子句选择记录。当然，GROUP BY 子句也可单独出现。

【例 4.19】对 st_info 表，分别统计男女学生人数。

　　　　SELECT st_sex,COUNT(st_sex) FROM st_info GROUP BY st_sex

查询的结果如图 4.22 所示。

	st_sex	(无列名)
1	男	10
2	女	7

图 4.22　男女学生人数

【例 4.20】对 s_c_info 表，分别统计选修各门课程学生的人数。

　　　　SELECT c_no,COUNT(*) as 人数 FROM s_c_info GROUP BY c_no

查询的结果如图 4.23 所示。

	c_no	人数
1	29000011	4
2	9710011	4
3	9710021	1
4	9710041	4
5	9720013	4

图 4.23　选修各门课程学生的人数

【例 4.21】对 s_c_info 表，查询平均成绩大于 80 的课程编号和平均成绩。

　　　　SELECT c_no, AVG(score) as 平均成绩 FROM s_c_info GROUP BY c_no HAVING AVG(score)>=80

查询的结果如图 4.24 所示。

	c_no	平均成绩
1	29000011	87
2	9720013	87

图 4.24　平均成绩大于 80 的课程编号和平均成绩

5. 使用 COMPUTE 和 COMPUTE BY 子句汇总

使用 COMPUTE 子句可以在查询的结果集中生成汇总行的同时生成明细行。可以计算子组的汇总值，也可以计算整个结果集的汇总值。使用 COMPUTE BY 子句可以对结果集数据进行分组统计，即计算分组的汇总值。

COMPUTE 和 COMPUTE BY 子句的语法格式如下：

```
COMPUTE row_aggregate(column_name) [,row_aggregate(column_name)...]
[BY column_name[, column_name. . . ]]
```

参数 row_aggregate 表示行聚合函数，如 AVG()、COUNT()、MAX()、MIN()和 SUM()等。

COMPUTE 子句生成合计作为附加的汇总列出现在结果集的最后。当与 BY 一起使用时，COMPUTE 子句在结果集内对指定列进行分类汇总。可在同一查询内指定 COMPUTE BY 和 COMPUTE 子句。

【例 4.22】列出 st_info 表中"材料科学 0601"班学生的年龄及平均年龄（即年龄的明细行和汇总行）。

```
SELECT st_id,YEAR(GETDATE())- YEAR(born_date) as 年龄
 FROM st_info
WHERE cl_name = '材料科学 0601'
 ORDER BY st_id
 COMPUTE avg(YEAR(GETDATE())- YEAR(born_date))
```

查询的结果如图 4.25 所示。

图 4.25　将查询结果生成汇总行和明细行

【例 4.23】对 st_info 表中"材料科学 0601"和"口腔（七）0601"班学生的年龄，生成分组汇总行和明细行。

```
SELECT st_id,YEAR(GETDATE())- YEAR(born_date) as 年龄
 FROM st_info
WHERE cl_name = '材料科学 0601' OR cl_name ='口腔（七）0601'
 ORDER BY cl_name
 COMPUTE sum(YEAR(GETDATE())- YEAR(born_date))　BY cl_name
```

查询的结果如图 4.26 所示。

图 4.26　将查询结果生成分组汇总行和明细行

使用 COMPUTE 和 COMPUTE BY 子句时，需要注意以下几个问题：

（1）DISTINCT 关键字不能与聚合函数一起使用。

（2）COMPUTE 子句中指定的列必须是 SELECT 子句中已有的。

（3）因为 COMPUTE 子句产生非标准行，所以 COMPUTE 子句不能与 SELECT INTO 子句一起使用。

（4）COMPUTE BY 必须与 ORDER BY 子句一起使用，且 COMPUTE BY 中指定的列必须与 ORDER BY 子句中指定的列相同，或者为其子集，而且两者之间从左到右的顺序也必须相同。

（5）在 COMPUTE 子句中，不能使用 ntext、text 或 image 数据类型。

4.3　嵌套查询

有时候一个 SELECT 查询语句无法完成查询任务，而需要另一个查询语句 SELECT 的结果作为查询的条件，即需要在一个查询语句 SELECT 的 WHERE 子句中出现另一个查询语句 SELECT，这种查询称为嵌套查询。在嵌套查询中处于内层的查询称为子查询，处于外层的查询称为父查询。任何允许使用表达式的地方都可以使用子查询。嵌套查询是 T-SQL 语言的高级查询，它可以用多个简单的基本查询构成复杂的查询，从而增强其查询功能。

SQL Server 允许多层嵌套查询。嵌套查询一般的查询方法是由内向外进行处理，即每个子查询在上一级查询处理之前处理，子查询查询的返回结果可以是单值，也可以是多值。即在 SQL Server 中存在单值嵌套查询和多值嵌套查询。需要注意的是，子查询中所存取的表可以是父查询没有存取的表，子查询选出的记录不显示。在子查询的查询语句 SELECT 中不能使用 ORDER BY 子句，ORDER BY 子句只能对最终查询结果排序。

4.3.1　单值嵌套查询

子查询的返回结果是一个值的嵌套查询，称为单值嵌套查询。

【例 4.24】对于 student_db 数据库，查询选修"大学计算机基础"课程的所有学生的学号和成绩。

```
SELECT st_id,score
FROM s_c_info
WHERE c_no=(SELECT c_no FROM c_info WHERE c_name='大学计算机基础')
```

查询的结果如图 4.27（a）所示。

语句的执行分两个过程：首先在内查询（子查询）中找出课程名为"大学计算机基础"的课程号 c_no(9710011)，如图 4.27（b）所示；然后再在外查询中找出课程编号 c_no 等于"9710011"的记录，查询这些记录的学号和成绩。

	st_id	score
1	2001050105	88
2	2001050106	89
3	2001050107	76
4	2001050108	66

	c_no
1	9710011

（a）选修"大学计算机基础"的所有学生的学号和成绩　　　（b）例 4.24 的子查询结果集

图 4.27　例 4.24 的查询结果

4.3.2 多值嵌套查询

子查询的返回结果是一列值的嵌套查询，称为多值嵌套查询。若某个子查询的返回值不止一个，则必须在 WHERE 子句中指明应怎样使用这些返回值。通常使用条件运算符 ANY（或 SOME）、ALL 和 IN（参见第 1 章表 1.14）。

1. 使用 ANY 运算符

ANY（或 SOME）运算符指定子查询结果集中某个值满足比较条件时就返回 TRUE，否则返回 FALSE。

【例 4.25】对 student_db 数据库，查询选修"9710011"即"大学计算机基础"课程的学生的成绩比选修"29000011"即"体育"的学生的最低成绩高的学生的学号和成绩。

```
SELECT st_id,score
FROM s_c_info
WHERE c_no='9710011' and score>ANY (SELECT score FROM s_c_info WHERE c_no='29000011')
```

查询的结果如图 4.28（a）所示。

该查询首先找出选修课程编号为"29000011"的所有学生的成绩（如图 4.28（b）所示，此结果是一个列表），然后在课程编号为"9710011"的学生中选出其成绩高于课程编号为"29000011"的任何一个学生的成绩（即高于 77）的那些学生。

	st_id	score
1	2001050105	88
2	2001050106	89

	score
1	77
2	97
3	92
4	83

　（a）多值嵌套查询中 ANY 运算符的用法　　　　　　（b）例 4.25 中子查询结果

图 4.28　例 4.25 的查询结果

2. 使用 ALL 运算符

ALL 运算符指定子查询结果集中每个值都满足比较条件时返回 TRUE，否则返回 FALSE。

【例 4.26】对 student_db 数据库，列出选修"29000011"即"体育"的学生的成绩比选修"9710011"即"大学计算机基础"的学生的最高成绩还要高的学生的学号和成绩。

```
SELECT st_id,score
 FROM s_c_info
WHERE c_no='29000011' and score>ALL (SELECT score FROM s_c_info WHERE c_no='9710011')
```

查询的结果如图 4.29（a）所示。

该查询首先找出选修课程编号为"9710011"的所有学生的成绩（图 4.29（b）），然后在课程编号为"29000011"的学生中选出其成绩高于课程编号为"9710011"的所有学生的成绩（即高于 89）的那些学生。

	st_id	score
1	2602060106	97
2	2602060107	92

	score
1	88
2	89
3	76
4	66

　（a）多值嵌套查询中 ALL 运算符的用法　　　　　　（b）例 4.26 中子查询结果

图 4.29　例 4.26 的查询结果

3．使用 IN 运算符

IN 是属于的意思，等价于"=ANY"，即等于子查询中任何一个值。

【例 4.27】对 student_db 数据库，列出选修"29000011"即"体育"或选修"9710011"即"大学计算机基础"的学生学号和成绩。

```
SELECT st_id,score
 FROM s_c_info
WHERE c_no IN   (SELECT c_no FROM c_info WHERE c_name='大学计算机基础' OR c_name='体育')
```

查询的结果如图 4.30（a）所示。

该查询首先在 c_info 表中找出"大学计算机基础"或"体育"的课程号 c_no（如图 4.30（b）所示），然后在 s_c_info 表中查找 c_no 属于所指两个课程的那些记录。

	st_id	score
1	2001050105	88
2	2001050106	89
3	2001050107	76
4	2001050108	66
5	2602060105	77
6	2602060106	97
7	2602060107	92
8	2602060108	83

	c_no
1	29000011
2	9710011

（a）多值嵌套查询中 IN 运算符的用法　　　　　　　（b）例 4.27 中子查询结果

图 4.30　例 4.27 的查询结果

4.4　连接查询

在数据查询中，经常涉及提取两个或多个表的数据。涉及多个表的查询称为连接查询（多表查询）。通过连接可以为不同实体创建新的数据表，这样就可以使用新表中的数据来查询其他表的数据。通过连接运算符可以实现多表查询，它是关系数据库模型的主要特点，也是区别于其他类型数据库管理系统的一个标志。连接查询既是 T-SQL 中的高级查询也是复杂查询。

连接可分为自连接、内连接、外连接和交叉连接等。连接的条件可以在 FROM 或 WHERE 子句中指定。在 FROM 子句中指定连接的条件，有助于将连接操作与 WHERE 子句中的搜索条件区分开来。所以，在 T-SQL 中推荐使用这种方法。

FROM 子句连接的语法格式如下：

```
FROM join_table [join_type] JOIN join_table ON join_condition
```

参数说明：

（1）join_table：指出参与连接操作的表名，连接可以对同一个表操作，也可以对多表操作。

（2）join_type：指出连接类型，可分为 3 种：内连接、外连接和交叉连接。

（3）ON join_condition：指出连接条件，它由被连接表中的列和比较运算符、逻辑运算符等组成。

4.4.1　自连接

自连接（Self join）是指一个表自己与自己建立连接，也称为自身连接。若要在一个表中找具有相同列值的行，则可使用自连接。使用自连接时需要为表指定两个别名，且对所有列的引用均要用别名限定。

【例 4.28】查询选修"大学计算机基础"（9710011）课程的成绩高于学号为"2001050108"学生的成绩的所有学生信息，并按成绩从高到低排列。

```
SELECT   x.*
FROM s_c_info x , s_c_info y              /*将成绩表 s_c_info 分别取别名为 x 和 y*/
WHERE x.c_no='9710011' and x.score>y.score and y.st_id='2001050108' and y.c_no='9710011'
ORDER BY x.score DESC
```

查询的结果如图 4.31 所示。

	St_ID	C_No	Score
1	2001050106	9710011	89
2	2001050105	9710011	88
3	2001050107	9710011	76

图 4.31   自连接查询

语句中，将 s_c_info 表看做 x 和 y 两个独立的表，从 y 表中选出的学号为"2001050108"的学生选修了"9710011"这门课的记录。

4.4.2   内连接

内连接（Inner join）使用比较运算符进行表间某（些）列数据的比较操作，并列出这些表中与连接条件相匹配的数据行。根据所使用的比较方式不同，内连接又分为等值连接和不等值连接两种。

1. 等值连接

在连接条件中使用等号"="运算符比较被连接列的列值，按对应列的共同值将一个表中的记录与另一个表中的记录相连接，包括其中的重复列，这种连接称为等值连接。

【例 4.29】在 student_db 数据库中，查询所有选课学生的学号、所选课程的名称和成绩。

```
SELECT x.st_id,y.c_name,x.score
FROM S_C_Info x, C_Info y
WHERE x.c_no=y.c_no              /*在 WHERE 子句中给出等值连接查询条件*/
```

查询的结果如图 4.32 所示。

	st_id	c_name	score
1	0603060108	VB程序设计基础	56
2	0603060108	C++程序设计基础	67
3	0603060109	C++程序设计基础	78
4	0603060110	C++程序设计基础	52
5	0603060111	C++程序设计基础	99
6	2001050105	大学计算机基础	88
7	2001050105	大学计算机基础实践	90
8	2001050106	大学计算机基础	89
9	2001050106	大学计算机基础实践	93
10	2001050107	大学计算机基础	76
11	2001050107	大学计算机基础实践	77
12	2001050108	大学计算机基础	66
13	2001050108	大学计算机基础实践	88
14	2602060105	体育	77
15	2602060106	体育	97
16	2602060107	体育	92
17	2602060108	体育	83

图 4.32   等值连接查询

【例 4.30】在 student_db 数据库中，查询男学生的选课情况，要求列出学号、姓名、性别、课程名、课程号和成绩。

```
SELECT a.st_id, a.st_name,a.st_sex,c.c_name ,b.c_no,b.score
FROM st_info a INNER JOIN s_c_info b ON a.st_id = b.st_id   /*可省略 INNER 关键字 */
INNER JOIN c_info c ON b .c_no = c .c_no
WHERE (a.st_sex = '男')
```

查询的结果如图 4.33 所示。

	st_id	st_name	st_sex	c_name	c_no	score
1	0603060108	徐文文	男	VB程序设计基础	9710021	56
2	0603060108	徐文文	男	C++程序设计基础	9710041	67
3	0603060109	黄正刚	男	C++程序设计基础	9710041	78
4	0603060110	张红飞	男	C++程序设计基础	9710041	52
5	2001050107	吴中华	男	大学计算机基础	9710011	76
6	2001050107	吴中华	男	大学计算机基础实践	9720013	77
7	2001050108	王铭	男	大学计算机基础	9710011	66
8	2001050108	王铭	男	大学计算机基础实践	9720013	88
9	2602060106	王小维	男	体育	29000011	97
10	2602060108	何邵阳	男	体育	29000011	83

图 4.33　男学生选课情况查询结果

例 4.30 是在 FROM 子句中使用关键字 INNER JOIN 进行连接，连接条件表达式 a.st_id = b.st_id 为等值比较，在 WHERE 子句中给出查询条件 a.st_sex = '男'，实现查询。

【例 4.31】在 student_db 数据库中，查询学生的选课情况。要求列出选课表 s_c_info 中的所有列，学生信息表 st_info 中的学生姓名 st_name 列。

```
SELECT a.st_name, b.*
 FROM st_info a INNER JOIN s_c_info b ON a.st_id =b.st_id
```

查询的结果如图 4.34 所示。

	st_name	St_ID	C_No	Score
1	徐文文	0603060108	9710021	56
2	徐文文	0603060108	9710041	67
3	黄正刚	0603060109	9710041	78
4	张红飞	0603060110	9710041	52
5	曾莉娟	0603060111	9710041	99
6	邓红艳	2001050105	9710011	88
7	邓红艳	2001050105	9720013	90
8	金萍	2001050106	9710011	89
9	金萍	2001050106	9720013	93
10	吴中华	2001050107	9710011	76
11	吴中华	2001050107	9720013	77
12	王铭	2001050108	9710011	66
13	王铭	2001050108	9720013	88
14	杨平娟	2602060105	29000011	77
15	王小维	2602060106	29000011	97
16	刘小玲	2602060107	29000011	92
17	何邵阳	2602060108	29000011	83

图 4.34　自然连接

例 4.31 指定了学生信息表中需要返回的列（st_name），删除了学号（st_id）重复的列，使用"a.st_id=b.st_id"表达式进行等值连接。这种连接是等值连接的特殊情况，称为自然连接。也就是说，在进行等值连接时，删除重复列的连接称为自然连接。

2. 不等值连接

在连接条件中使用除等于运算符以外的其他比较运算符比较被连接的列的列值，这种连接称为不等值连接。不等值连接使用的运算符包括>、>=、<=、<、!>、!<和<>。

【例 4.32】对例 4.28 中要求的查询，使用以下语句实现。

```
SELECT a.st_id,a.score
FROM s_c_info a INNER JOIN s_c_info b ON   a.score>b.score AND a.c_no=b.c_no
WHERE   ( b.st_id='2001050108' ) AND (b.c_no='9710011')
ORDER BY a.score DESC
```

例 4.32 的查询语句，是在 FROM 子句中使用表达式 "a.score>b.score" 进行不等值连接；在 WHERE 子句中使用表达式 "b.st_id='2001050108' AND b.c_no='9710011'" 作为查询条件进行查询的。

由此可知，在 SQL Server 中实现一个查询，编写的数据查询语句可以有多种不同形式。无论采用哪种形式，编写的语句都应从简单、易读、操作方便等多方面考虑。

4.4.3 外连接

外连接（Outer join）分为左外连接（Left outer join）、右外连接（Right outer join）和全外连接（Full outer join）3 种。在内连接查询时，返回查询结果集合中的仅是符合查询条件（WHERE 搜索条件或 HAVING 条件）和连接条件的行。而采用外连接时，它返回到查询结果集合中的不仅包含符合连接条件的行，而且还包括左表（左外连接时）、右表（右外连接时）或两个连接表（全外连接）中的所有数据行。

1. 左外连接

左外连接使用 LEFT OUTER JOIN 关键字进行连接。左外连接保留了第一个表的所有行，但只包含第二个表与第一个表匹配的行。第二个表相应的空行被放入 NULL 值。

【例 4.33】st_info 表左外连接 s_c_info 表。

```
SELECT a.st_id,a.st_name, b.c_no,b.score
FROM st_info a LEFT OUTER JOIN s_c_info b ON a.st_id = b.st_id
```

查询的结果如图 4.35 所示。

	st_id	st_name	c_no	score
1	0603060108	徐文文	9710021	56
2	0603060108	徐文文	9710041	67
3	0603060109	黄正刚	9710041	78
4	0603060110	张红飞	9710041	52
5	0603060111	曾莉娟	9710041	99
6	0603060201	张红飞	NULL	NULL
7	2001050105	邓红艳	9710011	88
8	2001050105	邓红艳	9720013	90
9	2001050106	金萍	9710011	89
10	2001050106	金萍	9720013	93
11	2001050107	吴中华	9710011	76
12	2001050107	吴中华	9720013	77
13	2001050108	王铭	9710011	66
14	2001050108	王铭	9720013	88
15	2001060103	郑远月	NULL	NULL
16	2001060104	张力明	NULL	NULL
17	2001060105	张好然	NULL	NULL
18	2001060106	李娜	NULL	NULL
19	2602060105	杨平娟	29000011	77
20	2602060106	王小维	29000011	97
21	2602060107	刘小玲	29000011	92
22	2602060108	何邵阳	29000011	83

图 4.35 st_info 表与 s_c_info 表的左外连接

例 4.33 中左外连接用于两个表（st_info、s_c_info）中，它限制表 s_c_info 中的行，而不限制表 st_info 中的行。也就是说，在左外连接中，表 st_info 中不满足条件的行也显示出来。在返回结果中，所有不符合连接条件的数据行中的列值均为 NULL。

2. 右外连接

右外连接使用 RIGHT OUTER JOIN 关键字进行连接。右外连接通过右向外连接引用右表的所有行。

【例 4.34】st_info 表右外连接 s_c_info 表。

为了说明方便，先在 s_c_info 表中插入一条选课信息，此信息的学号在 st_info 表中不存在。

    INSERT INTO s_c_info (st_id,c_no,score) VALUES ('2001060155', '29000011',100)

注意：以上信息若要插入，必须是在选课信息表 s_c_info 没建主键，并且数据库没建关系图的前提下才可以插入，否则系统报错。因为它违反了主键约束和外键引用约束的规则。

    SELECT a.st_id, a.st_name,b.c_no, b.score
    FROM st_info a RIGHT OUTER JOIN s_c_info b ON a.st_id = b.st_id

查询的结果如图 4.36 所示。

	st_id	st_name	c_no	score
1	0603060108	徐文文	9710021	56
2	0603060108	徐文文	9710041	67
3	0603060109	黄正刚	9710041	78
4	0603060110	张红飞	9710041	52
5	0603060111	曾莉娟	9710041	99
6	NULL	NULL	29000011	100
7	2001050105	邓红艳	9710011	88
8	2001050105	邓红艳	9720013	90
9	2001050106	金萍	9710011	89
10	2001050106	金萍	9720013	93
11	2001050107	吴中华	9710011	76
12	2001050107	吴中华	9720013	77
13	2001050108	王铭	9710011	66
14	2001050108	王铭	9720013	88
15	2602060105	杨平娟	29000011	77
16	2602060106	王小维	29000011	97
17	2602060107	刘小玲	29000011	92
18	2602060108	何邵阳	29000011	83

图 4.36　st_info 表与 s_c_info 表的右外连接

例 4.34 中右外连接用于两个表（st_info、s_c_info）中，右外连接限制表 st_info 中的行，而不限制表 s_c_info 中的行。也就是说，在右外连接中，s_c_info 表不满足条件的行也显示出来了。

执行此语句可发现，SELECT 语句的输出结果是 s_c_info 表中的所有记录，st_info 表中不符合连接条件的记录以 NULL 代替。

3. 全外连接

全外连接使用 FULL OUTER JOIN 关键字连接，它返回两个表的所有行。不管两个表的行是否满足连接条件，均返回查询结果集。对不满足连接条件的记录，另一个表相对应字段用 NULL 代替。

【例 4.35】st_info 表全外连接 s_c_info 表。

    SELECT st_info.st_id, st_info.st_name,s_c_info.c_no, s_c_info.score
    FROM st_info FULL OUTER JOIN s_c_info ON st_info.st_id = s_c_info.st_id

查询的结果如图 4.37 所示。

	st_id	st_name	c_no	score
1	0603060108	徐文文	9710021	56
2	0603060108	徐文文	9710041	67
3	0603060109	黄正刚	9710041	78
4	0603060110	张红飞	9710041	52
5	0603060111	曾莉娟	9710041	99
6	0603060201	张红飞	NULL	NULL
7	2001050105	邓红艳	9710011	88
8	2001050105	邓红艳	9720013	90
9	2001050106	金萍	9710011	89
10	2001050106	金萍	9720013	93
11	2001050107	吴中华	9710011	76
12	2001050107	吴中华	9720013	77
13	2001050108	王铭	9710011	66
14	2001050108	王铭	9720013	88
15	2001060103	郑远月	NULL	NULL
16	2001060104	张力明	NULL	NULL
17	2001060105	张好然	NULL	NULL
18	2001060106	李娜	NULL	NULL
19	2602060105	杨平娟	29000011	77
20	2602060106	王小维	29000011	97
21	2602060107	刘小玲	29000011	92
22	2602060108	何邵阳	29000011	83
23	NULL	NULL	29000011	100

图 4.37　st_info 表全外连接 s_c_info 表

4.4.4　交叉连接

交叉连接（Cross join）没有 WHERE 子句，它返回连接表中所有数据行的笛卡尔积。笛卡尔积结果集的大小为第一个表的行数乘以第二个表的行数。交叉连接使用关键字 CROSS JOIN 进行连接。

【例 4.36】将 st_info 表和 c_info 表进行交叉连接。

　　　SELECT st_Info.st_Name ,c_info.*　FROM st_Info CROSS JOIN　c_Info

查询的结果如图 4.38 所示。

图 4.38　st_info 表与 c_info 表的交叉连接

与它等价的语句还有：

　　　SELECT st_Info.st_Name ,c_info.* FROM st_Info , c_Info

因为 st_info 表中有 17 行数据，c_info 表中有 13 行数据，所以最后的结果表中的行数是 17*13=221 行。

习题4

一、思考题

（1）在 SQL 的查询语句 SELECT 中，使用什么选项实现投影运算？使用什么选项实现连接运算？使用什么选项实现选择运算？

（2）以一个子 SELECT 的结果作为查询的条件，即在一个 SELECT 语句的 WHERE 子句中出现另一个 SELECT 语句，这种查询称为什么查询？其功能是什么？

（3）在 SELECT 语句中，定义一个区间范围的特殊运算符是什么？检查一个属性值是否属于一组值中的特殊运算符又是什么？

（4）在 T-SQL 语句中，与表达式"工资 BETWEEN 2000 AND 5000"功能相同的表达式如何写？

（5）语句"SELECT * FROM 成绩表 WHERE 成绩>(SELECT avg(成绩) FROM 成绩表)"的功能是什么？

二、选择题

（1）在 SELECT 语句中，需显示的内容使用"*"表示（　　　）。

　　A. 选择任何属性　　　　　　　　　B. 选择所有属性

　　C. 选择所有元组　　　　　　　　　D. 选择主键

（2）查询时要去掉重复的元组，则在 SELECT 语句中使用（　　　）。

　　A. ALL　　　　　　　　　　　　　B. UNION

　　C. LIKE　　　　　　　　　　　　　D. DISTINCT

（3）在 SELECT 语句中使用 GROUP　BY　C_NO 时，C_NO 必须（　　　）。

　　A. 在 WHERE 子句中出现　　　　　B. 在 FROM 子句中出现

　　C. 在 SELECT 子句中出现　　　　　D. 在 HAVING 子句中出现

（4）使用 SELECT 语句进行分组查询时，为了去掉不满足条件的分组，应当（　　　）。

　　A. 使用 WHERE 子句

　　B. 在 GROUP BY 后面使用 HAVING 子句

　　C. 先使用 WHERE 子句，再使用 HAVING 子句

　　D. 先使用 HAVING 子句，再使用 WHERE 子句

（5）在 T-SQL 语句中，与表达式"仓库号 Not In("wh1","wh2")"功能相同的表达式是（　　　）。

　　A. 仓库号="wh1" And　仓库号="wh2"

　　B. 仓库号<>"wh1" Or　仓库号<>"wh2"

　　C. 仓库号<>"wh1" Or　仓库号="wh2"

　　D. 仓库号<>"wh1" And　仓库号<>"wh2"

从下题开始使用以下 3 个表：

部门：部门号 Char (8),部门名 Char (12),负责人 Char (6),电话 Char (16)

职工：部门号 Char (8),职工号 C har(10),姓名 Char (8),性别 Char (2),出生日期 Datetime

工资：职工号 Char (10),基本工资 Numeric (8,2),津贴 Numeric (8,2),奖金 Numeric (8,2),扣除 Numeric (8,2)

（6）查询职工实发工资的正确命令是（　　　）。

    A．SELECT 姓名,(基本工资+津贴+奖金-扣除) AS 实发工资 FROM 工资

    B．SELECT 姓名,(基本工资+津贴+奖金-扣除) AS 实发工资 FROM 工资 WHERE 职工.职工号=工资.职工号

    C．SELECT 姓名,(基本工资+津贴+奖金-扣除) AS 实发工资 FROM 工资,职工 WHERE 职工.职工号=工资.职工号

    D．SELECT 姓名,(基本工资+津贴+奖金-扣除) AS 实发工资 FROM 工资 JOIN 职工 WHERE 职工.职工号=工资.职工号

（7）查询 1972 年 10 月 27 日出生的职工信息的正确命令是（　　　）。

    A．SELECT * FROM 职工 WHERE 出生日期={1972-10-27}

    B．SELECT * FROM 职工 WHERE 出生日期=1972-10-27

    C．SELECT * FROM 职工 WHERE 出生日期="1972-10-27"

    D．SELECT * FROM 职工 WHERE 出生日期='1972-10-27'

（8）查询每个部门年龄最长者的信息，要求得到的信息包括部门名和最长者的出生日期，正确的命令是（　　　）。

    A．SELECT 部门名,min(出生日期) FROM 部门 JOIN 职工 ON 部门.部门号=职工.部门号 GROUP BY 部门名

    B．SELECT 部门名,max(出生日期) FROM 部门 JOIN 职工 ON 部门.部门号=职工.部门号 GROUP BY 部门名

    C．SELECT 部门名,min(出生日期) FROM 部门 JOIN 职工 WHERE 部门.部门号=职工.部门号 GROUP BY 部门名

    D．SELECT 部门名,max(出生日期) FROM 部门 JOIN 职工 WHERE 部门.部门号=职工.部门号 GROUP BY 部门名

（9）查询所有目前年龄在 35 岁以上（不含 35 岁）的职工信息（姓名、性别和年龄），正确的命令是（　　　）。

    A．SELECT 姓名,性别,YEAR(GETDATE())-YEAR(出生日期) AS 年龄 FROM 职工 WHERE 年龄>35

    B．SELECT 姓名,性别,YEAR(GETDATE())-YEAR(出生日期) AS 年龄 FROM 职工 WHERE YEAR(出生日期)>35

    C．SELECT 姓名,性别,YEAR(GETDATE())-YEAR(出生日期) AS 年龄 FROM 职工 WHERE YEAR(GETDATE())-YEAR(出生日期)>35

    D．SELECT 姓名,性别,年龄=YEAR(GETDATE())-YEAR(出生日期) FROM 职工 WHERE 出生日期>35

（10）查询有 10 名以上（含 10 名）职工的部门信息（部门名和职工人数），并按职工人数降序排序。正确的命令是（　　　）。

    A．SELECT 部门名,COUNT(职工号) AS 职工人数 FROM 部门,职工 WHERE 部门.部门号=职工.部门号 GROUP BY 部门名 HAVING COUNT(*)>=10 ORDER BY COUNT(职工号) ASC

B. SELECT 部门名,COUNT(职工号) AS 职工人数 FROM 部门,职工 WHERE 部门.部门号=职工.部门号 GROUP BY 部门名 HAVING COUNT(*)>=10 ORDER BY St_Info.St_ID DESC

C. SELECT 部门名,COUNT(职工号) AS 职工人数 FROM 部门,职工 WHERE 部门.部门号=职工.部门号 GROUP BY 部门名 HAVING COUNT(*)>=10　ORDER BY 职工人数 ASC

D. SELECT 部门名,COUNT(职工号) AS 职工人数 FROM 部门,职工 WHERE 部门.部门号=职工.部门号 GROUP BY 部门名 HAVING COUNT(*)>=10 ORDER BY 职工人数 DESC

第5章 索引与视图

学习目标

- **了解**：SQL Server 数据库索引的基本概念和分类；SQL Server 数据库视图的概念。
- **理解**：SQL Server 数据库索引的分类、视图的作用和限制规定。
- **掌握**：SQL Server 数据库索引与视图的创建、查看、修改、删除的操作方法。

5.1 索引

在 SQL Server 2008 中，为了从数据库的大量数据中迅速找到需要的内容，采用了索引技术。数据库索引是 SQL Server 数据库中一种特殊类型的对象，它与表有着紧密的关系。

5.1.1 索引的概念

索引是对数据库表中一列或多列按照一定顺序建立的列值与记录之间的对应关系表。

数据库中的索引与书籍中的目录类似。在一本书中，根据内容在目录中所列的页码，不必顺序查找或阅读整本书，就能快速找到需要的章节。在数据库中，索引使数据库程序无需对整个表进行扫描，就可以在其中找到所需数据。书中的索引（目录）是一个词语列表，其中注明了包含各个词的页码。而数据库中的索引是一个表中所包含的值的列表，其中注明了表中包含各个值的行所在的存储位置。可以为表中的单个列建立索引，也可以为一组列建立索引。

在数据库系统中建立索引主要有以下作用：

（1）加速数据检索。

例如，查询 Sales 数据库中 employee 表中编号为"E002"的员工的信息，可以执行以下 T-SQL 语句。

```
SELECT * FROM employee WHERE employee_id='E002'
```

若表中数据有 1000 行，如果在 employee_id 列上没有索引，那么 SQL Server 就需要按照表的顺序一行一行地顺序查询，观察每一行中的 employee_id 列的内容。为了找出满足条件的所有行，必须访问表的每一行，即查找 1000 次。

如果在 employee_id 列上创建了索引，SQL Server 首先搜索这个索引，找到这个要求的值（E002），然后按照索引中的位置信息确定表中的行。

（2）加速排序、分组、连接等操作。

在使用 ORDER BY 和 GROUP BY 子句进行数据检索时，利用索引可以减少排序和分组的时间。

例如，有 3 个未索引的表 t1、t2、t3，分别只包含列 c1、c2、c3，每个表分别含有 1000 行数据，值为 1~1000 的数值，查找对应值相等行的连接查询语句如下：

SELECT c1,c2,c3 FROM t1,t2,t3 WHERE c1=c2 AND c1=c3

此查询结果应该为 1000 行，每行包含 3 个相等的值。在无索引的情况下处理此查询，必须寻找 3 个表所有的组合，以便得出与 WHERE 子句相匹配的那些行。而可能的组合数目为 $1000 \times 1000 \times 1000$（十亿），显然查询将会非常慢。

如果对每个表进行索引，就能极大地加速查询进程。利用索引的查询处理如下。

1）从表 t1 中选择第一行，查看此行所包含的数据。

2）使用表 t2 上的索引，直接定位 t2 中与 t1 的值匹配的行。类似地，利用表 t3 上的索引，直接定位 t3 中与来自 t1 的值匹配的行。

3）扫描表 t1 的下一行并重复前面的过程，直到遍历 t1 中所有的行。

在此情形下，仍然对表 t1 执行了一个完全扫描，但能够在表 t2 和 t3 上进行索引查找直接取出这些表中的行，比未用索引时要快 100 万倍。

利用索引，SQL Server 加速了 WHERE 子句满足条件行的搜索，而在多表连接查询时，在执行连接时加快了与其他表中的行匹配的速度，大大提高了查询效率。特别是当数据量非常大，查询涉及多个表时，使用索引往往能使查询速度加快成千上万倍。

（3）实现表与表之间的参照完整性。

（4）保证数据记录的唯一性。

通过创建唯一索引，可以保证表中的数据不重复，确保定义的列的数据完整性。

在数据库中建立索引，会提高检索的效率。但这并不是说表中的每个字段都需要建立索引，因为增删记录时，除了对表中的数据进行处理外，还需要对每个索引进行维护，索引将占用磁盘空间，并且降低增加、删除和修改的速度。通常情况下，只对表中经常查询的字段创建索引。

5.1.2 索引的分类

在 SQL Server 2008 中提供的索引类型主要有以下几类：聚集索引、非聚集索引、唯一索引、包含性列索引、索引视图、全文索引、空间索引、筛选索引和 XML 索引。

根据索引的存储结构不同，将其分为聚集索引和非聚集索引两类。

1. 聚集索引

聚集索引（Clustered）是将数据行的键值在数据表内排序并存储对应的数据记录，使得数据表的物理顺序与索引顺序一致。由于数据记录按聚集索引键的次序存储，故聚集索引查找数据很快。但创建聚集索引时需要重排数据，相当于数据所占用空间的 120%。由于一个表中的数据只能按照一种顺序来存储，所以一个表中只能创建一个聚集索引。

2. 非聚集索引

非聚集索引（Non-Clustered）具有完全独立于数据行的结构。数据存储在一个地方，索引存储在另一个地方。使用非聚集索引不用将物理数据页中的数据按键值排序。通俗地说，不会影响数据表中记录的实际存储顺序。在非聚集索引内，每个键值项都有指针指向包含该键值的数据行。

一个表中最多只能有一个聚集索引，但可以有一个或多个非聚集索引。在 SQL Server 中创建索引时，可指定按升序或降序存储键。

当一个表中既要创建聚集索引，又要创建非聚集索引时，应先创建聚集索引，再创建非聚集索引，因为创建聚集索引时将改变数据记录的物理存放顺序。

　　唯一索引要求建立索引的字段值不能重复，也就是在表中不允许两行具有相同的值。索引也可以不是唯一的，非唯一索引的多行可以共享同一键值。

　　聚集索引和非聚集索引都可以是唯一的。创建主键（PRIMARY KEY）或唯一性（UNIQUE）约束时，数据库引擎会自动为指定的列创建唯一索引。

5.1.3　索引的管理

　　在 SQL Server 中索引的管理包括创建索引、查看索引、修改索引和删除索引，对其操作的方法可以通过界面方式，也可使用 Transact-SQL 命令通过查询分析器。这里仅介绍使用界面方式的操作方法。

　　1. 索引的创建

　　SQL Server 中创建索引的方法有多种。一般在创建其他相关对象时就创建了索引，如在表中定义主键约束或唯一性约束时也就创建了唯一索引。

　　（1）使用图形化界面向导创建索引。

　　下面以 St_Info 表中按 St_ID 建立聚集索引为例，介绍聚集索引的创建方法。其操作步骤如下：

　　1）启动 SSMS，在"对象资源管理器"中展开"数据库"，选择"表"中的"dbo.St_Info"，右击其中的"索引"项，在弹出的快捷菜单上选择"新建索引(N)…"命令，如图 5.1 所示。

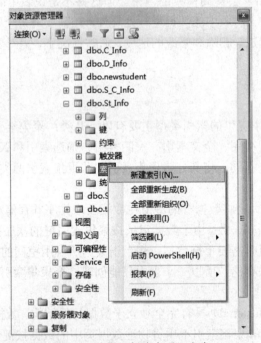

图 5.1　选择"新建索引"命令

　　2）打开"新建索引"窗口，在该窗口中输入索引名称（索引名在表中必须唯一），如 PX_stid，选择索引类型为"聚集"，勾选"唯一"复选框，单击"新建索引"窗口的"添加"按钮。

　　3）在弹出的"选择要添加到索引键的表列"窗口（图 5.2）中，勾选要添加的列 St_ID，单击"确定"按钮。

　　4）在主界面中为索引键列设置相关的属性，单击"确定"按钮，即完成索引的创建工作。

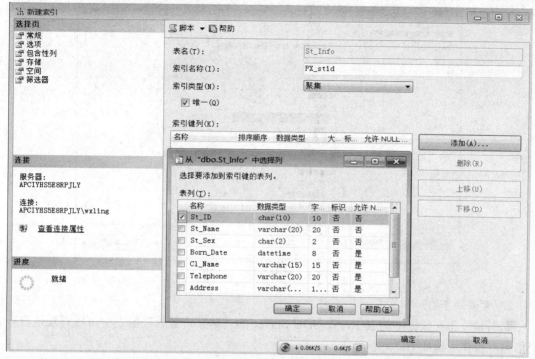

图 5.2　添加索引键列

注意：在创建聚集索引之前，St_Info 表的 St_ID 列如果已经创建为主键，则在创建主键时会自动将其定义为聚集索引。由于一个表中只能有一个聚集索引，所以这里在将"索引类型"选择为"聚集"时，会弹出"是否删除现有索引"对话框，单击"是"按钮即可。

（2）使用"表设计器"创建索引。

下面以在 St_Info 表中按 St_ID 列建立索引为例，介绍在"表设计器"窗格创建索引的方法。其操作步骤如下：

1）右击 Student_db 数据库中的"dbo.St_Info"表，在弹出的快捷菜单中选择"设计"命令，打开"表设计器"窗格。

2）在"表设计器"窗格中，选择"St_ID"列并右击，在弹出的快捷菜单中选择"索引/键"命令。

3）在打开的"索引/键"对话框中单击"添加"按钮，并在右边的"标识"属性区域的"（名称）"一栏中确定新索引的名称（用系统默认的名或重新取名）。在右边的"（常规）"属性区域中的"列"一栏后面单击" ... "按钮，可以修改要创建索引的列。如果将"是唯一的"一栏设定为"是"，则表示索引是唯一索引。在"表设计器"栏下的"创建为聚集的"选项中，可以设置是否创建为聚集索引，若 St_Info 已经存在聚集索引，则该选项不可修改，如图 5.3 所示。

4）关闭该对话框，单击"保存"按钮，在弹出的对话框中单击"是"按钮，索引创建完成。

索引创建完成后，只需返回 SSMS 主窗口，在对象浏览器中展开"dbo.St_Info"表中的"索引"项，就可以看到已建立的索引。其他索引的创建方法与之类似。

对于唯一索引，要求表中任意两行的索引值不能相同。读者可以试试：当输入两个索引值相同的记录行时会出现什么情况？

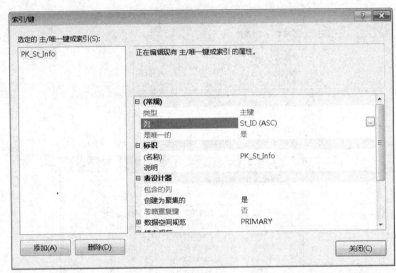

图 5.3　"索引/键"对话框

2. 索引的查看

索引是分布在数据库的表中，在 SQL Server 的"对象资源管理器"中可以直观地查看索引信息，操作步骤如下：

（1）启动 SSMS，展开数据库的目录树，指向要查看其索引的数据库 Student_db。

（2）展开该数据库→表"dbo.St_Info"→"索引"目录项。

（3）右击索引 PK_St_Info，在弹出的快捷菜单中单击"属性"命令。打开"索引属性"对话框，在左边的"选择页"窗格中，单击要查看的属性页。

3. 索引的重建

无论何时对基础数据执行插入、更新或删除操作，SQL Server 数据库引擎都会自动维护索引。随着时间的推移，这些修改可能会导致索引中的信息分散在数据库中（含有碎片）。当索引包含的页中的逻辑排序（基于键值）与数据文件中的物理排序不匹配时，就存在碎片。碎片非常多的索引可能会降低查询性能，导致应用程序响应缓慢。此时就需要重新组织索引或重新生成索引来修复索引碎片。操作步骤如下：

（1）启动 SSMS，展开数据库的目录树，指向要查看其索引的数据库 Student_db。

（2）展开该数据库→表"dbo.St_Info"→"索引"目录项。

（3）右击索引 PK_St_Info，在弹出的快捷菜单中单击"重新生成"或"重新组织"命令，如图 5.4 所示。

4. 索引的修改

在表中创建好索引后，有时需要对其进行修改，可通过"对象资源管理器"和 T-SQL 语句来实现。本节只介绍使用"对象资源管理器"修改索引的操作方法。操作步骤如下：

（1）在"对象资源管理器"中选择需要编辑索引的表，如"dbo.St_Info"，并展开。

（2）再展开该表的"索引"，右击要修改的索引，如索引 IX_St_Info，在弹出的快捷菜单中选择"属性"命令。然后在"索引属性"窗口中修改该索引的类型、唯一性、排序顺序，如图 5.5 所示。

图 5.4　索引重建菜单

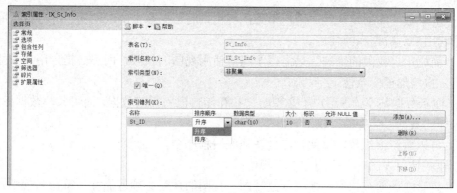

图 5.5 修改索引

注意：不能通过此方法修改作为 PRIMARY KEY 或 UNIQUE 约束的结果而创建的索引，而必须修改约束。

5. 索引的删除

索引会减慢插入（INSERT）、更新（UPDATE）和删除（DELETE）语句的执行速度。如果发现索引阻碍整体性能或不再需要索引，则可将其删除。下面介绍使用"对象资源管理器"删除索引的操作方法。具体操作步骤如下：

（1）在"对象资源管理器"中展开数据库"Student_db"→"表"→"dbo.St_Info"，选择其中要删除的索引，如索引 IX_St_Info，右击，从弹出的快捷菜单中选择"删除"命令。

（2）在打开的"删除对象"对话框中，单击"确定"按钮即可。

注意：对于约束使用的索引，必须先删除 PRIMARY KEY 或 UNIQUE 约束，才能删除该索引。

5.2 视图

视图（View）是关系数据库中提供给用户以多种角度观察数据库中数据的重要机制。用户通过视图来浏览表中感兴趣的数据，而数据的物理存放位置仍在表中。

5.2.1 视图的概念

视图是从一个或多个表（或视图）导出的表。视图是数据库的用户使用数据库的观点。例如，对于一个学校，其学生的情况存放于数据库的一个或多个表中，而作为学校的不同职能部门，所关心的学生数据的内容是不同的。即使是同样的数据，也可能有不同的操作要求，于是就可以根据他们的不同需求，在物理的数据库上定义他们对数据库所要求的数据结构，这种根据用户观点所定义的数据结构就是视图。

视图是一个虚拟表，并不包含任何的物理数据，即视图所对应的数据不进行实际存储，数据库中只存放视图的定义，这些数据仍存放在定义视图的基本表（数据库中永久存储的表）中。

对视图的操作与对基本表的操作一样，可以对其进行查询、修改和删除，但对数据的操作要满足一定的条件。当对通过视图看到的数据进行修改时，相应基本表的数据也会发生变化，同样，若基本表的数据发生变化，这种变化也会自动地反映到视图中。使用视图具有以下优点：

（1）为用户集中数据，简化用户的数据查询和处理。有时用户所需要的数据分散在多个表中，定义视图可将它们集中在一起，从而方便用户进行数据查询和处理。

（2）屏蔽数据库的复杂性。用户不必了解复杂的数据库中的表结构，并且数据库表的更改也不影响用户对数据库的使用。

（3）简化用户权限的管理。只需授予用户使用视图的权限，而不必指定用户只能使用表的特定列，也增加了安全性。

（4）便于数据共享。各用户不必都定义和存储自己所需的数据，而可共享数据库的数据，这样，同样的数据只需存储一次。

（5）可以重新组织数据以便输出到其他应用程序中。

在创建或使用视图时，应遵守以下规定：

（1）只有在当前数据库中才能创建视图。视图的命名必须遵循标识符命名规则，不能与表同名。

（2）不能把规则、默认值或触发器与视图相关联。

（3）可以对其他视图创建视图。SQL Server 2008 允许嵌套视图，但嵌套不得超过 32 层。

（4）不能基于临时表建立视图。

5.2.2 视图的创建

视图在数据库中是作为一个对象来存储的。创建视图通常有两种方法：一种是通过"对象资源管理器"创建视图；另一种是使用 T-SQL 的 CREATE VIEW 语句来创建。

1. 使用图形工具创建视图

下面以在 Student_db 数据库中创建名为 v_Stu（描述学生情况）的视图为例，说明在 SSMS 中创建视图的过程。具体操作步骤如下：

（1）启动 SSMS，在"对象资源管理器"中展开"数据库"→"Student_db"，右击其中的"视图"项，在弹出的快捷菜单中选择"新建视图(N)…"命令。

（2）在"添加表"对话框中添加所需要关联的基本表、视图、函数、同义词。这里只使用"表"选项卡，选择"St_Info"表，如图 5.6 所示，单击"添加"按钮。如果还需要添加其他表，则可以继续选择添加表，如果不再需要添加，可以单击"关闭"按钮。

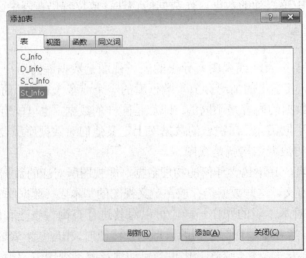

图 5.6　"添加表"对话框

（3）基本表添加在"视图设计器"的"关系图窗格"中（视图设计器由上而下依次显示

关系图窗格、条件窗格、SQL 窗格和结果窗格），这里显示了基本表的全部列信息，如图 5.7 所示。根据需要在图 5.7 所示的"关系图窗格"中选择创建视图需要的字段，可以在"条件窗格"中的"列"一栏指定与视图关联的列，在"排序类型"一栏指定列的排序方式，在"筛选器"一栏指定创建视图的规则（如在 Cl_Name 字段的"筛选器"栏中填写"='法学 0501'"）。

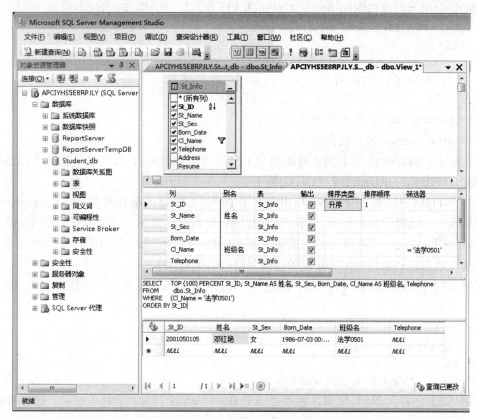

图 5.7　新建视图窗口

这一步选择的字段、规则等所对应的 SELECT 语句将会自动显示在"SQL 窗格"中。

当视图中需要一个与原字段名不同的字段名，或视图的源表中有同名的字段，或视图中包含了计算列时，需要为视图中这样的列重新指定名称时，可以在"别名"一栏中指定，如指定 St_Name 的别名为"姓名"。

（4）当选择完所有列后，单击"视图设计器"工具栏中的"执行 SQL"按钮 ！，在"结果窗格"中将显示包含在视图中的数据行。

（5）单击"标准"工具栏中的"保存"按钮，出现"选择名称"对话框，在文本框中输入视图名"v_Stu"，如图 5.8 所示，并单击"确定"按钮，完成视图的创建。

图 5.8　"选择名称"对话框

视图创建成功后便包含了所选择的列数据，此时，在"对象资源管理器"中展开"数据库"→"Student_db"→"视图"，右击"dbo.v_Stu"，在弹出的快捷菜单中选择"设计"命令，可以查看并修改视图结构，选择"编辑前 200 行"命令，将可查看视图数据库内容。

2．使用 CREATE VIEW 语句创建视图

T-SQL 中用于创建视图的语句是 CREATE VIEW，其语法格式如下：

```
CREATE VIEW [schema_name.]view_name
AS
    select_statement
[WITH CHECK OPTION]
```

参数说明：

（1）schema_name：数据库架构名。

（2）view_name：表示视图名称。

（3）select_statement：用于创建视图的 SELECT 语句。SELECT 语句中不能使用 COMPUTE 或 COMPUTE BY、ORDER BY、INTO 等子句。

（4）WITH CHECK OPTION：指出在视图上所进行的修改都要符合 select_statement 所指定的限制条件，以确保数据修改后仍可通过视图看到修改的数据。例如，对于 v_Stu 视图，只能修改除"Cl_Name"字段以外的字段值，而不能把"Cl_Name"字段的值改为"法学 0501"以外的值，以保证仍可通过 v_Stu 视图查询到修改后的数据。

【例 5.1】在 Student_db 数据库中创建 St_view 视图，该视图选择学生信息表 St_Info 中的所有女学生。

创建 St_view 视图的语句如下：

```
CREATE VIEW St_view
AS
SELECT * FROM    St_Info WHERE    St_Sex='女'
```

【例 5.2】创建 v_Stu1 视图，包括"法学 0501"班各学生的学号、姓名、选修的课程号及成绩。要保证对该视图的修改都符合"Cl_Name 为法学 0501"这一条件。

```
CREATE VIEW v_Stu1
AS
    SELECT St_Info.St_ID, St_Name, C_No, Score
    FROM St_Info, S_C_Info
    WHERE St_Info.Cl_Name = '法学 0501' AND St_Info.St_ID = S_C_Info.St_ID
WITH CHECK OPTION
```

注意：创建视图时，源表可以是基本表，也可以是视图。

【例 5.3】在 Student_db 数据库中创建 score_view 视图，该视图选择 3 个基本表（St_Info、C_Info 和 S_C_Info）中的数据来显示学生成绩的虚拟表。

创建 score_view 视图的语句如下：

```
CREATE VIEW score_view
AS
SELECT dbo.St_Info.St_ID, dbo.St_Info.St_Name, dbo.St_Info.Cl_Name,
        dbo.C_Info.C_Name, dbo.C_Info.C_Type, dbo.S_C_Info.Score
    FROM dbo.C_Info INNER JOIN
    dbo.S_C_Info ON dbo.C_Info.C_No=dbo.S_C_Info.C_No INNER JOIN
    dbo.St_Info ON dbo.S_C_Info.St_ID=dbo.St_Info.St_ID
```

【例 5.4】创建学生的平均成绩视图 v_stu_avg，包括 St_ID（在视图中列名为学号）和平均成绩。

```
CREATE VIEW v_stu_avg
AS
    SELECT St_ID AS  学号, AVG(Score) AS  平均成绩
    FROM S_C_Info
    GROUP BY St_ID
```

5.2.3　视图的查询

视图定义后，就可以像查询基本表那样对视图进行查询了。

【例 5.5】使用视图 v_Stu 查找法学 0501 班的学生的 St_ID、姓名、St_Sex。

```
SELECT St_ID, St_name AS  姓名, St_Sex
FROM v_Stu
```

【例 5.6】查找平均成绩在 80 分以上学生的学号和平均成绩。

```
SELECT *
FROM v_stu_avg
WHERE  平均成绩>80
```

执行结果如图 5.9 所示：

本例在例 5.4 创建的学生平均成绩视图 v_stu_avg 中进行了查询。

	学号	平均成绩
1	0603060111	99
2	2001050105	89
3	2001050106	91
4	2602060106	97
5	2602060107	92
6	2602060108	83

图 5.9　例 5.6 查询结果

从以上两个例子中可以看出，创建视图可以向最终用户隐藏复杂的表连接，简化了用户的 T-SQL 程序设计。

视图还可通过在创建视图时指定限制条件和指定列来限制用户对基本表的访问。例如，若限定某用户只能查询视图 v_Stu，实际上就是限制了他只能访问 St_Info 表的 Cl_Name 为"法学 0501"班的行。在创建视图时可以指定列，实际上也就是限制了用户只能访问这些列，从而视图也可以看做数据库的安全措施。

在使用视图查询时，若其关联的基本表中添加了新字段，则必须重新创建视图才能查询到新字段。例如，若 St_Info 表新增了"籍贯"字段，那么在其上创建的视图 v_Stu 若不重建视图，则查询：

```
SELECT * FROM v_Stu
```

结果将不包含"籍贯"字段。只有重建 v_Stu 视图后再对它进行查询，结果才会包含"籍贯"字段。如果与视图相关联的表或视图被删除，则该视图将不能再使用。

5.2.4　视图的修改

创建好的视图可以通过 SSMS 中的图形向导方式进行，也可使用 T-SQL 的 ALTER VIEW

语句来修改。

1. 使用图形工具修改视图

操作步骤如下：

（1）展开对象资源管理器，选择"视图"选项。

（2）右击要修改的视图项，如"dbo.v_Stu"，在弹出的快捷菜单中选择"设计"命令，进入视图修改窗口。该窗口与创建视图的窗口类似，其可以查看并修改视图结构，修改完后单击"保存"按钮即可。

注意：对加密存储的视图定义不能在 SSMS 中通过图形界面修改。

2. 使用 ALTER VIEW 语句修改视图

T-SQL 修改视图命令 ALTER VIEW 的语法格式如下：

```
ALTER VIEW [schema_name.]view_name
AS
    select_statement
[WITH CHECK OPTION]
```

其中各参数与 CREATE VIEW 语句中的含义相同。

【例 5.7】修改例 5.1 中创建的 St_view 视图。将视图中选择学生信息表 St_Info 中的所有女学生修改为选择所有男学生。

修改 St_view 视图的语句如下：

```
ALTER VIEW St_view
AS
SELECT * FROM   St_Info WHERE   St_Sex='男'
```

5.2.5　视图的删除

当不再需要某个存在的视图时，可以删除它。删除视图后，表和视图所基于的数据并不受影响。在 SQL Server 中可以通过 SSMS 的"对象资源管理器"中的图形向导方式和 T-SQL 语句来实现。

1. 使用图形工具删除视图

操作步骤如下：

（1）在"对象资源管理器"中展开要删除视图的数据库，再展开"视图"项。

（2）在"视图"目录下选择要删除的视图并右击，在弹出的快捷菜单中选择"删除"命令，弹出"删除对象"对话框。

（3）单击"确定"按钮，完成指定视图的删除操作。

2. 使用 DROP VIEW 语句删除视图

使用 T-SQL 删除视图的命令是 DROP VIEW，其语法格式如下：

```
DROP VIEW [schema_name.]view_name [ ,...n ]
```

参数说明：

（1）view_name：要删除的视图名称。

（2）n：表示可以指定多个视图的占位符。使用 DROP VIEW 可删除一个或多个视图。

【例 5.8】删除 St_view 视图。

删除 St_view 视图的语句如下：

```
DROP VIEW st_view
```

 **习题5**

一、思考题

（1）什么是聚集索引？什么是非聚集索引？它们的区别是什么？

（2）一个表中的数据可以按照多种顺序来存储吗？一个表中能创建几个聚集索引？聚集索引一定是唯一索引吗？为什么？

（3）视图和数据表的区别是什么？视图可以创建索引、主键、约束吗？为什么？

（4）能不能基于临时表建立视图？由什么语句可建立临时表？在 CREATE VIEW 语句中能不能使用 INTO 关键字？为什么？

（5）视图存储记录吗？对更新视图的操作最终都转化为对什么的更新操作？

二、选择题

（1）为数据表创建索引的目的是（   ）。

　　A．提高查询的检索性能　　　　　　B．节省存储空间

　　C．便于管理　　　　　　　　　　　D．归类

（2）索引是对数据库表中（   ）字段的值进行排序。

　　A．一个　　　　　　B．多个　　　　　　C．一个或多个　　　　D．零个

（3）下列（   ）类数据不适合创建索引。

　　A．经常被查询搜索的列　　　　　　B．主键的列

　　C．包含太多 NULL 值的列　　　　　D．表很大

（4）有表 student（学号，姓名，性别，身份证号，出生日期，所在系号），在此表上使用（   ）语句能创建视图 vst。

　　A．CREATE VIEW vst   AS SELECT * FROM student

　　B．CREATE VIEW vst   ON   SELECT * FROM student

　　C．CREATE VIEW AS SELECT * FROM student

　　D．CREATE TABLE   vst   AS SELECT * FROM student

（5）在一个数据表上，最多可以定义（   ）个聚集索引，可以有多个非聚集索引。

　　A．1　　　　　　　B．2　　　　　　　C．3　　　　　　　D．4

（6）下面关于索引的描述，不正确的是（   ）。

　　A．索引是一个指向表中数据的指针

　　B．索引是在元组上建立的一种数据库对象

　　C．索引的建立和删除对表中的数据毫无影响

　　D．表被删除时将同时删除在其上建立的索引

（7）SQL 的视图是（   ）中导出的。

　　A．基本表　　　　　　　　　　　　B．视图

　　C．基本表或视图　　　　　　　　　D．数据库

（8）在视图上不能完成的操作是（   ）。

　　A．更新视图数据　　　　　　　　　B．查询

  C. 在视图上定义新的基本表   D. 在视图上定义新视图

（9）关于数据库视图，下列说法正确的是（ ）。

  A. 视图可以提高数据的操作性能

  B. 定义视图的语句可以是任何数据操作语句

  C. 视图可以提供一定程度的数据独立性

  D. 视图的数据一般是物理存储的

（10）在下列关于视图的叙述中，正确的是（ ）。

  A. 当某一视图被删除后，由该视图导出的其他视图也将被自动删除

  B. 若导出某视图的基本表被删除了，该视图不受任何影响

  C. 视图一旦建立，就不能被删除

  D. 当修改某一视图时，导出该视图的基本表也随之被修改

第6章 存储过程与触发器

学习目标

- 了解：SQL Server 存储过程、触发器的特点与作用。
- 理解：SQL Server 存储过程、触发器的基本概念；存储过程、触发器的特点。
- 掌握：存储过程创建、执行以及参数应用的方法；触发器的创建及使用方法。

6.1 存储过程概述

存储过程（Stored procedure）是 SQL Server 服务器中一组预编译的 T-SQL 语句的集合，可包含程序流、逻辑控制流以及对数据库的查询，可以接受输入参数、输出参数，返回单个或多个结果集以及状态值，并可以重用和嵌套调用，可源于任何使用 T-SQL 语句的目的来使用存储过程。

6.1.1 存储过程的特点和类型

将 T-SQL 查询转化为存储过程是提高 SQL Server 2008 服务器功能的最佳方法之一，因为存储过程是在服务器端运行，所以执行速度快，而且存储过程方便用户查询，可提高数据使用效率。

1. 存储过程的特点

在 SQL Server 中使用服务器上的存储过程而不使用存储在客户端计算机本地的 T-SQL 程序有以下几个方面的优点：

（1）封装复杂操作。当对数据库进行复杂操作时（如对多个表进行更新、删除时），可用存储过程将复杂操作封装起来与数据库提供的事务处理结合起来使用。

（2）加快系统运行速度。存储过程只在创建时进行编译，以后每次执行存储过程都不需再重新编译，而一般 T-SQL 语句每执行一次就编译一次，所以使用存储过程可提高数据库执行速度。

（3）实现代码重用。可以实现模块化程序设计，存储过程一旦创建，以后即可在程序中调用任意多次，这可以改进应用程序的可维护性，并允许应用程序统一访问数据库。

（4）增强安全性。可设定特定用户具有对指定存储过程的执行权限，而不是直接对存储过程中引用的对象具有权限。可以强制应用程序的安全性，参数化存储过程有助于保护应用程序不受 SQL 注入式攻击。

（5）减少网络流量。因为存储过程存储在服务器上，并在服务器上运行。一个需要数百行 T-SQL 代码的操作可以通过一条执行过程代码的语句来执行，而不需要在网络中发送数百行代码，这样就可以减少网络流量。

（6）调用方便。存储过程有着如同其他高级语言子函数那样被调用和返回值的方便特性。

2. 存储过程的类型

SQL Server 2008 中常用的存储过程类型有 3 种。

（1）系统存储过程。

系统存储过程是由数据库系统自身所创建的存储过程，目的在于能够方便地从系统表中查询信息，为系统管理员管理 SQL Server 提供支持，为用户查看数据库对象提供方便。系统存储过程存储在 master 数据库中，并以"sp_"为开头命名。例如，常用的显示系统对象信息的 sp_help 系统存储过程，为检索系统表的信息提供了方便、快捷的方法。

一些系统存储过程只能由系统管理员使用，而有些系统存储过程通过授权可以被其他用户所使用。尽管系统存储过程保存在 master 数据库中，但仍然可以在其他数据库中执行。当创建一个新的用户数据库时，某些系统存储过程会自动在新数据库中创建。

（2）用户定义存储过程。

用户定义存储过程也称本地存储过程，是数据库用户根据某一特定功能的需要，在用户数据库中由用户所创建的存储过程，过程的名称前没有"sp_"前缀，以便于与系统存储过程区别开来，并限制使用这样的前缀。本章后续内容没做特别说明的话就是指这类存储过程。

若存储过程名的前面加上"##"，则表示创建全局临时存储过程。在存储过程名前面加上"#"，则表示创建局部临时存储过程。局部临时存储过程只在创建它的会话中可用，当前会话结束时移除。全局临时存储过程可以在所有会话中使用，即所有用户均可以访问该过程。它们都在 tempdb 数据库上。

（3）扩展存储过程。

扩展存储过程是 SQL Server 环境之外的，通过使用编程语言（如 C++语言）编写的动态链接库（DLL）实现的，从而扩展了 T-SQL 的功能。扩展存储过程以"xp_"为前缀，只能添加到 master 数据库中，使用方法与系统存储过程一样。

6.1.2 存储过程的创建和执行

在使用存储过程之前，首先需要创建一个存储过程。创建存储过程实际是对存储过程进行定义的过程，主要包含存储过程名称及其参数的说明和存储过程的主体（其中包含执行过程操作的 T-SQL 语句）两部分。

在 SQL Server 中，可以使用 3 种方法创建存储过程：使用图形工具、使用向导和使用 T-SQL 中的 CREATE PROCEDURE 语句。

1. 使用图形工具创建存储过程

SQL Server 提供了一种创建存储过程的简便方法，使用 SSMS 工具。操作步骤如下：

（1）打开 SSMS 窗口，连接到 Student_DB 数据库。

（2）依次展开"对象资源管理器"的"服务器"→"数据库"→"Student_DB"→"可编程性"。

（3）从列表中右击"存储过程"，在弹出的快捷菜单中选择"新建存储过程"命令，然后将出现如图 6.1 所示的显示 CREATE PROCEDURE 语句的模板。可以用要创建的存储过程的名称（如 STScore）替换"<Procedure_Name, sysname, ProcedureName>"，然后编辑该存储过程的内容。

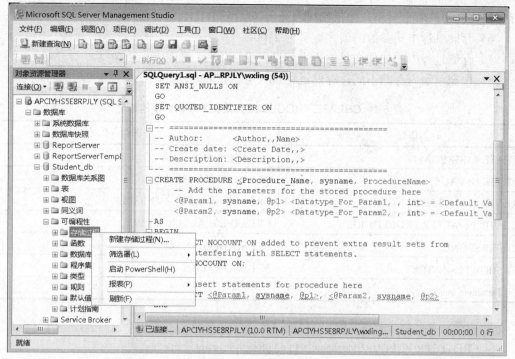

图 6.1　创建存储过程

　　例如，在数据库 Student_db 中创建一个带有 SELECT 语句的简单存储过程 STScore，该过程返回所有学生选课的学号、课程名称、课程类型及课程成绩。

　　该存储过程不使用任何参数，涉及课程表 C_Info 和选课表 S_C_Info，它们通过课程编号"C_No"建立连接。图 6.2 是编辑好的存储过程内容。

```
CREATE PROCEDURE STScore
AS
BEGIN
  SELECT S_C_Info.St_ID, C_Info.C_Name, C_Info.C_Type, S_C_Info.Score
  FROM  C_Info INNER JOIN
        S_C_Info ON C_Info.C_No = S_C_Info.C_No
END
GO
```

图 6.2　编辑好的存储过程内容

　　（4）修改完后，单击"执行"按钮即创建一个存储过程。

　　2．使用 CREATE PROCEDURE 语句创建存储过程

　　SQL Server 还可以通过 T-SQL 的 CREATE PROCEDURE 语句直接创建存储过程。在创建存储过程时，需要注意下列事项：

　　（1）只能在本地数据库中创建存储过程。CREATE PROCEDURE 定义自身可以包括任意数量和类型的 T-SQL 语句，但表 6.1 中的语句除外。

　　（2）可以引用在同一存储过程中创建的对象，只要引用时已经创建了该对象即可。

　　（3）可以在存储过程内引用临时表。

　　（4）如果在存储过程内创建本地临时表，则临时表仅为该存储过程而存在；退出该存储过程后临时表将消失。

　　（5）如果执行的存储过程将调用另一个存储过程，则被调用的存储过程可以访问由第一

个存储过程创建的所有对象，包括临时表在内。

（6）存储过程中的参数的最大数目为 2100。

（7）存储过程中的局部变量的最大数目仅受可用内存的限制。

（8）根据可用内存的不同，存储过程最大可达 128MB。

表 6.1　CREATE PROCEDURE 定义中不能出现的语句

语句	语句
CREATE AGGREGATE	CREATE RULE
CREATE DEFAULT	CREATE SCHEMA
CREATE 或 ALTER FUNCTION	CREATE 或 ALTER TRIGGER
CREATE 或 ALTER PROCEDURE	CREATE 或 ALTER VIEW
SET PARSEONLY	SET SHOWPLAN_ALL
SET SHOWPLAN_TEXT	SET SHOWPLAN_XML
USE Database_name	

创建存储过程的语法格式如下：

```
CREATE PROC[EDURE] [schema_name.] procedure_name [; number]
[{ @parameter [schema_name.]data_type} [VARYING][=default] [ OUTPUT ]]
        [WITH { RECOMPILE | ENCRYPTION | RECOMPILE, ENCRYPTION }]
        [FOR REPLICATION]
    AS sql_statement [...n]
```

参数说明：

（1）procedure_name：新建存储过程的名称。过程名必须符合标识符规则，且在架构中必须唯一。要创建局部临时存储过程，可以在 procedure_name 前面加 "#" 字符，要创建全局临时存储过程，可以在 procedure_name 前面加 "##" 字符串。完整的名称不能超过 128 个字符。

（2）@parameter：过程中的参数。可以声明一个或多个参数，用户必须在执行过程时提供每个所声明参数的值（除非定义了该参数的默认值），或者将参数设置为等于另一个参数，如果指定了 FOR REPLICATION，则无法声明参数。默认情况下，参数值只能为常量。使用@符号作为第一个字符来指定参数名称，参数名称必须符合标识符的规则。

（3）data_type：参数的数据类型。在存储过程中，所有的数据类型包括 text、ntext 和 image 都可被用作参数。但 cursor 游标数据类型只能用于 OUTPUT 参数。如果指定的数据类型为 cursor，也必须同时指定 VARYING 和 OUTPUT 关键字。

（4）VARYING：用于指定作为输出参数支持的结果集，该选项仅用于游标参数。

（5）default：指输入参数的默认值。如果定义了默认值，那么即使不给出参数值，该存储过程仍能被调用。默认值必须是常数或者是空值。如果存储过程使用带 LIKE 关键字的参数，则可包含下列通配符：%、_、[]、[^]。

（6）OUTPUT：表明该参数是一个返回参数，用 OUTPUT 参数可以向调用者返回信息。但 text 类型参数不能用作 OUTPUT 参数。

（7）RECOMPILE：指明 SQL Server 并不保存该存储过程的执行计划，存储过程每执行一次都要重新编译。

（8）ENCRYPTION：表示对存储过程的创建语句文本进行加密，起到安全保护作用。

（9）FOR REPLICATION：指定存储过程筛选，只能在复制过程中执行。本选项不能和 WITH RECOMPILE 选项一起使用。

（10）sql_statement：过程中要包含的任意数目和类型的 T-SQL 语句，完成实际的操作。其中的参数 n 表明在它前面的项目可以多次重复，即可以包含多条 SQL 语句。

上述创建存储过程的语法需要确定 3 个组成部分：

（1）所有输入参数以及传给调用者的输出参数。

（2）被执行的针对数据库的操作语句，包括调用其他存储过程的语句。

（3）返回给调用者的状态值，以指明调用是成功还是失败。

【例 6.1】在 Student_db 数据库中创建一个名为 p_Stu 的存储过程，它将从表中返回所有学生的姓名、性别、班级和电话。

存储过程只能建立在当前数据库上，故需先用 USE 语句来指定数据库：

```
USE Student_db
GO
```

存储过程的内容如下：

```
CREATE PROCEDURE p_Stu
AS
SELECT St_Name,St_Sex,Cl_Name,Telephone
FROM St_Info
```

以上存储过程示例是从单个表中提取数据。再使用 SELECT 语句链接多个表，并使用了简单的表达式，最终返回了学生的简明信息。

【例 6.2】创建一个带 SELECT 查询语句的名为"Average_Score"的存储过程。从学生表、课程表、选课表中返回每位修课学生的课程平均分。

分析：学生表与选课表通过"St_ID"关联，课程表与选课表通过"C_No"关联，要查到每个学生的修课平均分，需要通过聚集函数 AVG 计算，同时，因为引用了聚集函数，SELECT 查询中必须使用 GROUP BY 分组选项。

使用 CREATE PROCEDURE 语句如下：

```
USE Student_db
GO
CREATE PROCEDURE Average_Score
AS
        SELECT St_Info.St_Name, AVG(S_C_Info.Score) AS AvgScore
        FROM St_Info, S_C_Info, C_Info
        WHERE St_Info.St_ID = S_C_Info.St_ID    AND S_C_Info.C_No = C_Info.C_No
        GROUP BY St_Info.St_Name
GO
```

3．执行存储过程

对存储在数据库中的存储过程，可以通过执行 EXECUTE（或 EXEC）命令或直接按存储过程名称执行。同时，执行存储过程必须具有执行该过程的权限许可。如果存储过程是批处理中的第一条语句，EXECUTE 命令可以省略。

执行存储过程的语法格式如下：

```
[[EXEC[UTE]] { [@return_status=]
```

```
procedure_name [;number]|@procedure_name_var }
[[@parameter=]{value|@variable [OUTPUT]|[DEFAULT]]
[,...n]
[WITH RECOMPILE]
```

参数说明：

（1）@return_status：一个可选的整型变量，用于保存存储过程的返回状态，这个变量在执行存储过程之前必须已声明，0 表示成功执行；-1～-99 表示执行出错。调用存储过程的批处理或应用程序可对该状态值进行判断，以便转至不同的处理流程。

（2）number：分组号，用来对同名的过程分组。

（3）@procedure_name_var：一个局部变量，用于代替存储过程名称。

（4）@parameter、value：过程参数及其值。在给定参数值时，如果没有指定参数名，那么所有参数值都必须以 CREATE PROCEDURE 语句中定义的顺序给出；若使用"@参数名=参数值"的格式，则参数值无需严格按定义时的顺序出现；只要有一个参数使用了"@参数名=参数值"的格式，则所有的参数都必须使用这种格式。

（5）@variable：用来保存参数或者返回参数的变量。

（6）OUTPUT：指定存储过程必须返回一个参数。如果该参数在 CREATE PROCEDURE 语句中不是定义为 OUTPUT 的话，则存储过程不能执行；如果指定 OUTPUT 参数的目的是为了使用其返回值，那么参数传递必须使用变量，即要用"@参数名=@参数变量"这种格式。

（7）WITH RECOMPILE：为强制重新编译存储过程代码，若无需要，尽量少用该选项，因为它消耗较多的系统资源。

存储过程的执行要注意下列几点：

（1）如果存储过程名的前缀为"sp_"，SQL Server 会首先在 master 数据库中寻找符合该名称的系统存储过程。如果没能找到合法的过程名，SQL Server 才会寻找架构名称为 dbo 的存储过程。

（2）在执行存储过程时，若语句是批处理中的第一个语句，则不一定要指定 EXECUTE 关键字。

【例 6.3】执行例 6.2 所创建的存储过程 Average_Score。

新建查询，在"查询设计器"中输入并运行以下语句：

```
USE Student_db
GO
EXECUTE Average_Score
```

输出结果如图 6.3 所示。

此外，还可以在"对象资源管理器"中执行存储过程，这种方法对于带参数的存储过程更为方便。具体操作方法如下：

（1）展开"对象资源管理器"中的"服务器"→"数据库"→"Student_db"→"可编程性"。

（2）选择"存储过程"项，找到需要执行的存储过程，如 dbo.Average_Score，在存储过程上右击，在弹出的快捷菜单中选择"执行存储过程(E)…"命令，如图 6.4 左窗格所示。

（3）在弹出的"执行过程"窗口中单击"确定"按钮，SSMS 的结果显示窗口将列出存储过程运行的结果，如图 6.4 右窗格所示。

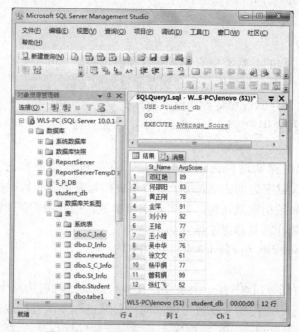

图 6.3　Average_Score 存储过程执行结果

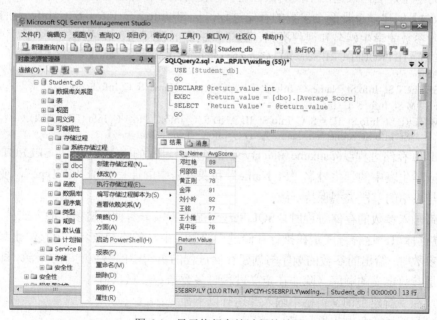

图 6.4　显示执行存储过程的结果

注意：运行 EXECUTE 语句无需权限，但是需要具有 EXECUTE 字符串内引用对象的权限。例如，如果字符串包含 INSERT 语句，则 EXECUTE 语句的调用方对目标表必须具有 INSERT 权限。

6.1.3　存储过程参数和执行状态

存储过程的优势不仅在于存储在服务器端、运行速度快，还可以实现存储过程与调用者之间数据的传递。本节将学习如何在存储过程使用参数，包括输入参数和输出参数，以及参数的默认值等。

1. 存储过程参数

SQL Server 存储过程的参数类型有输入参数和输出参数。其中：

（1）输入参数允许用户将数据值传递到存储过程或函数。

（2）输出参数允许存储过程将数据值或游标变量传递给用户。

（3）每个存储过程向用户返回一个整数代码，如果存储过程没有显式设置返回代码的值，则返回代码为 0。

存储过程的参数由存储过程在创建时指定。存储过程的参数在创建时应在 CREATE PROCEDURE 和 AS 关键字之间定义，每个参数都要指定参数名和数据类型，参数名必须以@符号为前缀，可以为参数指定默认值；如果是输出参数，则应用 OUTPUT 关键字描述。各个参数定义之间用逗号隔开，具体语法格式如下：

@parameter_name data_type [=default] [OUTPUT]

（1）输入参数。

输入参数即指在存储过程中有一个条件，在执行存储过程时为这个条件指定值，通过存储过程返回相应的信息。使用输入参数可以向同一存储过程多次查找数据库。例如，可以创建一个存储过程用于返回 Student_db 数据库上某学生选修的课程及成绩。通过为同一存储过程指定不同的学生姓名，来返回不同的课程名称。使得这个存储过程更加通用、灵活。

【例 6.4】创建一个带两个参数的存储过程，从 St_Info、C_Info、S_C_Info 表的相关连接中返回输入参数的学生姓名和课程类别、该学生选课的课程名称和成绩。

```
CREATE PROCEDURE ScoreInfo @stname varchar(20), @ctype char(4)
AS
SELECT St_Info.St_Name, C_Info.C_Type, C_Info.C_Name, S_C_Info.Score
FROM St_Info, S_C_Info, C_Info
WHERE St_Info.St_ID = S_C_Info.St_ID AND S_C_Info.C_No = C_Info.C_No AND
    St_Info.St_Name = @stname AND C_Info.C_Type = @ctype
```

ScoreInfo 存储过程以@stname 和@ctype 变量作为过程的输入参数，在 SELECT 查询语句中分别对应学生表中的学生姓名"St_Name"和课程表中的课程类别"C_Type"，变量的数据类型因而与表中的字段类型保持一致。

执行带输入参数的存储过程时，SQL Server 提供了以下两种传递参数的方式：

1）位置标识。这种方式是在执行存储过程的语句中，省略参数名，直接给出参数的值。当有多个参数时，给出的参数的顺序与创建存储过程的语句中的参数顺序一致，即参数传递的顺序就是参数定义的顺序（除非在定义过程时参数指定了默认值）。

例如，在"新建查询"窗格中输入并运行以下命令：

```
EXEC ScoreInfo '吴中华','必修'
```

输出结果如图 6.5 所示。

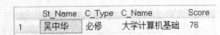

	St_Name	C_Type	C_Name	Score
1	吴中华	必修	大学计算机基础	76

图 6.5　带两个参数的 ScoreInfo 存储过程执行结果

2）名字标识。也叫显式标识。这种方式是在执行存储过程的语句中，使用"参数名=参数值"的形式给出参数值。通过参数名传递参数的好处是，参数可以以任意顺序给出。

例如，在"新建查询"窗格中输入以下语句：

EXEC ScoreInfo @ctype='必修', @stname='吴中华'
EXEC ScoreInfo @ctype='必修',@stname = '杨平娟'

输出结果如图 6.6 所示。

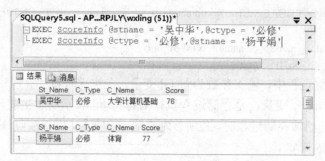

图 6.6　ScoreInfo 存储过程参数的显式传递

按位置传递参数具有更快的速度，按名字传递参数比按位置传递参数具有更大的灵活性，但一旦使用了按名字传递参数的形式后，所有后续的参数都必须以'@name=value'的形式传递。

带参数的存储过程的执行也可以通过图形界面。在展开的"对象资源管理器"的"存储过程"下的 ScoreInfo 存储过程上右击，选择弹出快捷菜单中的"执行存储过程(E)…"命令，则在弹出的"执行过程"窗口中会列出存储过程的参数形式，如果"输出参数"栏为"否"，则表示该参数为输入参数，用户需要设置输入参数的值，在"值"一栏中输入输出参数值，如图 6.7 所示。

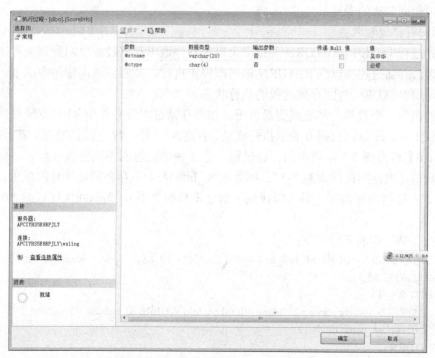

图 6.7　图形界面方式执行 ScoreInfo 存储过程设置参数

（2）输出参数。

如果要在存储过程中传回值给调用者，可在参数名称后使用 OUTPUT 关键字。同时，为了使用输出参数，必须在创建和执行存储过程时都使用 OUTPUT 关键字。

【例 6.5】创建带一个输入参数和一个输出参数的存储过程，通过输入参数在 St_Info 表中查询指定学号的学生，以输出参数的形式返回学生所在的班级名称（Cl_Name 字段）。

创建此存储过程的语句如下：

```
CREATE PROCEDURE StClass @stid char(10), @class_name char(20) OUTPUT
AS
SELECT @class_name = cl_name FROM St_Info
WHERE St_Info.St_ID = @stid
```

以上创建的存储过程中，输入参数为@stid 变量，在执行时将"学号"值传递给存储过程。输出参数为@class_name 变量，是存储过程执行后将@stid 表示的学生的班级名称返回给调用者的变量。调用者使用该存储过程时，必须首先声明一个变量，用于接收该输出变量返回的值。执行该存储过程的语句如下：

```
DECLARE @get_clname char(20)
EXEC StClass '0603060109', @get_clname OUTPUT
SELECT @get_clname
```

执行结果如图 6.8 所示。

（无列名）
1　材料科学0601

图 6.8　例 6.5 执行存储过程结果

DECLARE 关键字用于建立局部变量，在建立局部变量时，要指定局部变量名称及变量类型，并以@为前缀字，一旦变量被声明，其值会先被设为 NULL。

在上面的程序代码中首先声明@get_clname 变量，并将其类型设为与存储过程参数对应的数据类型，然后按参数传递方式执行此存储过程，最后打印由@get_clname 变量从存储过程返回而得到的值。在存储过程和调用程序中为 OUTPUT 使用不同名称的变量，是为了便于理解，也可以使用相同名称的变量。

2．返回存储过程状态

在存储过程中，使用 RETURN 关键字可以无条件退出存储过程以回到调用程序，也可用于退出处理。存储过程执行到 RETURN 语句即停止执行，并回到调用程序中的下一个语句，因而可以使用 RETURN 传回存储过程的执行状态。

传回的值是一个整数，常数或变量皆可。如果存储过程没有使用 RETURN 显式指定执行状态，则 SQL Server 返回代码 0 表示执行成功，否则返回-1～-99 之间的整数，表示执行失败。

【例 6.6】修改例 6.5 示例中的存储过程，分 3 种情况返回不同的执行状态：如果输入空的学号参数值，则返回执行状态"-1"；如果在 St_Info 表中不存在指定学号的学生，则返回执行状态"-2"；除前两种情况之外（即找到了指定学号的学生），则返回执行状态"0"，表示执行正常。

修改此存储过程的语句如下：

```
CREATE PROCEDURE StClass_new @stid char(10) = NULL,  @class_name char(20) OUTPUT AS
IF @stid IS NULL
RETURN -1
    SELECT @class_name = cl_name FROM St_Info WHERE St_Info.St_ID = @stid
    IF @class_name IS NULL
RETURN -2
    RETURN 0
```

执行此存储过程时，要正确接收返回的状态，必须使用以下语句形式：

```
EXEC @status_var = 过程名称
```

其中，@status_var 变量必须在执行存储过程之前声明，由其接收返回的执行状态值。因此要执行上面的存储过程可以输入以下语句：

```
DECLARE @status_return int
DECLARE @get_clname char(20)
EXEC @status_return = StClass_new '0603060109', @get_clname OUTPUT
IF @status_return = -1
    PRINT '没有输入学号'
ELSE
    IF @status_return = -2
        PRINT '找不到这个学号的学生'
    ELSE
        PRINT @get_clname
```

如果将上述代码中的'0603060109'修改为 NULL 或填写一个并不存在的学号，执行存储过程后会分别打印"没有输入学号"和"找不到这个学号的学生"的结果。

6.1.4　存储过程的查看和修改

存储过程的有关信息以及创建存储过程的文本均被存储在 SQL Server 数据库中的系统表中，可以通过多种方式查看，这对于存储过程没有相应的创建 T-SQL 脚本文件是很有用的（除了创建存储过程时使用了加密选项外）。

存储过程可以通过"对象资源管理器"和 T-SQL 语句再次修改以适应新的需要。

1. 使用对象资源管理器查看存储过程

（1）展开"服务器"→"数据库"→"Student_db"→"可编程性"。

（2）选择需要查看的存储过程并右击，在弹出的快捷菜单中选择"编写存储过程脚本为(S)→CREATE 到(C)→新查询编辑器窗口"命令，打开"存储过程脚本编辑"窗口，如图 6.9 所示，右窗格显示的即为存储过程的 T-SQL 定义信息（图中就是例 6.5 创建的存储过程 StClass 的 T-SQL 语句）。

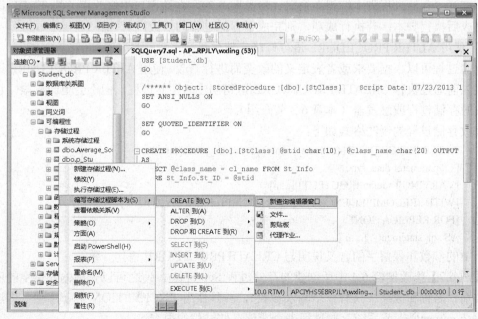

图 6.9　显示存储过程的定义

2. 使用系统存储过程查看存储过程

在 SQL Server 中，根据不同的需要，可以使用 sp_helptext、sp_depends、sp_help 等系统存储过程来查看存储过程的不同信息。这 3 个系统存储过程的具体作用和语法如表 6.2 所示。

表 6.2　查看存储过程信息的系统存储过程

系统存储过程	作用	使用语法
sp_helptext	查看存储过程的文本信息	sp_helptext　[@objname=] 存储过程名
sp_depends	查看存储过程的相关性	sp_depends　[@objname=] 存储过程名
sp_help	查看存储过程的一般信息	sp_help　[@objname=] 存储过程名

需要注意的是，以上系统存储过程在使用时，要查看的存储过程对象必须在当前数据库中。如图 6.10 所示，在"新建查询"窗格中执行 sp_help 系统存储过程后，显示了对象 StClass 的有关名称、所有者、对象类型及创建时间等一般信息。

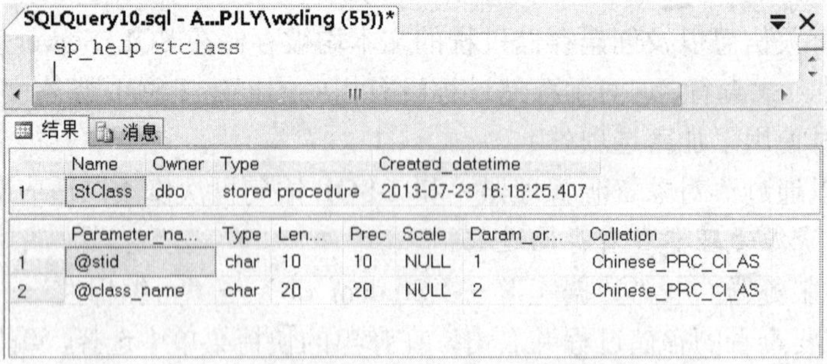

图 6.10　使用 sp_help 显示存储过程的有关信息

3. 使用对象资源管理器修改存储过程

在"存储过程"目录下选择要修改的存储过程并右击，在弹出的快捷菜单中选择"修改"命令，打开"存储过程脚本编辑"窗口（参见图 6.9），在该窗口中修改相关的 T-SQL 语句。修改完成后执行脚本，若执行成功，则完成了存储过程的修改。

4. 使用 ALTER PROCEDURE 语句修改存储过程

存储过程可以根据要求或者表定义的改变而进行修改。使用 ALTER PROCEDURE 语句可以更改先前通过执行 CREATE PROCEDURE 语句创建的存储过程，但不会更改权限，也不影响相关的存储过程或触发器（本章 6.2 节介绍）。

修改存储过程的语法格式如下：

```
ALTER PROC[EDURE] [schema_name.] procedure_name[;number]
[{@parameter data_type}
[VARYING][=default][OUTPUT]][,...n]
[WITH {RECOMPILE|ENCRYPTION|RECOMPILE,ENCRYPTION}]
[FOR REPLICATION]
AS sql_statement   [,...n ]
```

其中的参数和保留字的含义说明与 CREATE PROCEDURE 语句一致。

【例 6.7】修改例例 6.4 中所创建的存储过程 ScoreInfo，使之可以查询输入学生的所修课程的类别、名称和成绩（只有一个输入参数），并且使用 ENCRYPTION 关键字使之无法通过查看 syscomments 表或系统存储过程来查看该存储过程的内容。

完成操作的语句如下：

ALTER PROCEDURE ScoreInfo @stname varchar(20) WITH ENCRYPTION AS

SELECT St_Info.St_Name, C_Info.C_Type, C_Info.C_Name, S_C_Info.Score

FROM St_Info, S_C_Info, C_Info

WHERE St_Info.St_ID = S_C_Info.St_ID AND S_C_Info.C_No = C_Info.C_No AND

　　　St_Info.St_Name = @stname

然后在查询分析器中输入并运行以下语句：

EXEC ScoreInfo '吴中华'

GO

sp_helptext ScoreInfo

运行后，第 1 个语句产生的结果如图 6.11 所示。

	St_Name	C_Type	C_Name	Score
1	吴中华	必修	大学计算机基础	76
2	吴中华	实践	大学计算机基础实践	77

图 6.11　修改存储过程 ScoreInfo 的执行结果

但第 3 个语句却输出"对象 'ScoreInfo' 的文本已加密。"的信息，说明 ScoreInfo 的定义文本已经加密，无法查看。

5．重命名存储过程

修改存储过程的名称可以使用系统存储过程 sp_rename，其语法格式如下：

sp_rename ' stored procedure object_name', ' stored procedure new_name'

参数说明：

（1）' stored procedure object_name'：表示存储过程旧名称。

（2）' stored procedure new_name'：表示存储过程新名称。

【例 6.8】将例 6.1 创建的存储过程 p_Stu 更名为 Student_proc。

完成操作的语句如下：

sp_rename 'p_Stu', ' Student_proc'

此外，通过对象资源管理器也可以修改存储过程的名称。在 SQL Server 对象资源管理器的"存储过程"目录下，右击要操作的存储过程名称，从弹出的快捷菜单中选择"重命名"命令，当存储过程名称变成可输入状态时，就可以直接修改该存储过程的名称。

6.1.5　存储过程的删除

当不再使用一个存储过程时，就要把它从数据库中删除。从 ALTER PROCEDURE 语句也可以看出，它的语法和定义方式基本上与 CREATE PROCEDURE 是一样的。所以，如果要修改一个存储过程，也可先删除该存储过程，再重新创建。

删除存储过程可以通过对象资源管理器和 T-SQL 语句来实现。

1．使用对象资源管理器删除存储过程

在对象资源管理器的"存储过程"目录下，右击要删除的存储过程，从弹出的快捷菜单中选择"删除"命令，将弹出"删除对象"对话框。单击"确定"按钮，则删除该存储过程。

2．使用 DROP PROCEDURE 语句删除存储过程

使用 DROP PROCEDURE 语句可永久性地删除存储过程。在此之前，必须确定从该存储过程没有任何依赖关系。其语法格式如下：

```
        DROP PROC[EDURE] { procedure_name } [ ,...n ]
```
参数说明：

procedure_name：表示要删除的存储过程或存储过程组的名称。

DROP PROCEDURE 语句可以一次从当前数据库中将一个或多个存储过程或过程组删除。存储过程分组后，将无法删除组内的单个存储过程。删除一个存储过程会将同一组内的所有存储过程都删除。

【例 6.9】删除例 6.8 所修改过的存储过程 Student_proc。

完成操作的语句如下：

```
        USE student_db
        GO
        DROP PROCEDURE Student_proc
```

如果另一个存储过程调用某个已删除的存储过程，则 SQL Server 会在执行该调用过程时显示一条错误信息。但如果定义了同名和参数相同的新存储过程来替换已删除的存储过程，那么引用该过程的其他过程仍能顺利执行。可以在删除存储过程之前，先查找系统 sysobjects 中是否存在这一存储过程，然后再删除。

【例 6.10】删除例 6.2 所创建的存储过程 Average_Score。

```
        USE student_db
        GO
        IF EXISTS(SELECT name FROM sysobjects WHERE name='Average_Score')
            DROP PROCEDURE Average_Score
```

注意：不论是重命名存储过程名称还是删除存储过程，都会影响到引用该存储过程的其他数据库对象。

6.2　触发器概述

触发器（Trigger）是 SQL Server 数据库中一种特殊类型的存储过程，不能由用户直接调用，而且可以包含复杂的 T-SQL 语句。它是一个在修改指定表中的数据时执行的存储过程。经常通过创建触发器来强制实现不同表中的逻辑相关数据的引用完整性或者一致性。用户可以用它来强制实施复杂的业务规则，以此确保数据的完整性。

6.2.1　触发器的特点和类型

触发器主要是通过当某个事件发生时自动被触发执行的。触发器可以用于 SQL Server 约束、默认值和规则的完整性检查，还可以完成难以用普通约束实现的复杂功能。

1. 触发器的特点

触发器可以完成存储过程能完成的功能，但是又具有自己显著的特点：

（1）触发器与表紧密相连，可以看作表定义的一部分。

（2）触发器是基于一个表创建的，但是可以针对多个表进行操作，实现数据库中相关表的级联更改。

（3）触发器不能通过名称被直接调用，更不允许带参数，而是当用户对表中的数据进行修改这样的事件发生时自动执行的行为。

（4）触发器可以用于 SQL Server 约束、默认值和规则的完整性检查，实施更为复杂的数据完整性约束。

在数据库中为了实现数据完整性约束，可以使用 CHECK，但 CHECK 约束不允许引用其他表中的列来完成检查工作，而触发器可以引用其他表中的列。例如，在 student_db 数据库中，向学生表 St_Info 中插入新记录，当输入学生学号的前两位时，必须先检查学院表 D_Info 中是否存在该院系。这只能通过触发器实现，而不能通过 CHECK 约束完成。

（5）触发器可以评估数据修改前后的表状态，并根据其差异采取对策。

（6）一个表中可以存在多个同类触发器（INSERT、UPDATE 或 DELETE），对于同一个修改语句可以有多个不同的对策予以响应。

2. 触发器的类型

在 SQL Server 系统中，按照触发事件的不同可以把提供的触发器分成两大类型：DML 触发器和 DDL 触发器。

（1）DDL 触发器。

DDL 触发器当服务器或者数据库中发生数据定义语言（DDL）事件时将被调用。如果要执行 CREATE、ALTER、DROP 等关键字开头的语句时，可以触发 DDL 触发器，以防止对数据库架构进行某些修改。

（2）DML 触发器。

DML 触发器是当数据库服务器中发生数据操纵语言（DML）事件时要执行的操作。DML 事件包括对表或视图的 INSERT、UPDATE 或 DELETE 操作，因此 DML 触发器也可分为 3 种类型：INSERT 触发器、UPDATE 触发器、DELETE 触发器。

DML 触发器可以方便地保持数据库中数据的完整性。例如，对于 Student_DB 数据库有 St_Info、C_Info 和 S_C_Info 表，当插入某一学号的学生的某一课程的成绩时，该学号应是 St_Info 表中已存在的，课程号应是 C_Info 表中已存在的，此时，可通过定义 INSERT 触发器实现上述功能。通过 DML 触发器可以实现多个表间数据的一致性。例如，对于 Student_db 数据库，在 St_Info 表中删除一个学生时，在 St_Info 表的 DELETE 触发器中要同时删除 S_C_Info 表中所有该学生的记录。

按触发器被激活的时机可以分为以下两种类型：

（1）AFTER 触发器。

其又称为后触发器，该类触发器是在触发动作之后再触动，可视为控制触发器激活时间的机制。在引起触发器执行的更新语句成功完成之后执行。如果更新语句因错误（如违反约束或语法错误）而失败，触发器将不会执行。

此类触发器只能定义在表上，不能创建在视图上。可以为每个触发操作（如 INSERT、UPDATE 或 DELETE）创建多个 AFTER 触发器。

（2）INSTEAD OF 触发器。

其又称为替代触发器，将在数据变动以前被触发，该类触发器代替触发操作执行。

该类触发器既可在表上定义，也可在视图上定义。对于每个触发操作（INSERT、UPDATE 和 DELETE）只能定义一个 INSTEAD OF 触发器。

6.2.2　触发器的创建

在创建触发器的基本操作之前，介绍两个特殊的临时表，分别是 inserted 表和 deleted 表。这两个表都存在于高速缓存中，包含了在激发触发器的操作中插入或删除的所有记录。用户可以使用这两个临时表来检测某些修改操作所产生的效果。例如，可以使用 SELECT 语句来检查 INSERT 和 UPDATE 语句执行的插入操作是否成功，触发器是否被这些语句触发等。但是不允许用户直接修改 inserted 表和 deleted 表中的数据。

（1）inserted 表。

存储着被 INSERT 和 UPDATE 语句影响的新的数据记录。当用户执行 INSERT 和 UPDATE 语句时，新数据记录的备份被复制到 inserted 临时表中。

（2）deleted 表。

存储着被 DELETE 和 UPDATE 语句影响的旧数据记录。在执行 DELETE 和 UPDATE 语句过程中，指定的旧数据记录被用户从基本表中删除，然后转移到 deleted 表中。

表 6.3 是对以上两个虚拟表在 3 种不同的数据操作过程中表中记录发生情况的说明。

表 6.3　deleted、inserted 表在执行触发器时记录发生情况

T-SQL 语句	deleted 表	inserted 表
INSERT	空	新增加的记录
UPDATE	旧记录	新记录
DELETE	删除的记录	空

对于 UPDATE 操作都涉及以上的两个虚拟表，因为一个典型的 UPDATE 事务实际上由两个操作组成：首先，旧的数据记录从基本表中转移到 delete 表中，前提是这个过程没有出错；紧接着将新的数据行同时插入基本表和 inserted 表中。

创建一个触发器，内容主要包括触发器名称、与触发器关联的表、激活触发器的语句和条件、触发器应完成的操作等。创建触发器主要有 T-SQL 语句和对象资源管理器等方式。

1. 使用 CREATE TRIGGER 语句创建触发器

创建触发器可以使用 CREATE TRIGGER 语句，其语法格式如下：

```
CREATE TRIGGER [schema_name.] trigger_name ON { table_name|view_name }
[ WITH ENCRYPTION ]
{ FOR | AFTER | INSTEAD OF }
{ [DELETE][,][INSERT][,][UPDATE] }
AS sql_statement [,...n ]
```

参数说明：

（1）trigger_name：触发器名称。名称必须符合标识符规则，并且在数据库中必须唯一。

（2）table_name|view_name：是在其上执行触发器的表或视图，有时称为触发器表或触发器视图。

（3）WITH ENCRYPTION：加密 syscomments 表中包含 CREATE TRIGGER 语句文本的条目，可防止触发器文本被复制。

（4）AFTER：表示在引起触发的 T-SQL 语句中所有操作（包括引用级联操作和约束检查等）成功执行后，才激活本触发器的执行；如果仅指定 FOR，则 AFTER 是默认设置。不能在视图上定义 AFTER 触发器。

（5）INSTEAD OF：指定执行本触发器而不是执行引起触发的 T-SQL 语句，即触发器替代触发语句的操作；每个更新语句（DELETE、INSERT、UPDATE）最多只能定义一个 INSTEAD OF 触发器。

（6）[DELETE][,][INSERT][,][UPDATE]：表示指定执行哪些更新语句时将激活触发器，至少要指定一个选项，若选项多于一个，需用逗号分隔这些选项。

（7）sql_statement：定义触发器被触发后，将执行 T-SQL 语句。

在创建触发器时，必须注意以下几点：

（1）CREATE TRIGGER 语句必须是批处理中的第一条语句。

（2）只能在当前数据库中创建触发器，一个触发器只能对应一个表。

（3）表的所有者具有创建触发器的默认权限，不能将该权限转给其他用户。

（4）不能在视图、临时表、系统表上创建触发器，触发器可以引用视图、临时表，但不能引用系统表。

（5）尽管 TRUNCATE TABLE 语句类似于没有 WHERE 子句的 DELETE 语句，但由于该语句不被记入日志，所以它不会引发 DELETE 触发器。

【例 6.11】在 student_db 数据库中，为课程表 C_Info 建立一个名为 DelCourse 的触发器，其作用是当删除课程表中的记录时，同时删除修课表 S_C_Info 中与该课程编号相关的记录。

创建 DelCourse 触发器的语句如下：

```
USE student_db
GO
CREATE TRIGGER DelCourse ON C_Info
FOR DELETE AS
DELETE S_C_Info WHERE C_No IN (SELECT C_No FROM deleted)
GO
```

在"新建查询"窗格中输入以下语句并执行：

```
DELETE FROM C_Info WHERE C_No='29000011'
```

该语句从 C_Info 表中删除课程编号为"29000011"的数据行，触发 DelCourse 触发器，产生如图 6.12 所示信息。

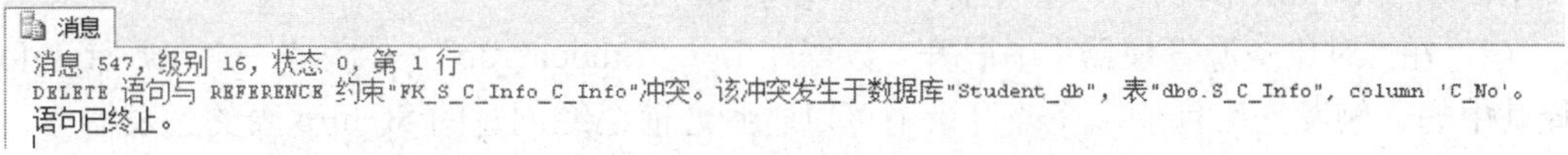

```
消息
消息 547，级别 16，状态 0，第 1 行
DELETE 语句与 REFERENCE 约束"FK_S_C_Info_C_Info"冲突。该冲突发生于数据库"Student_db"，表"dbo.S_C_Info"，column 'C_No'。
语句已终止。
```

图 6.12　DelCourse 触发器的执行结果

注意：①必须删除与 S_C_Info 表已建立的外键关系，触发器才能被触发，因为主记录的子记录不存在级联删除操作时，对主记录的删除会引发错误。②如果没有以上限制，则当删除 C_Info 表中的课程记录时，触发器会自动执行，从而自动删除选课信息表中选修了该课程的所有学生的成绩记录。

【例 6.12】为 S_C_Info 表建立一个名为 CheckScore 的触发器，其作用是修改课程成绩时，检查输入的成绩是否在有效的 0～100 的范围内。

创建 CheckScore 触发器的语句如下：

```
USE student_db
GO
CREATE TRIGGER CheckScore ON S_C_Info
FOR UPDATE AS
DECLARE @cj int
SELECT @cj=inserted.Score from inserted
```

```
        IF (@cj<0 or @cj>100)
        BEGIN
            RAISERROR ('成绩的取值必须在 0 到 100 之间', 16, 1)
            ROLLBACK TRANSACTION
        END
        GO
```

注意：①RAISERROR 语句允许发出用户定义的错误并向客户端发送消息。②IF 流程控制语句中间包括一系列的 T-SQL 语句时，必须使用 BEGIN…END 组包含语句体；ROLLBACK TRANSACTION 用于对在 BEGIN…END 中间的所有数据库操作事务进行回退，恢复先前数据。

该触发器创建成功后，在"新建查询"窗格中对 S_C_Info 执行 UPDATE 操作，输入以下语句：

```
        UPDATE S_C_Info SET Score=120 WHERE St_ID='0603060109' AND C_No='9710041'
```

则执行该语句后，UPDATE 操作立即激活触发器，输出如图 6.13 所示的内容，说明更新操作中输入的数据无效，触发器自动回退到先前未修改的数据状态。

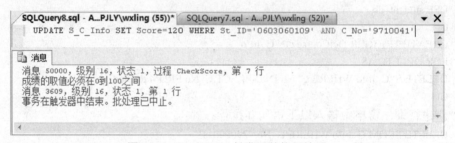

图 6.13　CheckScore 触发器的执行结果

2. 使用图形界面方式创建触发器

下面以表 St_Info 为例创建触发器，操作步骤如下：

（1）在"对象资源管理器"中展开"数据库"→"Student_db"→"表"→"dbo.St_Info"，选择其中的"触发器"目录，在该目录下可以看到之前已经创建的 St_Info 表的触发器。

（2）右击"触发器"，在弹出的快捷菜单中选择"新建触发器"命令。

（3）在打开的"触发器脚本编辑"窗格输入相应的创建触发器的命令，如图 6.14 所示。输入完成后，单击"执行"按钮。若执行成功，则触发器创建完成。

```
CREATE TRIGGER st_Insert
    ON  St_Info
    AFTER INSERT
AS
BEGIN
    DECLARE @str char(50)
    SET @str='TRIGGER IS WORKING'
    PRINT @str
END
GO
```

图 6.14　"触发器脚本编辑"窗格

以上过程在学生表 St_Info 中的 INSERT 操作上创建了一个名称为"st_Insert"的触发器。当在该表上执行任何有效的插入操作（不论是否实际插入了记录）时，都会激活该触发器，将变量@str 的值设为"TRIGGER IS WORKING"。

注意：PRINT 命令的作用是向客户端返回用户定义的消息。

6.2.3　触发器的查看和修改

如果要显示作用于表上的触发器究竟对表做了哪些操作，必须查看触发器信息。在 SQL Server 中，触发器可以看做是特殊的存储过程，因此所有适用于存储过程的管理方式都适用于触发器。可以使用像 sp_helptext、sp_help 和 sp_depends 等系统存储过程来查看触发器的有关信息，也可以使用 sp_rename 系统存储过程来重命名触发器。

1. 使用对象资源管理器查看触发器信息

操作步骤如下：

（1）在"对象资源管理器"中展开"数据库"→"Student_db"→"表"→"dbo.St_Info"，选择其中的"触发器"目录，在该目录下可以看到之前已经创建的 St_Info 表的触发器。

（2）选择需要查看的触发器，如 st_Insert，右击，在弹出的快捷菜单中单击"编写触发器脚本"→"CREATE 到"→"新查询编辑器窗口"命令，打开"触发器脚本编辑"窗格，可以看到创建该触发器的文本。

2. 使用系统存储过程查看触发器信息

在 SQL Server 中，根据不同需要，可以使用 sp_helptext、sp_depends、sp_help 等系统存储过程来查看触发器的不同信息。具体作用和语法与表 6.2 所示用于查看存储过程信息的命令格式一样，只要将引用的对象名称改为触发器对象名称即可。

例如，使用 sp_helptext 系统存储过程可以查看触发器的定义语句如下：

```
sp_helptext st_Insert
```

执行结果如图 6.15 所示。

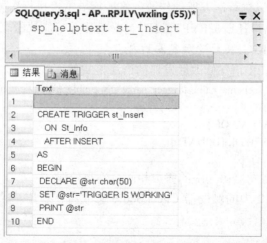

图 6.15　查看创建触发器文本信息

此外，有专门查看触发器属性信息的系统存储过程 sp_helptrigger，其语法格式如下：

```
sp_helptrigger [ @tabname = ] 'table' [ , [ @triggertype = ] 'type' ]
```

参数说明：

（1）[@tabname =] 'table'：表示当前数据库中表的名称，将返回该表的触发器信息。

（2）[@triggertype =] 'type'：表示触发器的类型，将返回此类型触发器的信息。其值可以是 INSERT、DELETE 和 UPDATE。

【例 6.13】查看 S_C_Info 表上存在的触发器的属性信息。

完成操作的语句如下：

　　　　EXEC sp_helptrigger S_C_Info

输出结果如图 6.16 所示。

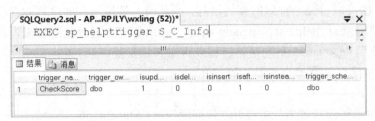

图 6.16　利用系统存储过程 sp_helptrigger 查看触发器的属性

3．使用对象资源管理器修改触发器的内容

使用"对象资源管理器"修改触发器的操作步骤与创建触发器相似，只不过在打开"触发器属性"对话框后，从"名称"下拉列表框中选择需要修改的触发器，然后对文本框中的 T-SQL 语句进行修改即可。修改完成后，可以使用"检查语法"选项来验证语法是否正确。最后，单击"确定"按钮，完成触发器的修改。

操作步骤如下：

（1）在"对象资源管理器"中展开"数据库"→"Student_db"→"表"→"dbo.St_Info"，选择其中的"触发器"目录，在该目录下可以看到之前已经创建的 St_Info 表的触发器。

（2）选择需要查看的触发器，如 st_Insert，右击，在弹出的快捷菜单中单击"修改"命令，打开"触发器脚本编辑"窗格。

（3）在该窗格中可以进行触发器的修改，修改后单击"执行"按钮重新执行即可。

注意：被设置成"WITH ENCRYPTION"的触发器是不能被修改的。

4．使用 ALTER TRIGGER 修改触发器的内容

使用 ALTER TRIGGER 语句修改触发器的语法格式如下：

　　　　ALTER TRIGGER [schema_name.]trigger_name ON { table_name|view_name }

　　　　[WITH ENCRYPTION]

　　　　{ FOR|AFTER|INSTEAD OF }

　　　　{ [DELETE][,][INSERT][,][UPDATE] }

　　　　AS sql_statement [,...n]

其中的参数与创建触发器语句中的参数相同，不再赘述。

【例 6.14】将例 6.12 中的触发器 CheckScore 修改为在新增记录和修改记录时都能对输入的修课成绩范围进行检查。

完成操作的语句如下：

　　　　ALTER TRIGGER CheckScore ON S_C_Info

　　　　FOR INSERT, UPDATE AS

　　　　DECLARE @cj int

　　　　SELECT @cj=inserted.Score from inserted

　　　　IF (@cj<0 or @cj>100)

　　　　BEGIN

　　　　　　RAISERROR ('成绩的取值必须在 0 到 100 之间', 16, 1)

```
        ROLLBACK TRANSACTION
    END
    GO
```

对 S_C_Info 表执行以下插入记录语句：

```
    INSERT S_C_Info (St_ID, C_NO, Score) VALUES ('0603060111', '9720013',108)
```

激活 INSERT 触发器 CheckScore，结果与图 6.13 类似，说明插入记录操作被终止，触发器自动回退到未插入记录之前的数据库状态。

5. 重命名触发器

修改触发器的名称可以使用系统存储过程 sp_rename，其语法格式如下：

```
    sp_rename    objname, newname
```

参数说明：

（1）objname：表示原触发器的名称。

（2）newname：表示新触发器的名称。

6.2.4　触发器的删除

当不再需要某个触发器时，可以将其删除。只有触发器的所有者才有权删除触发器。可以使用下面的方法将触发器删除。

1. 使用对象资源管理器删除触发器

操作步骤如下：

（1）在对象资源管理器中展开"数据库"→"Student_db"→"表"→"dbo.St_Info"→"触发器"，选择要删除的触发器名称，如 st_Insert。

（2）右击，在弹出的快捷菜单中选择"删除"命令，在弹出的"删除对象"对话框中单击"确定"按钮，即可完成触发器的删除操作。

2. 使用 DROP TRIGGER 语句删除触发器

删除一个或多个触发器，可以使用 DROP TRIGGER 语句，语法格式如下：

```
    DROP TRIGGER { trigger } [ ,...,n ]
```

参数说明：

（1）trigger：要删除的触发器名称。

（2）n：表示可以指定需要删除的多个触发器。

3. 删除表的同时删除触发器

当某个表被删除后，该表上的所有触发器将自动被删除，但是删除触发器不会对表中数据产生影响。

习题6

一、思考题

（1）什么是存储过程？为什么要使用存储过程？

（2）系统存储过程和自定义存储过程有何区别？

（3）当某个表被删除后，该表上的所有触发器是否还存在？为什么？

（4）存储过程和触发器有什么区别？什么时候用存储过程？什么时候用触发器？

（5）要求创建一个存储过程 myproc，查询指定班级中选修指定课程的学生人数，并将查询结果通过参数返回。以下过程调用存储过程查询"材料科学 0601"班中选修"C++程序设计基础"课程的学生人数：

```
CREATE PROCEDURE [myproc]
@classname VARCHAR(20), @cname VARCHAR(20), @count INT OUTPUT
AS
SELECT COUNT(*) FROM S_C_Info sc, st_info s, c_info c
        WHERE c.c_no=sc.c_no AND s.st_id=sc.st_id AND
            s.Cl_Name=@classname AND c.C_Name=@cname
```

执行这个存储过程的语句段为：

```
DECLARE @count int
EXEC myproc '材料科学 0601','C++程序设计基础' , _____
print @count
```

请问应在下划线处填入什么内容？

二、选择题

（1）（　　）允许用户定义一组操作，这些操作通过对指定的表数据进行删除、插入和更新来执行或触发。

    A．存储过程　　　　　　B．视图　　　　　　C．触发器　　　　　　D．索引

（2）SQL Server 为每个触发器创建了两个临时表，它们是（　　）。

    A．Updated 和 Deleted　　　　　　　　B．Inserted 和 Deleted

    C．Inserted 和 Updated　　　　　　　　D．Seleted 和 Inserted

（3）SQL Server 中，存储过程由一组预先定义并被（　　）的 T-SQL 语句组成。

    A．编写　　　　　　B．解释　　　　　　C．编译　　　　　　D．保存

（4）下列可以修改存储过程的名称的系统存储过程是（　　）。

    A．xp_spaceused　　　　　　　　　　B．sp_depends

    C．sp_help　　　　　　　　　　　　D．sp_rename

（5）以下语句创建的触发器 ABC 是当对表 T 进行（　　）操作时触发。

```
CREATE TRIGGER ABC
ON  表 T
FOR INSERT, UPDATE, DELETE
        AS  ……
```

    A．只是修改　　　　　　　　　　B．只是插入

    C．只是删除　　　　　　　　　　D．修改，插入，删除

（6）以下（　　）不是存储过程的优点。

    A．实现模块化编程，能被多个用户共享和重用

    B．可以加快程序的运行速度

    C．可以增加网络的流量

    D．可以提高数据库的安全性

（7）以下（　　）操作不是触发触发器的操作。

    A．SELECT　　　　　　　　　　B．INSERT

    C．DELETE　　　　　　　　　　D．UPDATE

（8）下面关于触发器的描述，错误的是（　　）。

   A. 触发器是一种特殊的存储过程，用户可以直接调用

   B. 触发器表和 deleted 表没有共同记录

   C. 触发器可以用来定义比 CHECK 约束更复杂的规则

   D. 删除触发器可以使用 DROP TRIGGER 命令，也可以使用对象资源管理器

（9）关于 SQL Server 中的存储过程，下列说法中正确的是（   ）。

   A. 不能有输入参数   B. 没有返回值

   C. 可以自动被执行   D. 可以按存储过程名称执行

（10）对于下面的存储过程：

```
CREATE PROCEDURE Mysp1 @P INT
AS
SELECT St_name, Age FROM Students WHERE Age=@p
```

调用这个存储过程查询年龄为 20 岁的学生的正确方法是（   ）。

   A. EXEC Mysp1 @p='20'   B. EXEC Mysp1 @p=20

   C. EXEC Mysp1='20'   D. EXEC Mysp1=20

第 7 章　数据库维护

- 　**了解**：数据备份的策略；数据库及数据表的维护管理。
- 　**理解**：数据备份和还原的基本概念；数据转换的基本概念；脚本的基本概念。
- 　**掌握**：数据导入和导出向导的使用方法；数据备份和还原的简单操作；执行将
　　　　　数据库或数据表生成脚本的操作。

7.1　数据备份和还原

数据的安全性和可用性都离不开良好的数据备份工作。为防止非法登录者或非授权用户对 SQL Server 数据库及数据造成破坏、合法用户不小心对数据库的数据做了不正确的操作、保存数据库文件的磁盘遭到损坏（如计算机硬件故障、计算机病毒袭击、自然灾害等）、运行 SQL Server 的服务器因某个不可预见的事件而导致崩溃，有必要对数据进行备份和还原。本节主要介绍备份和还原的含义、备份的种类、备份设备及备份策略等基本概念，以及创建备份和还原数据库的基本操作。

7.1.1　数据备份

备份是指定期或不定期地将 SQL Server 数据库中的全部或部分数据复制到安全的存储介质（磁盘、磁带等）上保存起来的过程。数据库备份记录了在进行备份这一操作时数据库中所有数据的状态，如果数据库因意外而损坏，这些备份文件将在数据库还原时被用来还原数据库。

在 SQL Server 系统中，只有获得许可的角色才可以备份数据，这些角色是固定服务器角色 sysadmin（系统管理员）、固定数据库角色 db_owner（数据库所有者）和固定数据库角色 db_backupoperator（允许进行数据库备份的用户）。或者通过授权也允许其他角色进行数据库备份。

进行数据备份需要仔细地考虑和计划，要考虑的因素通常有备份类型、备份设备和备份策略等。

1．备份类型

SQL Server 2008 提供了"完全"、"差异"和"事务日志" 3 种不同的备份类型，进行数据备份。表 7.1 列出了这 3 种备份类型所适应的范围和限制的对象。

表 7.1　SQL Server 2008 备份类型

备份类型	适用于	限制
完全	数据库、文件和文件组	对于 master 数据库，只能执行完全备份
		在简单恢复模式下，文件和文件组备份只适用于只读文件组
差异	数据库、文件和文件组	在简单恢复模式下，文件和文件组备份只适用于只读文件组
事务日志	事务日志	事务日志备份不适用于简单恢复模式

（1）完全备份。执行的是完整数据库备份，即备份整个数据库，包括用户表、系统表、索引、视图、存储过程等所有的数据和数据库对象。完全备份速度慢，占用磁盘空间大。在对数据库进行完全备份时，所有未完成的事务或者发生在备份过程中的事务都将被忽略，所以尽量在一定条件下才使用这种备份类型。

（2）差异备份。差异备份是完全备份的补充，执行的是差异数据库备份。差异备份仅记录自上次完整数据库备份后对数据库数据所做的更改。通常情况下，差异备份需要的时间比完全备份短，占用的磁盘空间小。

（3）事务日志备份。事务日志是作为数据库中的单独文件或一组文件实现的，用于记录所有事务对数据库所做的修改。事务日志备份是自上次备份事务日志后对数据库执行的所有事务的一系列记录。可以使用事务日志备份将数据库还原到特定的即时点（如输入多余数据前的那一点）或还原到故障点。与差异备份类似，事务日志备份的备份文件和时间都会比较短。

注意：在创建第一个事务日志备份之前，必须先创建完全备份（如数据库备份或一组文件备份中的第一个备份）。

由表 7.1 知，在 SQL Server 2008 中可以备份整个数据库，也可以备份数据文件和文件组。如果在创建数据库时为数据库创建了多个数据库文件或文件组，并且数据库比较庞大，使用此备份方式比较好。使用文件和文件组备份方式每次只备份一个或几个文件或文件组，可以分多次来备份数据库，避免大型数据库备份时间长的问题。另外，由于文件和文件组备份只备份其中一个或多个数据文件，那么当数据库里的某个或某些文件损坏时，可以只还原损坏的文件或文件组备份，这样可以提高数据库还原的速度。

2．备份设备

SQL Server 2008 中的备份设备是用来存储数据库、事务日志或文件和文件组备份的存储介质，常用的备份设备类型主要包括磁盘和磁带。

（1）磁盘。以硬盘或其他磁盘类设备为存储介质。备份设备在硬盘中是以文件的方式存储的。磁盘备份设备可以存储在本地机器上，也可以存储在网络的远程磁盘上。如果数据备份存储在本地机器上，在由于存储介质故障或服务器崩溃而造成数据丢失的情况下，备份就没有意义了。因此，要及时将备份文件复制到远程磁盘上。如果采用远程磁盘作为备份设备，要采用统一命名方式（UNC）来表示备份文件，即\\远程服务器名\共享文件名\路径名\文件名。

（2）磁带。使用磁带作为存储介质，必须将磁带物理地安装在运行 SQL Server 的计算机上。磁带仅可用于备份本地文件。在 SQL Server 的以后版本中将不再支持磁带备份设备。

对数据库进行备份时，备份设备可以采用物理设备名称和逻辑设备名称两种方式。

物理设备名称：即操作系统文件名，直接采用备份文件在磁盘上以文件方式存储的完整路径名，如 F:\BACKUP\DATA_FULL.BAK。

逻辑设备名称：为物理备份设备指定的可选的逻辑名（别名）。使用逻辑设备名称可以简化备份路径。逻辑备份设备名称被永久保存在 SQL Server 2008 的系统表中。

3．备份策略

备份策略是指确定需备份的内容、备份的时间及备份的方式。其中最重要的问题之一就是如何选择和组合备份方式。因为单纯地采用任何一种备份方式都会存在一些缺陷。完全备份执行得过于频繁会消耗大量的备份介质，而执行得不够频繁又会无法保证数据备份的质量。单独使用差异备份和事务日志备份在数据还原时都存在风险，这样会降低数据备份的安全性。通常的备份策略是组合几种方式形成适度的备份方案，以弥补单独使用任何一种方式时的缺陷。

常见的组合备份方式有完全备份、完全备份加事务日志备份、完全备份加差异备份再加事务日志备份。

（1）完全备份。该备份忽略两次备份操作之间数据的变化情况，是一种每次都对备份目标执行完全备份的方式。此策略适合于数据库的数据不是很大，而且数据更改不是很频繁的情况。

（2）完全备份加事务日志备份。创建定期的数据库完全备份，并在两次数据库完全备份之间按一定的时间间隔创建事务日志备份，增加事务日志备份的次数（如每隔几小时备份一次）以减少备份时间。此策略适合于不希望经常创建完全备份，但又不允许丢失太多数据的情况。

（3）完全备份加差异备份再加事务日志备份。创建定期的数据库完全备份，并在两次数据库完全备份之间按一定的时间间隔（如每隔一天）创建差异备份，在完全备份之间安排差异备份可减少数据还原后需要还原的日志备份数，从而缩短还原时间，再在两次差异备份之间创建一些事务日志备份。此策略的优点是备份和还原的速度比较快，并且当系统出现故障时，丢失的数据也比较少。

7.1.2　数据还原

数据还原（数据恢复）是数据备份的逆向操作。还原数据库是一个装载数据库的备份，然后应用事务日志重建的过程。当数据库或数据遭受破坏或丢失，或者因维护任务或数据的远程处理从一个服务器向另一个服务器拷贝数据库时，需要执行还原数据库的操作。执行还原操作可以重新创建在备份数据库完成时，数据库中存在的相关文件，但备份后对数据库的所有修改将不能被还原。

1．还原模式

SQL Server 2008 提供了 3 种还原模式用以简化还原计划、简化备份和还原过程以及阐明系统操作要求之间的权衡。这 3 种还原模式是简单还原模式、完整还原模式和大容量日志还原模式。这些模式之间的关系及其特点如表 7.2 所示。

表 7.2　SQL Server 2008 中 3 种还原模式的特点

还原模式	说明	工作丢失的风险	还原到的时间点
简单	无日志备份	最新备份之后的更改不受保护。在发生灾难时，这些更改必须重做	只能还原到备份的结尾
完整	需要日志备份	正常情况下没有。如果日志尾部损坏，则必须重做自最新日志备份之后的更改	如果备份在接近特定的时间点完成，则可以还原到该时间点
大容量日志	需要日志备份。是完整还原模式的附加模式	如果在最新日志备份后发生日志损坏或执行大容量日志记录操作，则必须重做自上次备份之后所做的更改	可以还原到任何备份的结尾。不支持时间点还原

（1）简单还原模式。该模式在进行数据库还原时仅使用了数据库备份或差异备份，而不涉及事务日志备份。它使数据只能还原到备份结束时的数据库。这种模式最容易实施，所占用的存储空间也最小。

（2）完整还原模式。该模式通过使用数据库备份和事务日志备份将数据库还原到发生失败的时刻，几乎不造成任何数据丢失，为数据提供了最大的保护性和灵活性。为保证这种还原程度，包括大容量操作（如创建索引、大容量复制和大容量装载数据）在内的所有操作都将完整地记入事务日志。选择完整还原模式时，常使用的备份策略是：先进行完全数据库备份；然后进行差异数据库备份；最后进行事务日志备份。

（3）大容量日志还原模式。该模式在性能上要优于简单还原模式和完整还原模式，它能尽最大努力减少大规模操作所需要的存储空间。这些大规模操作主要是创建索引或大容量复制。选择大容量日志还原模式所采用的备份策略与完全还原所采用的还原策略基本相同。

2. 还原顺序

SQL Server 中的还原方案使用一个或多个还原步骤（操作）来实现，称为"还原顺序"。还原的顺序与选择的备份类型和方式有关。在简单情况下，还原操作只需要一个完全数据库备份、一个差异数据库备份和后续事务日志备份。在这些情况下，很容易构造一个正确的还原顺序。例如，若要将整个数据库还原到故障点，先备份事务日志（日志的"尾部"），然后按备份的创建顺序还原最新的完全数据库备份、最新的差异备份（如果有）以及所有后续事务日志备份。

在稍复杂的情况下，构造一个正确的还原顺序可能是个复杂的过程。这里不作介绍。

7.1.3 数据备份和还原操作

SQL Server 2008 提供了高性能的备份和还原功能，可以实现多种方式的数据备份和还原操作，避免了由于各种故障造成的损失而丢失数据。

1. 数据备份的基本操作

数据备份的基本操作顺序是：先选择备份类型；再创建备份设备；最后实现备份。

（1）选择备份类型。

SQL Server 2008 支持单独使用一种备份类型或组合使用多种备份类型。选择备份类型应该结合还原模式一起考虑，这样更有利于对数据的还原。备份类型和还原模式的关系如表7.3 所示。

表 7.3　备份类型和还原模式的关系

模式	备份类型			
	数据库	数据库差异	事务日志	文件或文件差异
简单	必需	可选	不允许	不允许
完整	必需（或文件备份）	可选	必需	可选
大容量日志	必需（或文件备份）	可选	必需	可选

根据备份类型选择还原模式的操作是：在"对象资源管理器"中，选中要进行备份的数据库并右击，在弹出的快捷菜单中单击"属性"命令，打开"数据库属性"窗口，在"数据库属性"窗口中选择"选项"选项卡，在"恢复模式"下拉列表框中指定还原模式来决定总体备份策略和使用的备份类型，如图 7.1 所示。

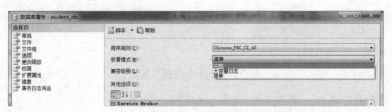

图 7.1　在"数据库属性"窗口中指定还原模式

（2）创建备份设备。

在 SQL Server 2008 中备份设备分为永久备份设备和临时备份设备两类。备份设备总是有一个物理名称，这个物理名称是操作系统访问物理设备时所使用的名称，但使用逻辑名称访问更加方便。要使用备份设备的逻辑名称进行备份，就必须先创建命名的备份设备，否则就只能使用物理名称访问备份设备。可以使用逻辑名称访问的备份设备称为永久备份设备，而只能使用物理名称访问的设备称为临时备份设备。

创建备份设备后才能使用"对象资源管理器"或 T-SQL 将需要备份的数据库备份到备份设备中。

创建备份设备可以使用"对象资源管理器"，也可以使用存储过程 sp_addumpdevice。这里只介绍使用"对象资源管理器"创建永久备份设备的操作，步骤如下：

1）在"对象资源管理器"中展开"服务器对象"，选择"备份设备"并右击，在弹出的快捷菜单中单击"新建备份设备"命令，如图 7.2 所示。

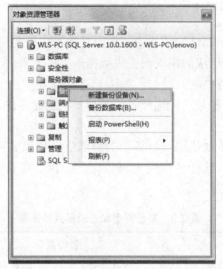

图 7.2   选择"新建备份设备"命令

2）在弹出的"备份设备"窗口（图 7.3）中的"设备名称"文本框中输入备份设备的名称（假设为"student_db 备份"），在"目标"栏下的"文件"文本框中输入完整的物理路径名，也可以单击文本框右边的 ... 按钮修改备份设备文件的存储位置和备份设备文件名。若将数据库备份到磁带上，必须将磁带设备物理连接到运行 SQL Server 实例的计算机上。

图 7.3   "备份设备"窗口

3）单击"确定"按钮，系统创建永久备份设备。

此时就可在选中的"备份设备"节点右边的内容窗格中，看到所创建的新设备和原来创建好的全部设备，如图 7.4 所示。若要删除已经创建好的备份设备，只要右击要删除的设备，在弹出的快捷菜单中选择"删除"命令，然后在弹出的"删除对象"对话框中单击"确定"按钮即可删除。

图 7.4　创建好的备份设备"student_db 备份"窗口

（3）实现备份。

实现数据库的备份可以使用"对象资源管理器"，也可以使用 T-SQL 的 BACKUP 命令完成。下面仅介绍使用"对象资源管理器"实现对数据库"student_db"进行备份的操作，步骤如下：

1）在"对象资源管理器"中右击数据库"student_db"，在弹出的快捷菜单中单击"任务"→"备份"命令，如图 7.5 所示。

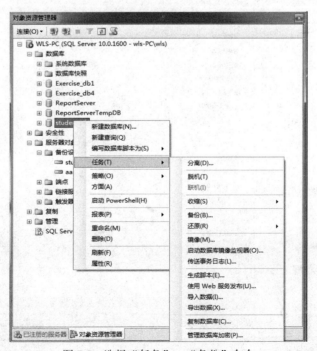

图 7.5　选择"任务"→"备份"命令

2）在打开的"备份数据库-student_db"窗口中，先单击"删除"按钮，然后单击"添加"按钮。

3）在弹出的"选择备份目标"对话框中选择备份到磁盘的形式是"文件名"还是"备份设备"，这里选择备份的目的地是"备份设备"，并从下拉列表框中指定备份设备为"student_db备份"，如图 7.6 所示。若选择目的地是"文件名"形式，可直接指定备份的物理位置和文件名，或通过单击右边的 ⋯ 按钮指定备份的物理位置和文件名。

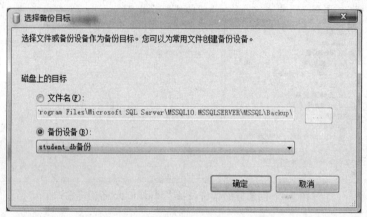

图 7.6　"选择备份目录"对话框

4）单击"确定"按钮返回至"备份数据库-student_db"窗口，此时"目标"栏中已经有了添加好的备份设备，如图 7.7 所示。若添加的设备错了，可单击"删除"按钮将其删除。通过单击"内容"按钮可以查看选定的磁带或磁盘的内容。

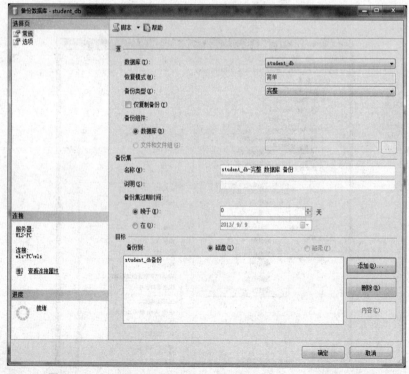

图 7.7　已经添加好备份设备的"备份数据库-student_db"窗口

5）在"备份数据库-student_db"窗口中，单击"确定"按钮，系统开始进行备份，备份完成后弹出"对数据库 student_db 的备份已成功完成"对话框，如图 7.8 所示，单击"确定"按钮，完成数据库的永久备份。

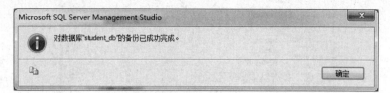

图 7.8　"对数据库 student_db 的备份已成功完成"对话框

2. 数据还原的基本操作

由于数据还原是静态的，所以在还原数据库时，需先限制用户对该数据库进行其他操作，再进行数据还原。

（1）限制用户。

限制用户对数据库操作的设置方法可以是：在"对象资源管理器"中右击要还原的数据库，在弹出的快捷菜单中单击"属性"命令，在弹出的"数据库属性"窗口中选择"选项"选项卡，在"状态"栏中选择"限制访问"项，从右边的下拉列表框中选择"SINGLE_USER"即单用户选项，如图 7.9 所示。这样其他用户就不能访问该数据库了。

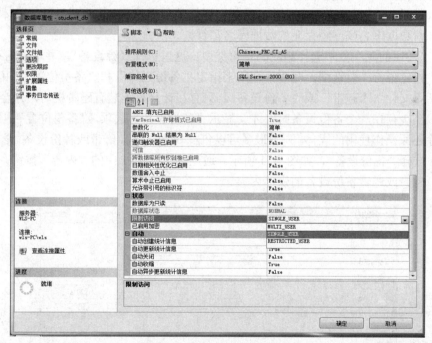

图 7.9　设置用户访问数据库

（2）实现还原。

实现数据的还原可以使用"对象资源管理器"，也可以使用 T-SQL 的 RESTORE 命令完成。这里仅介绍使用"对象资源管理器"实现数据库还原，其操作步骤如下：

1）在"对象资源管理器"中右击任意一个数据库（这里选择"student_db"数据库），在弹出的快捷菜单中单击"任务"→"还原"→"数据库"命令，如图 7.10 所示。

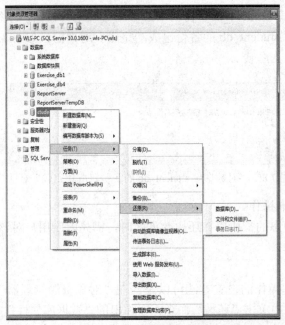

图 7.10　还原数据库选项

2）在弹出的"还原数据库-student_db"对话框的"常规"选项卡的"还原的目标"栏中，单击"目标数据库"右边的下拉列表框，选择要还原的数据库名，也可以直接在文本框中输入数据库名（新数据库名或已经存在的数据库名都行）。

3）在"还原的源"栏中选择相应的备份类型。这里选择"源设备"，并单击右边的 ... 按钮，弹出"指定备份"对话框，此对话框用来指定"备份媒体"和"备份位置"。其中"备份媒体"包括"文件"、"磁带"或"备份设备"。只有在计算机上装有磁带机时，才会显示"磁带"选项，至少存在一个备份设备时，才会显示"备份设备"选项。"备份位置"用来查看、添加或删除还原操作使用的媒体。列表最多可以包含 64 个文件、磁带或备份设备。这里 在"备份媒体"中选择"备份设备"，如图 7.11 所示。通过单击图 7.11 中的"内容"按钮，可以显示选定文件、磁带或逻辑备份设备的媒体内容。

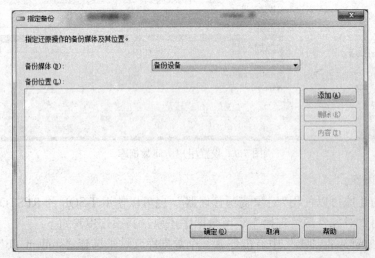

图 7.11　"指定备份"对话框

注意：图 7.11 中的"删除"和"内容"按钮，是在"备份位置"栏中存在具体内容时才能激活，否则是不可用状态。

4）在图 7.11 中单击"添加"按钮，在弹出的"选择备份设备"对话框中，通过单击"备份设备"右边的下拉列表按钮指定备份设备，如图 7.12 所示。

图 7.12　"选择备份设备"对话框

5）在图 7.12 中，单击"确定"按钮，系统返回至"指定备份"对话框，在此对话框中还可以删除不满意的备份设备。

6）在返回的"指定备份"对话框中单击"确定"按钮，系统返回至"还原数据库-student_db"对话框，在此对话框中"选择用于还原的设备集"栏下，勾选还原对象，如图 7.13 所示。单击"确定"按钮，系统进行还原操作，并弹出"对数据库 student_db 的还原已成功完成"对话框，如图 7.14 所示。

7）单击"确定"按钮，系统返回至 SSMS 主窗口。

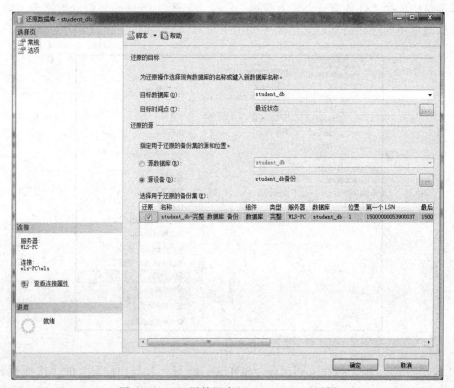

图 7.13　"还原数据库-student_db"对话框

图 7.14   "对数据库 student_db 的还原已成功完成"对话框

7.2 导入导出数据

SQL Server 2008 提供了强大的数据导入导出功能，它可以在多种常用数据格式（数据库、电子表格和文本文件）之间导入和导出数据，为不同数据源间的数据转换提供了方便。本节主要介绍数据的导入导出操作。

7.2.1 导入数据表

导入数据表是从外部数据源中检索数据，并将数据表导入到 SQL Server 数据库中的过程。下面举例说明使用"对象资源管理器"的"导入/导出向导"进行数据导入的操作过程。

【例 7.1】首先使用 Access 创建一个"student.mdb"数据库，并在其中创建一个"班级情况"表，表中输入记录。然后使用"对象资源管理器"的"导入/导出向导"将"student.mdb"数据库中的"班级情况"表导入到 SQL Server 的"Student_db"数据库中。

使用"对象资源管理器"的"导入/导出向导"导入 Access 数据库的步骤如下：

（1）打开 SQL Server 对象资源管理器，展开"数据库"→"Student_db"并右击，从弹出的快捷菜单中选择"任务"→"导入数据"命令，如图 7.15 所示。启动数据导入向导工具，就会出现欢迎使用向导对话框，对话框中列出了导入向导能够完成的操作。

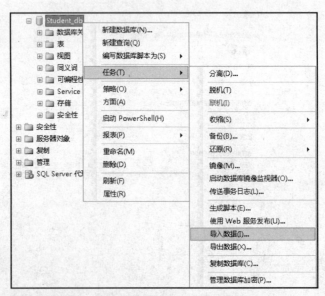

图 7.15   选择"任务"→"导入数据"命令

（2）单击"下一步"按钮，则出现"SQL Server 导入和导出向导"的"选择数据源"窗口，如图 7.16 所示。在该窗口中，可以选择数据源类型、文件名、用户名和密码等选项。

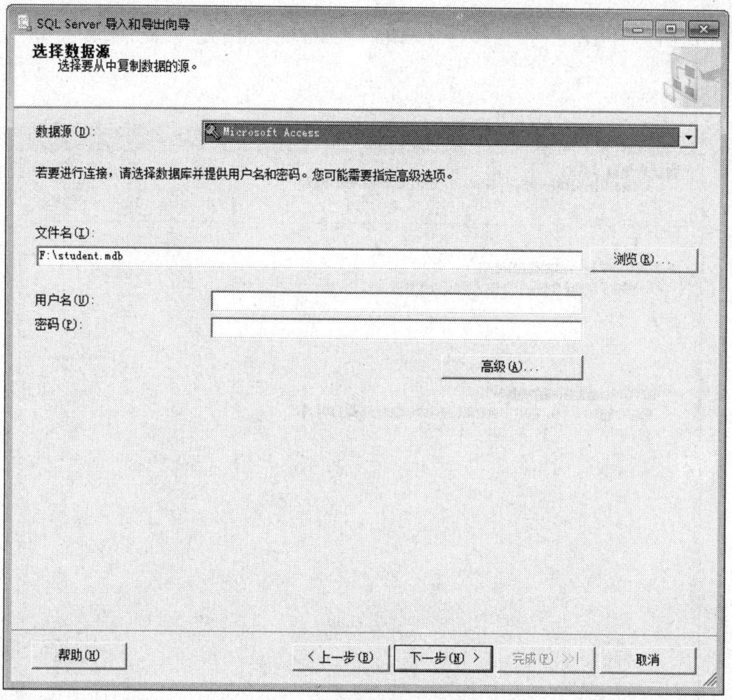

图 7.16　"选择数据源"窗口

（3）单击"下一步"按钮，则出现"选择目标"窗口，如图 7.17 所示。本例使用 SQL Server 数据库作为目标数据库，在"目标"下拉列表框中选择 SQL Server Native Client，在"服务器名称"下拉列表框中输入目标数据库所在的服务器名称，"身份验证"选中"使用 Windows 身份验证"单选按钮。在"数据库"下拉列表框中选择目标数据库，如 Student_db 数据库。

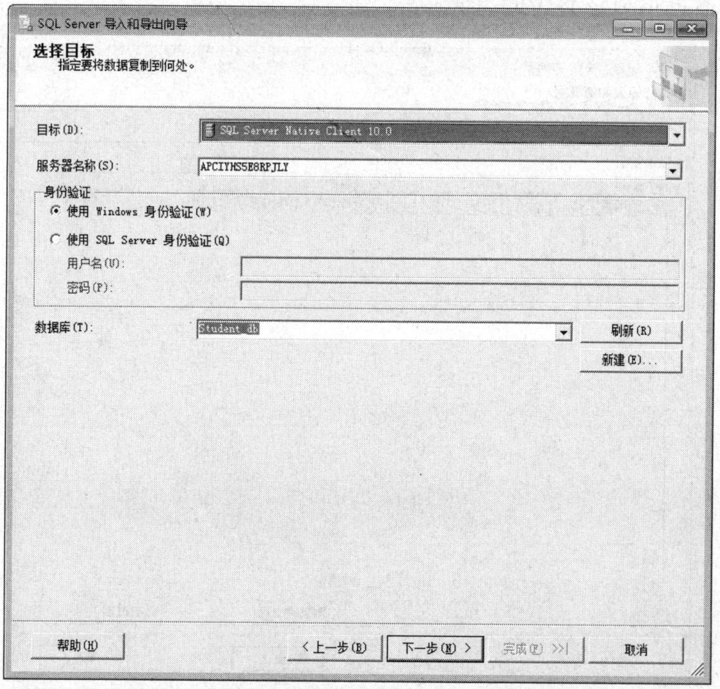

图 7.17　"选择目标"窗口

（4）设置完成后，单击"下一步"按钮，则出现"指定表复制或查询"窗口，如图 7.18 所示。

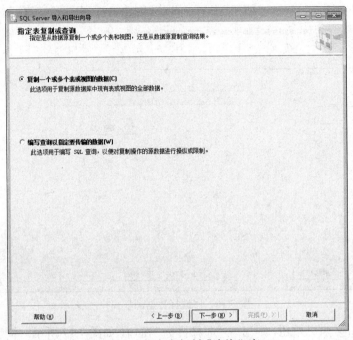

图 7.18 　"指定表复制或查询"窗口

（5）单击"下一步"按钮，出现"选择源表和源视图"窗口，如图 7.19 所示。在该窗口中，可以设定需要将源数据库中的哪些表格传送到目标数据库中去。单击表格名称左边的复选框，可以选定或者取消对该表格的复制。

图 7.19 　"选择源表和源视图"窗口

如果想编辑数据转换时源表格和目标表格之间列的对应关系，可单击表格名称下方的"编辑映射…"按钮，则出现"列映射"窗口，如图 7.20 所示。

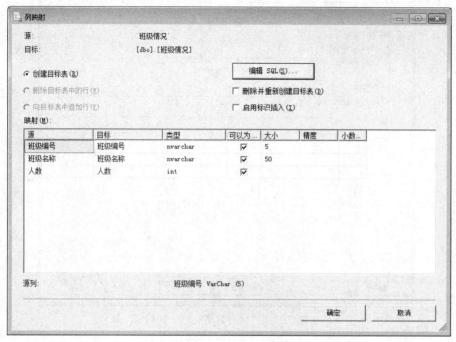

图 7.20　"列映射"窗口

图 7.20 所示的"列映射"窗口用来重新设置目的表字段的名称、数据类型、精度、小数位数等相关属性，对将要导入的数据进行简单的映像转换。

"列映射"标签页各选项的含义如下：

1）创建目标表。在从源表复制数据前首先创建目标表，在默认情况下总是假设目标表不存在，如果存在则发生错误，除非选中了"删除并重新创建目标表"复选框。

2）删除目标表中的行。在从源表复制数据前将目标表的所有行删除，仍保留目标表上的约束和索引，当然使用该选项的前提是目标表必须存在。

3）在目标表中追加行。把所有源表数据添加到目标表中，目标表中的数据、索引、约束仍保留。但是数据不一定追加到目标表的表尾，如果目标表上有聚集索引，则可以决定将数据插入何处。

4）删除并重新创建目标表。如果目标表存在，则在从源表传递来数据前将目标表、表中的所有数据、索引等删除后重新创建新目标表。

5）启用标识插入。允许向表的标识列中插入新值。

在该窗口中单击"确定"按钮返回"选择源表和源视图"窗口。

（6）在 7.19 中单击"下一步"按钮，则会出现"保存并运行包"窗口，如图 7-21 所示。在该窗口中，可以指定是否希望保存 SSIS 包，也可以立即执行导入数据操作，本例勾选"立即运行"复选框。

（7）单击"下一步"按钮，出现"完成该向导"窗口，如图 7.22 所示。其中显示了在该向导中进行的设置，如果确认前面的操作正确，单击"完成"按钮后进行数据导入操作；否则，单击"上一步"按钮返回修改。

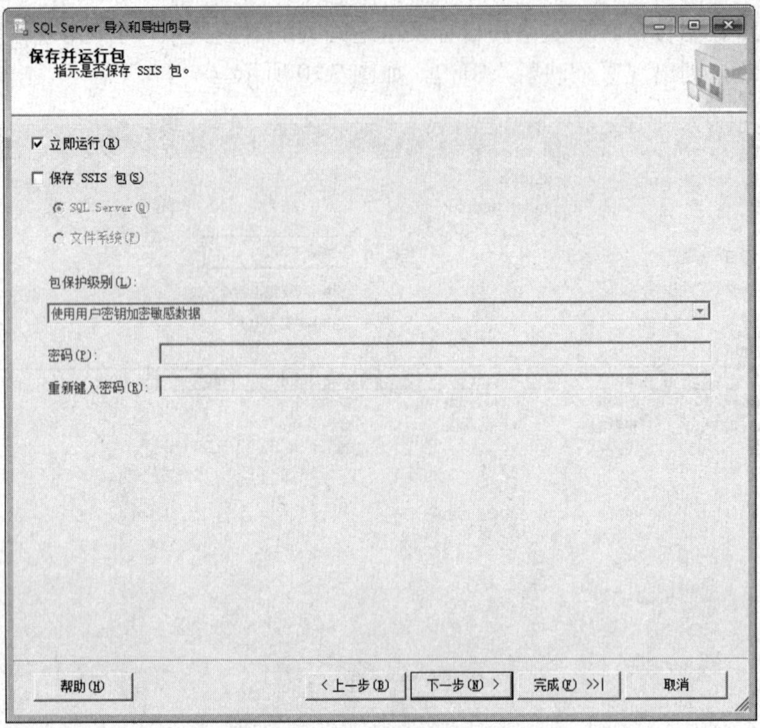

图 7.21　"保存并运行包"窗口

图 7.22　"完成该向导"窗口

（8）单击"完成"按钮，出现图 7.23 所示"执行成功"窗口，其中显示各操作信息。单击"关闭"按钮完成数据导入。

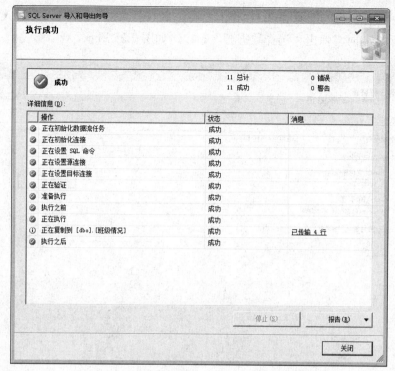

图 7.23　"执行成功"对话框

（9）展开数据库"Student_db"，单击"表"选项，即可从数据库中查看从 Access 数据库"student.mdb"中导入的数据表，如图 7.24 所示。

图 7.24　导入的数据表

7.2.2　导入其他数据源的数据

SQL Server 2008 除了支持 Access 和 SQL Server 数据源外，还支持其他形式的数据源，如 Microsoft Excel 电子表格、Microsoft FoxPro 数据库、dBase 或 Paradox 数据库、文本文件、大多数的 OLE DB 和 ODBC 数据源以及用户指定的 OLE DB 数据源等。本节以将 Excel 表格中数据内容导入 SQL Server 数据库为例进行介绍。

【例 7.2】使用"对象资源管理器"的"导入/导出向导"，将 Excel 文件 stu.xls 中的"学生情况"表的内容，导入到 SQL Server 的"Student_db"数据库的 St_Info 表中。

具体操作步骤如下：

（1）启动 SSMS，并连接到 SQL Server 数据库。在"对象资源管理器"中展开"数据库"节点。

（2）右击数据库"Student_db"，在弹出的快捷菜单中选择"任务"→"导入数据"命令，参见图 7.5 所示。此时将弹出"选择数据源"窗口，如图 7.25 所示。

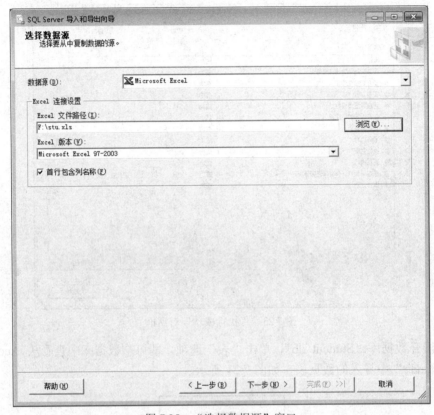

图 7.25　"选择数据源"窗口

（3）在"选择数据源"窗口中，选择数据源类型，类型为 Microsoft Excel，然后选择要导入数据的 Excel 文件的路径，其中的"学生情况"表的内容如图 7.26 所示。

图 7.26　"学生情况"表内容

（4）单击"下一步"按钮，进入到"选择目标"窗口中，在该窗口中选择要将数据库复制到何处，如图 7.27 所示。

（5）单击"下一步"按钮，进入"指定表复制或查询"窗口。在该窗口中选择是从指定数据源复制一个或多个表和视图，还是从数据源复制查询结果。本例选择"复制一个或多个表或视图的数据"单选按钮，如图 7.28 所示。

（6）单击"下一步"按钮，进入"选择源表和源视图"窗口，在该窗口中选择一个或多个要复制的表或视图，如图 7.29 所示。

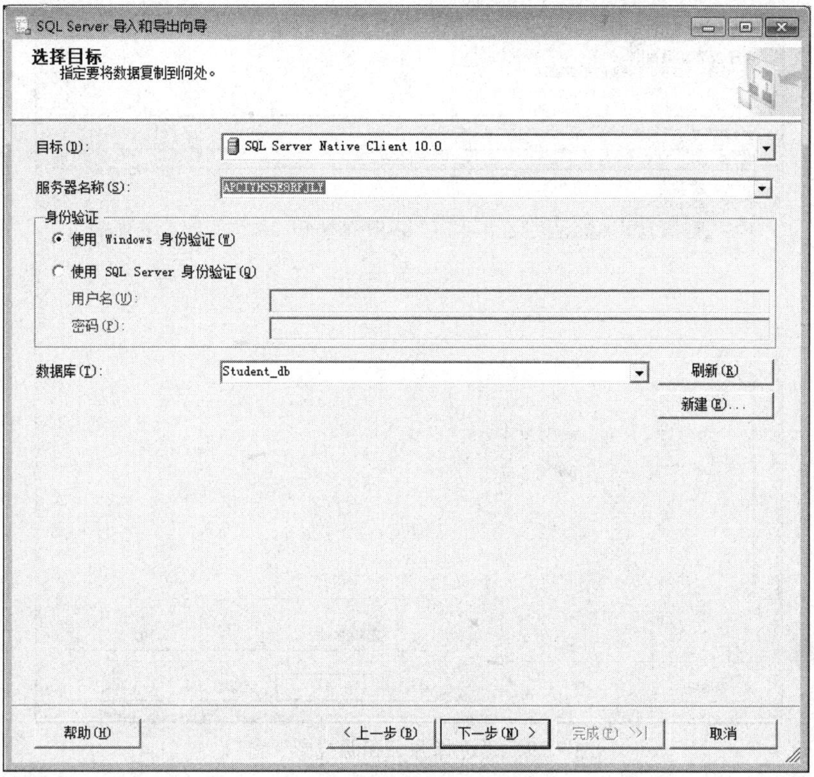

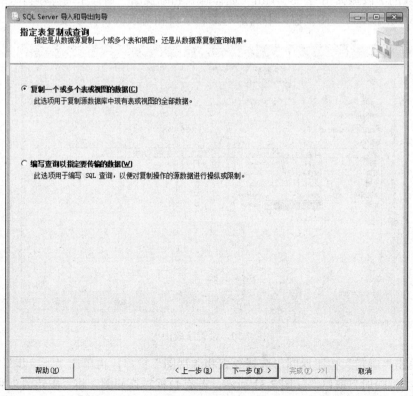

图 7.27　"选择目标"窗口

图 7.28　"指定表复制或查询"窗口

图 7.29　"选择源表和源视图"窗口

（7）本例是将 Excel"学生情况"表的内容追加到 SQL Server 数据库的 St_Info 表中，需要使得两个表的字段数据相对应，单击"选择源表和源视图"窗口中的"编辑映射…"按钮，进入如图 7.30 所示窗口，在该窗口中确定与源表字段相对应的目标字段。

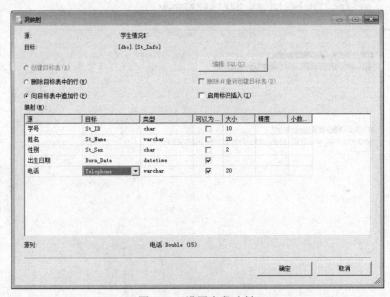

图 7.30　设置字段映射

（8）单击"确定"按钮返回"选择源表和源视图"窗口，再单击"下一步"按钮，进入"查看数据类型映射"窗口，如图 7.31 所示，若有数据转换问题，将"出错时"和"截断时"的下拉列表框均设置为"忽略"。

图 7.31 "查看数据类型映射"窗口

（9）单击"下一步"按钮，进入"保存并运行包"窗口，该窗口用于提示是否选择 SSIS 包，如图 7.32 所示。

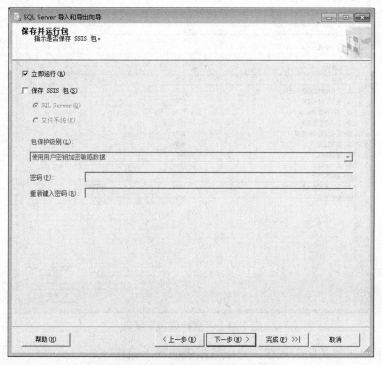

图 7.32 "保存并运行包"窗口

（10）单击"下一步"按钮，进入"完成该向导"窗口，如图 7.33 所示。

图 7.33 "完成该向导"窗口

（11）单击"完成"按钮开始执行复制操作，弹出"执行成功"窗口，如图 7.34 所示。

图 7.34 "执行成功"窗口

（12）最后单击"关闭"按钮，完成数据表的导入操作。

（13）展开数据库"Student_db"，打开"St_Info"表，可以看到 Excel 表格转换的数据信息已经成功地导入到 SQL Server 数据库中了，如图 7.35 所示。

图 7.35　导入的"学生情况"表数据

7.2.3　导出 SQL Server 数据表

导出数据是将 SQL Server 实例中的数据转换为某些用户指定格式的过程，如将 SQL Server 表的内容复制到 Excel 表格中。

利用"导入/导出向导"导出数据的过程与导入数据的过程基本相同，下面举例说明导出数据的操作过程。

【例 7.3】使用"对象资源管理器"的"导入/导出向导"将 SQL Server 中的"Student_db"数据库中的表"St_Info"导出到 Excel 文档。

（1）打开 SSMS，展开"数据库"→"Student_db"节点并右击，从弹出的快捷菜单中选择"任务"→"导出数据"命令。启动数据导出向导工具，就会出现欢迎使用向导对话框，对话框中列出了导出向导能够完成的操作。

（2）在弹出的"SQL Server 导入和导出向导"界面的"选择数据源"窗口中，设置"数据源"和"服务器名称"为默认值，"身份验证"为"使用 Windows 身份验证"，"数据库"需要选择要导出数据的目标数据库，本例为"Student_db"数据库，如图 7.36 所示。

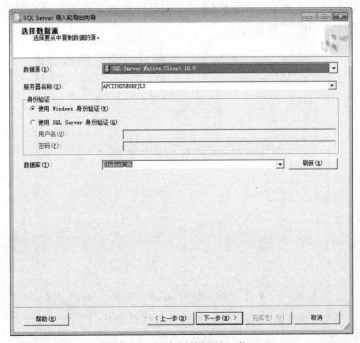

图 7.36　"选择数据源"窗口

（3）单击"下一步"按钮，进入"选择目标"窗口。默认目标为"SQL Server Native Client"，需要将目标重新选择为"Microsoft Excel"。然后在"Excel 连接设置"区域的"Excel 文件路径"文本框中输入一个 Excel 的文件名，本例为"F:\st1.xls"，如图 7.37 所示。

图 7.37　"选择目标"窗口

（4）单击"下一步"按钮，进入"指定表复制或查询"窗口。在该窗口中，可以选择数据导出模式，如果需要通过 SQL 查询语句精确导出部分数据，则选择"编写查询以指定要传输的数据"导出方式，本例勾选"复制一个或多个表或视图的数据"复选框。

（5）单击"下一步"按钮，进入"选择源表和源视图"窗口，勾选"St_Info"复选框，系统自动给出了对应目标数据 Excel 文档的工作表名，默认工作表名为源数据库的数据表名，用户可根据需要修改，如图 7.38 所示。

图 7.38　"选择源表和源视图"窗口

（6）再单击"下一步"按钮，进入"保存并运行包"窗口。在该窗口中，保持默认设置，单击"下一步"按钮，然后单击"完成"按钮，开始执行数据导出操作。在运行结束后，即可在相应导出位置找到导出的 Excel 数据文件。

（7）打开 st1.xls，即可查看从"Student_db"数据库中导出的数据表中的表格。

7.3　生成与执行 SQL 脚本

脚本是存储在文件中的一系列 SQL 语句，是可再用的模块化代码。T-SQL 脚本保存为文件，文件名通常以.sql 结尾。用户通过 SSMS 可以对指定文件中的脚本进行修改、分析和执行。本节主要介绍如何将数据库、数据表生成脚本以及如何执行脚本。

7.3.1　将数据库生成 SQL 脚本

将数据库生成 SQL 脚本，也就是生成数据库中所有用户对象，比如表、视图、约束等的创建脚本。这样可以将生成的数据库 SQL 脚本在另一个 SQL 服务器中执行以新建一个数据库。

【例 7.4】将"Student_db"数据库生成脚本文件。

操作步骤如下：

（1）启动 SSMS，并连接到 SQL Server 中的数据库。在"对象资源管理器"中展开"数据库"节点。

（2）右击要生成脚本的数据库"Student_db"，在弹出的快捷菜单中选择"编写数据库脚本为"→"CREATE 到"→"文件"命令，如图 7.39 所示。

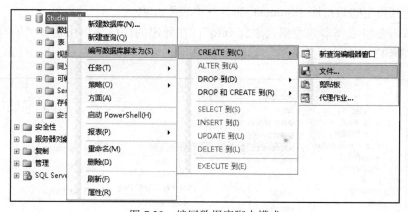

图 7.39　编写数据库脚本模式

（3）进入"另存为"对话框，如图 7.40 所示。在该对话框中选择保存位置，在"文件名"文本框中写入相应的脚本名称（如 student_db 脚本）。单击"保存"按钮，开始编写 SQL 脚本。

完成操作后，用户可在相应的目录下看到已经建好的"student_db 脚本.sql"文件。

7.3.2　将数据表生成 SQL 脚本

除了将数据库生成脚本文件外，用户还可以根据需要将指定的数据表生成脚本文件。这样用户可以将生成的数据表脚本放到另一个已经存在的数据库中执行以新建一个数据表。

图 7.40　保存数据库脚本文件

【例 7.5】将"Student_db"数据库的"St_Info"表生成脚本文件。

操作步骤如下：

（1）启动 SSMS，并连接到 SQL Server 中的数据库。在"对象资源管理器"中展开"数据库"节点。

（2）展开指定的数据库"Student_db"→"表"选项。

（3）右击要生成脚本的数据表"St_Info"，在弹出的快捷菜单中选择"编写表脚本为"→"CREATE 到"→"文件"命令，如图 7.41 所示。

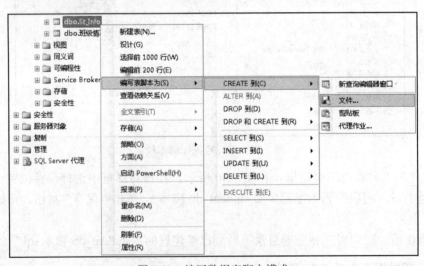

图 7.41　编写数据表脚本模式

（4）进入"另存为"对话框，如图 7.42 所示。在该对话框中选择保存的位置，在"文件名"文本框中输入相应的脚本名称（如 St_Info 脚本），单击"保存"按钮，开始编写 SQL脚本。

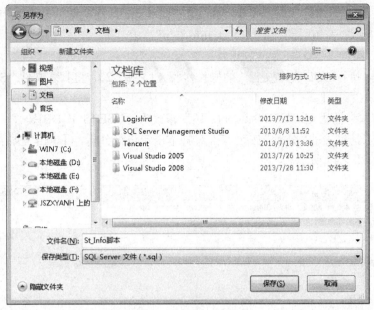

图 7.42　保存数据表脚本文件

完成操作后，用户可在相应的目录下看到已经建好的"St_Info 脚本.sql"文件。

7.3.3　执行 SQL 脚本

脚本文件生成以后，用户可以通过 SSMS 对指定的脚本文件进行修改，然后执行该脚本文件。执行 SQL 脚本文件的操作步骤如下：

（1）启动 SSMS，并连接到 SQL Server 中的数据库。在"对象资源管理器"中展开"数据库"节点。

（2）单击"文件"→"打开"→"文件"菜单命令，弹出"打开文件"对话框，从中选择保存过的脚本文件（如 student_db 脚本.sql），单击"打开"按钮。脚本文件就被加载到 SSMS 中了，如图 7.43 所示。

```
student_db脚本.sql ...E8RPJLY\jszx (52))                          ▾ ×
   USE [master]
   GO

   /****** Object:  Database [Student_db]    Script Date: 08/08/2013 16:10:58 ******
 CREATE DATABASE [Student_db] ON  PRIMARY
  ( NAME = N'stu_info_dat', FILENAME = N'F:\stu_info.mdf' , SIZE = 2560KB , MAXSIZ
   LOG ON
  ( NAME = N'stu_info_log', FILENAME = N'F:\stu_info.ldf' , SIZE = 2048KB , MAXSIZ
   GO

   ALTER DATABASE [Student_db] SET COMPATIBILITY_LEVEL = 80
   GO

 IF (1 = FULLTEXTSERVICEPROPERTY('IsFullTextInstalled'))
 begin
  EXEC [Student_db].[dbo].[sp_fulltext_database] @action = 'disable'
  end
   GO
```

图 7.43　"student_db 脚本.sql"脚本文件

（3）在打开的脚本文件中可以对代码进行修改。修改完成后，可以按 Ctrl+F5 组合键或单击 ✔ 按钮对脚本语句进行分析，然后按 F5 键或单击 ！执行(X) 按钮执行脚本。

【例 7.6】使用创建好的脚本文件"St_Info 脚本.sql"，在存在的数据库"S_P_DB"中创建一个与"St_Info"表相同的数据表"St_Info_s_p"。

操作步骤如下：

（1）按照"执行 SQL 脚本文件"的操作步骤（1）和（2），将脚本文件"St_Info 脚本.sql"加载到 SSMS 中。

（2）将脚本中的语句"USE [student_db]"修改为"USE [S_P_DB]"。

（3）单击工具栏中的"分析"按钮 ✓ ，对脚本语句进行分析，再单击"执行"按钮 ! 执行⊗ ，执行脚本结果如图 7.44 所示。

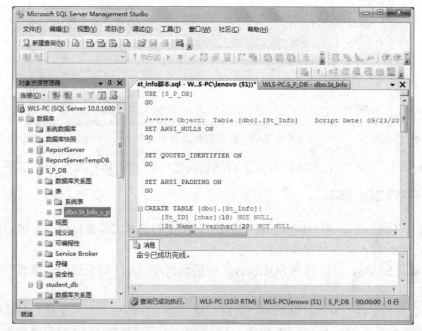

图 7.44　"st_info 脚本.sql"脚本文件

（4）选中数据库"S_P_DB"并右击，在弹出的快捷菜单中选择"刷新"命令，则可看到表文件夹中已经有了数据表"St_Info"，然后对此表重命名即可，如图 7.44 所示。

注意：用执行 SQL 脚本的方式创建的新表只有表结构，而无表数据。表数据可以使用导入数据的方法处理。

习题 7

一、思考题

（1）SQL Server 2008 中在数据库联机或正在使用时可以执行备份操作吗？为什么？

（2）SQL Server 2008 中是否可以实现 SQL Server 服务器之间以及 SQL Server 与其他关系型数据源或不同数据源之间数据的导入、导出和转换？为什么？

（3）在 SQL Server 系统中，是否任意用户都可以进行备份数据？为什么？

（4）磁盘备份设备是指什么？它与常规操作系统文件有什么区别？

（5）脚本是什么？用户通过 SSMS 可以对指定文件中的脚本进行哪些操作？脚本文件可不可以在不同的计算机之间传送？为什么？

二、选择题

（1）SQL Server 2008 提供了 3 种不同的备份类型，它们是（　　）。

    A．"完全"、"差异"和"文件组"   B．"完全"、"差异"和"事务日志"

    C．"完全"、"差异"和"数据库"   D．"完全"、"差异"和"简单"

（2）下列不是 SQL Server 2008 中还原模式的是（　　）。

    A．简单还原模式   B．完整还原模式

    C．大容量日志还原模式   D．磁盘还原

（3）关于 SQL Server 的脚本，叙述错误的是（　　）。

    A．SQL 脚本是存储在文件中的一系列 SQL 语句

    B．SQL 脚本的扩展名为.txt

    C．数据库可以生成为脚本文件，在不同的计算机之间传送

    D．数据表可以生成为脚本文件

（4）执行一个创建数据表的脚本文件，可以（　　）。

    A．生成一个不包含数据的数据表   B．生成一个数据表并自动添加数据

    C．生成一个数据库   D．生成一个日志文件

（5）脚本文件的扩展名为（　　）。

    A．sql   B．ndf   C．mdf   D．ldf

（6）假设一系统原来使用 Access 数据库，现要使用 SQL Server 数据库，采用（　　）方法可以完成两个数据库之间的数据转换工作。

    A．SQL Server 的附加数据库功能

    B．SQL Server 的还原数据库功能

    C．在 SQL Server 中可直接打开 Access 数据库，另存即可

    D．SQL Server 的导入/导出功能

（7）对于不同的数据库，若要让 SQL Server 能够识别和使用，就必须进行数据源的（　　）。

    A．添加   B．转换   C．复制   D．编辑

（8）下面（　　）文件不能与 SQL Server 数据库进行导入和导出操作。

    A．文本文件   B．Excel 文件   C．Word 文件   D．Access 数据库

（9）下例关于导入与导出数据的说法错误的是（　　）。

    A．可以使用导入/导出向导导入和导出数据

    B．可以使用对象资源管理器导入和导出数据

    C．可以保存导入、导出任务，以后执行

    D．导出数据后，原有数据被删除

（10）下列不属于备份策略考虑的是（　　）。

    A．备份的内容   B．备份的时间

    C．备份的方式   D．备份的设备

第 8 章　数据库安全的管理

- **了解**：数据库的安全机制；SQL Server 2008 数据库安全管理的内容。
- **理解**：数据库安全的概念；角色的概念。
- **掌握**：掌握 SQL Server 2008 的两种身份验证模式的基本操作。

8.1　SQL Server 2008 的安全机制

数据库的安全性（Security）是指保护数据库避免不合法的使用，以免数据的泄露、更改或破坏。数据库的安全性用于防止对数据库的恶意破坏和非法存取。

安全管理是数据库管理系统一个重要的组成部分，为数据库中数据被合理访问和修改提供了基本保证。SQL Server 2008 采用了非常复杂的安全保护措施，包括对用户登录进行身份验证（Authentication）和对用户的操作进行权限控制。当用户登录到数据库系统时，系统对该用户的账户和口令进行验证，确认用户账户是否有效以及能否访问数据库系统；当用户登录到数据库后，只能对数据库中的数据在允许的权限内进行操作。

8.1.1　身份验证

SQL Server 2008 的身份验证模式是指系统确认用户身份的方式。SQL Server 2008 能在两种身份验证模式（Authentication Modes）下运行：Windows 身份验证模式和混合模式。

1. Windows 身份验证模式

在 Windows 身份验证模式下，SQL Server 2008 依靠 Windows 身份验证来验证用户的身份。只要用户能够通过 Windows 用户账号验证，即可连接到 SQL Server 2008。

使用 Windows 身份验证模式登录时需要注意以下两方面：

（1）必须将 Windows 账户加入到 SQL Server 2008 中，才能采用 Windows 账户登录 SQL Server 2008。

（2）如果使用 Windows 账户登录到另一个网络的 SQL Server 2008，则必须在 Windows 中设置彼此的托管权限。

Windows 身份验证模式是 SQL Server 2008 的默认身份验证模式。在这种模式下，SQL Server 2008 不要求提供密码，也不执行身份验证，用户身份由 Windows 进行确认。图 8.1 所示为本地账户启用 SSMS 时，使用操作系统中的 Windows 账户进行的连接。

其中，服务器名称中 APCIYHS5E8RPJLY 代表当前计算机名称，jszx 是指登录该计算机时使用的 Windows 账户名称。

图 8.1　Windows 身份验证模式

2. 混合模式

在混合模式下，用户既可以使用 Windows 身份验证，也可以使用 SQL Server 2008 身份验证。SQL Server 2008 登录主要用于外部的用户，如那些可能从 Internet 访问数据库的用户。

如果用户在登录时提供了 SQL Server 2008 登录用户名，则系统将使用 SQL Server 2008 身份验证对其进行验证（验证账号是否存在及密码是否匹配）。如果没有提供 SQL Server 2008 登录用户名或请求 Windows 身份验证，则使用 Windows 身份验证。

当使用混合模式进行身份验证时，在 SQL Server 2008 中创建的登录名并不基于 Windows 用户账户。用户名和密码均通过 SQL Server 2008 创建并存储在 SQL Server 2008 中。通过混合模式身份验证进行连接的用户每次连接时必须提供其凭据（登录名和密码）。当使用混合模式身份验证时，必须为所有 SQL Server 2008 账户设置强密码。图 8.2 所示为选择混合模式身份验证的登录界面。

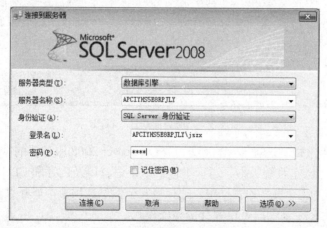

图 8.2　混合模式身份验证

相比而言，Windows 身份验证模式能够提供更多的功能，如安全验证、密码加密、审核、密码过期、密码长度限定、多次登录失败锁定账户等。另外，对于账户和账户组的管理和修改也更为方便。而混合模式中的 SQL Server 2008 身份验证模式最大的好处是可以很容易通过 SSMS 实现，而且与 Windows 身份验证的登录相比，它更容易编写到应用程序里。在用户数量较少、单服务器的情况下有一定的适用性。

8.1.2　身份验证模式的设置

在安装 SQL Server 2008 的过程中，会有选择身份验证模式的步骤。安装完成后，也可以通过 SQL Server 2008 的 SSMS 进行更改。操作步骤如下：

（1）打开 SSMS 窗口，选择一种身份验证模式建立与服务器的连接。

（2）在"对象资源管理器"窗口中，右击当前服务器名称，在弹出的快捷菜单中选择"属性"命令，打开"服务器属性"窗口，如图 8.3 所示。

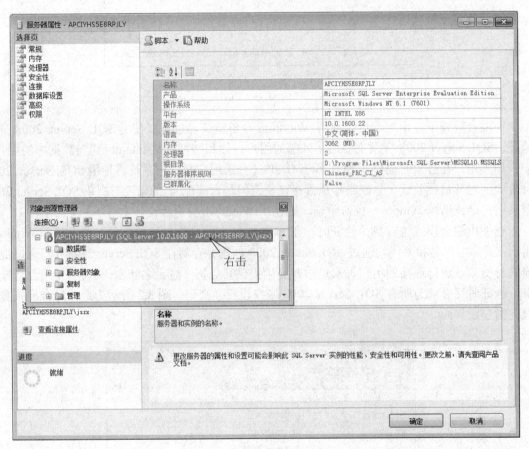

图 8.3　"服务器属性"窗口

在默认打开的"常规"选项卡中，显示了 SQL Server 2008 服务器的常规信息，包括 SQL Server 2008 的版本、操作系统版本、运行平台、默认语言以及内存和 CPU 等。

（3）在左侧的"选择页"列表框中，选择"安全性"选项卡，展开"安全性"选项内容，如图 8.4 所示。在此选项卡中即可设置身份验证模式。

（4）通过在"服务器身份验证"选项区域下选择相应的单选按钮，可以确定 SQL Server 2008 的服务器身份验证模式。无论使用哪种模式，都可以通过审核来跟踪访问 SQL Server 2008 的用户，默认时仅审核失败的登录。

（5）单击"确定"按钮完成设置，此时，弹出图 8.5 所示对话框，告知重新启动 SQL Server 2008 的服务器才能实现混合模式登录。

图 8.4　"安全性"选项卡

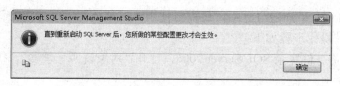

图 8.5　提示框

8.2　SQL Server 安全管理

SQL Server 2008 安全管理的内容主要包括登录账号管理、数据库用户管理、数据库权限管理和数据库角色管理等。

在 SQL Server 2008 中，安全性管理可以通过 SSMS 的图形界面进行，但对于熟练的 DBA 来说，使用 T-SQL 语句进行安全性管理可能更有效率。这里受篇幅所限，仅介绍使用"对象资源管理器"的操作方式。

8.2.1　登录管理

在 SQL Server 2008 中，不管使用哪种验证方式，用户在对数据库进行操作之前，必须使用有效的登录名连接到相应的数据库。

创建登录名的方法有两种：一种是从 Windows 用户或组中创建登录账户；另一种是在 SQL Server 2008 中创建新的 SQL Server 2008 登录名。

1. 创建 Windows 身份验证模式的登录名

对于 Windows XP 或 Windows 2003/2008 操作系统，在安装本地 SQL Server 2008 的过程中允许选择验证模式。例如，安装时选择 Windows 身份验证方式，在此情况下，如果要增加一个 Windows 的新用户 test，对该用户的授权和连接访问 SQL Server 2008，可以按以下步骤操作：

（1）在"计算机管理"界面中展开"本地用户和组"文件夹，右击"用户"图标，在弹出的快捷菜单中选择"新用户"命令，打开"新用户"对话框，如图 8.6 所示。

（2）在"新用户"对话框中，输入用户名、密码，单击"创建"按钮，如图 8.7 所示，再单击"关闭"按钮，完成新用户的创建。

图 8.6　Windows 的"计算机管理"界面　　　　图 8.7　"新用户"对话框

创建了 Windows 用户账号之后，还需要使用"对象资源管理器"将该账号加入到 SQL Server 2008 中，其操作步骤如下：

（1）以管理员身份登录 SQL Server 2008，打开"对象资源管理器"，找到并选择如图 8.8 所示的"登录名"项。

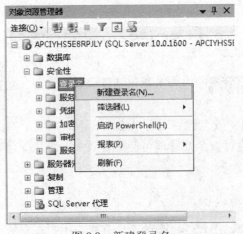

图 8.8　新建登录名

（2）右击鼠标，在弹出的快捷菜单中单击"新建登录名(N)…"命令，打开"登录名-新建"窗口，如图 8.9 所示。

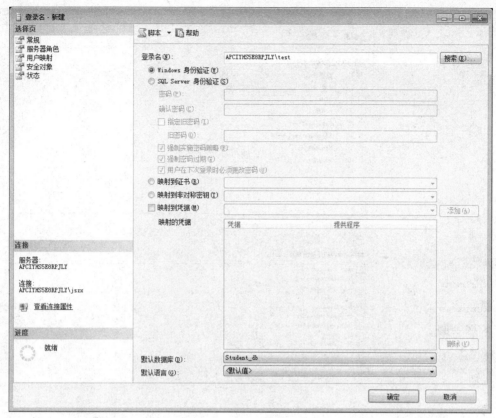

图 8.9　"登录名-新建"窗口

（3）在"登录名-新建"窗口中，单击"常规"选项卡右侧的"搜索"按钮，在弹出的"选择用户或组"对话框中选择相应的用户或用户组，如图 8.10 所示，添加到 SQL Server 2008"登录名"文本框中，如本例的用户名为 APCIYHS5E8RPJLY\test（APCIYHS5E8RPJLY 为本地计算机名）。单击"确定"按钮返回"登录名-新建"窗口。

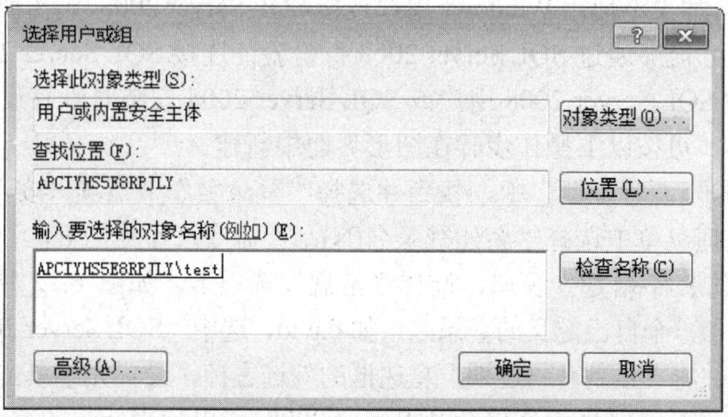

图 8.10　"选择用户或组"对话框

（4）在"默认数据库"下拉列表框中选择 Student_db 数据库为默认数据库。接着在"用户映射"选项卡中选中 Student_db 数据库前的复选框，以允许用户访问这个默认数据库，如图 8.11 所示。设置完成后单击"确定"按钮，完成新建 Windows 验证方式的登录名。此时在"对象资源管理器"的"登录名"节点下的列表中可以看到 APCIYHS5E8RPJLY\test 的登录名。

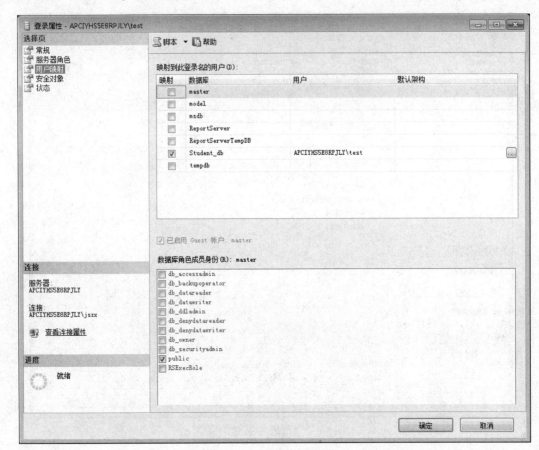

图 8.11　"用户映射"选项卡

创建完后可以使用用户名 test 登录 Windows，然后使用 Windows 身份验证模式连接 SQL Server 2008。读者可以对比一下，与用系统管理员身份连接 SQL Server 2008 有什么区别。

2. 建立 SQL Server 2008 验证模式的登录名

在混合模式下，如果不使用 Windows 用户连接 SQL Server 2008，则需要在 SQL Server 2008 下创建登录用户，才能够通过 SQL Server 2008 身份验证连接 SQL Server 2008 实例。

若要增加新的 SQL Server 2008 用户或 SQL Server 2008 安装时没有设置 SQL Server 2008 验证模式的登录名，可按以下操作步骤在图形界面中新建：

（1）在"对象资源管理器"中，找到并选择"登录名"节点项（安全性/登录名），右击鼠标，在弹出的快捷菜单中选择"新建登录名(N)…"命令（参见图 8.8）。

（2）打开"登录名-新建"窗口，选择"常规"选项卡，如图 8.12 所示，在右侧的"登录名"文本框中输入一个自己定义的登录名，如 david，选中"SQL Server 2008 身份验证"单选按钮，输入密码，并将"强制密码过期"复选框的勾选去掉，设置完毕单击"确定"按钮即可。

为了测试创建的登录名能否连接 SQL Server 2008，可以使用新建的登录名 david 来进行测试，操作步骤如下：

在"对象资源管理器"窗口中单击"连接"，在下拉列表框中选择"数据库"引擎，弹出"连接到服务器"对话框。在"身份验证"选择"SQL Server 2008 身份验证"，"登录名"填写 david，输入密码，单击"连接"按钮，就能连接 SQL Server 2008 了。登录后的"对象资源管理器"界面如图 8.13 所示。

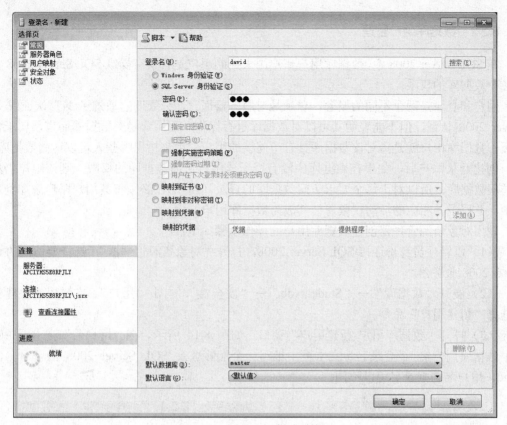

图 8.12　"登录名-新建"窗口

图 8.13　使用 SQL Server 2008 验证方式登录

注意：①SQL Server 2008 的登录名（登录 ID）和密码的最大长度为 128 个字符，这些字符可以是英文字母、符号和数字。但登录用户名中不能包括"\"字符，不能为空值，也不能与保留名（如 sa）或已经存在的登录用户名相同。

②在完成 SQL Server 2008 安装以后，系统会自动建立一个特殊账户 sa。该账户拥有最高的管理权限，不管 SQL Server 2008 实际的数据库所有权如何，sa 可以执行服务器范围内的所有操作。在安装 SQL Server 2008 的过程中，如果没有为 sa 账户设置密码，则安装完成后一定要尽快为其设置密码。设置的方法：在"对象资源管理器"中的"登录名"节点下右击"sa"选项，在弹出的快捷菜单中选择"属性"命令，在"登录属性-sa"窗口中重置密码即可。

8.2.2   数据库用户管理

在 SQL Server 2008 中，数据库用户账户用来控制用户是否具有操纵 SQL Server 2008 实例中各个数据库的权限。

用户和登录是两个不同的概念。登录是对服务器而言，只表明它通过了 NT 认证或 SQL Server 2008 认证，但不能表明其可以对数据库进行操作。而用户是对数据库而言，属于数据库级。数据库用户就是指对该数据库具有访问权的用户，用来指出哪些人可以访问数据库。

创建登录账户后，如果在数据库中没有授予该用户访问数据库的权限，则该用户仍然不能访问数据库，所以对于每个要求访问数据库的登录（用户），必须将其用户账户添加到数据库中，并授予其相应的活动权限（使其成为数据库用户）。

使用对象资源管理器创建数据库用户的操作步骤如下：

（1）以管理员身份连接 SQL Server 2008，打开"对象资源管理器"，选择要访问的 SQL Server 2008 服务器。

（2）展开"数据库"→"Student_db"→"安全性"，右击"用户"，在弹出的快捷菜单中选择"新建用户"命令。

（3）打开"数据库用户-新建用户"窗口，如图 8.14 所示。在"用户名"文本框中输入一个数据库用户名，"登录名"文本框中填写一个能够登录 SQL Server 2008 的登录名，如 david，用户名与登录名可以不同。

图 8.14   "数据库用户-新建"窗口

注意：一个登录名在本数据库中只能创建一个数据库用户。

（4）选择默认架构为 dbo。单击"确定"按钮完成创建。

注意：如果在该数据库中已有对应用户名，则该登录账号不会出现在"登录名"下拉列表框中。

用户创建成功后，会在对象资源管理器的"用户"栏查看到该用户。在"用户"列表中，还可以修改现有数据库用户的属性，或者删除该用户，这些操作比较简单，这里就不再介绍了。

8.2.3　角色管理

角色是数据库管理系统为方便权限管理而设置的管理单位。SQL Server 2008 通过角色可将用户分为不同的类型，相同类用户（相同角色的成员）进行统一管理，赋予相同的操作权限。一个角色类似于 Windows 账户管理中的一个用户组，可以包含多个用户。在 SQL Server 2008 中，数据库用户是数据库级别上的主体。每个数据库用户都是 public 角色的成员。

1．角色的类型

SQL Server 2008 为用户提供了 3 种角色类型：固定角色、用户定义数据库角色、应用程序角色。

（1）固定角色。

固定角色是指其权限已被 SQL Server 2008 定义，且 SQL Server 2008 管理者不能对其权限进行修改的角色。这些固定角色涉及服务器配置管理以及服务器和数据库的权限管理。按照管理目标对象的不同，固定角色又分为固定服务器角色和固定数据库角色。

1）固定服务器角色。它独立于各个数据库，具有固定的权限。如果在 SQL Server 2008 中创建一个登录名后，要赋予该登录者管理服务器的权限，此时可设置该登录名为服务器角色的成员。SQL Server 2008 提供了如表 8.1 所列的固定服务器角色的名称及说明。

表 8.1　固定服务器角色

角色名称	说明
sysadmin	系统管理员，角色成员可以执行 SQL Server 2008 中的任何操作，适合于数据库管理员（DBA）
serveradmin	服务器管理员，角色成员具有对服务器进行设置及关闭的权限
setupadmin	设置管理员，角色成员可增加、删除连接服务器，并执行某些系统存储过程
securityadmin	安全管理员，角色成员可管理服务器的登录名及属性、更改密码，还可读取错误日志
processadmin	进程管理员，角色成员可以终止 SQL Server 2008 实例中运行的进程
dbcreator	数据库创建者，角色成员可以创建、更改和删除或还原数据库
diskadmin	可管理磁盘文件
bulkadmin	可执行大容量的插入操作，但必须有 INSERT 权限

2）固定数据库角色。固定数据库角色是指数据库的管理、访问权限已被 SQL Server 2008 固定的那些角色。SQL Server 2008 中的每一个数据库都有一组固定数据库角色，在数据库中使用固定数据库角色可以为不同级别的数据库管理工作分配不同的角色，从而很容易实现工作权限的传递。例如，想让某用户具有创建和删除数据库对象（表、视图、存储过程）的权限，只要将其设置为 db_ddladmin 数据库角色即可。表 8.2 列出了固定数据库角色的名称及说明。

表 8.2　固定数据库角色名称及说明

角色名称	说明
public	默认的选项，角色成员可以查看任何数据库
db_owner	数据库所有者，角色成员可对数据库内任何对象进行任何操作，可将对象权限指定给其他用户，包含了以下角色的所有权限
db_accessadmin	数据库访问权限管理者，角色成员可添加或删除数据库使用者、数据库角色和组权限
db_securityadmin	数据库安全管理者，角色成员可对数据库内的权限进行管理，如设置数据库表的增加、删除、修改和查询等存取权限
db_ddladmin	数据库 DDL 管理员，角色成员可创建、删除、修改数据库对象
db_backupoperator	数据库备份操作员，角色成员可备份数据库
db_datareader	数据库数据读取者，角色成员可对数据库中所有表执行 SELECT 操作，读取表中的信息
db_datawriter	数据库数据写入者，角色成员能对数据库中所有表执行 INSERT、UPDATE、DELETE 操作
db_denydatawriter	数据库拒绝数据写入者，角色成员不能对数据库中任何表执行 INSERT、UPDATE、DELETE 操作
db_denydatareader	数据库拒绝数据读取者，角色成员不允许读取数据库中任何表的信息

（2）用户定义数据库角色。

由于固定数据库角色的权限是固定的，有时有些用户需要一些特定的权限，如有些用户可能只需数据库的"选择"、"修改"和"执行"权限。由于固定数据库角色中没有一个角色能提供这组权限，所以需要创建一个自定义的数据库角色。

用户定义数据库角色就是当一组用户需要设置的权限不同于固定数据库角色所具有的权限时，为了满足要求而定义的新的数据库角色。

用户定义数据库角色可以包含 Windows 用户或用户组，同一数据库的用户可以具有多个不同的用户定义角色，这种角色的组合是自由的，而不仅是 public 与其他一种角色的组合。这些角色可以进行嵌套，从而在数据库中实现不同级别的安全性。

（3）应用程序角色。

应用程序角色是一个数据库主体，它使应用程序能够用其自身的、类似用户的特权来运行。使用应用程序角色，可以只允许通过特定应用程序连接的用户访问特定数据。与数据库角色不同的是，应用程序角色默认情况下不包含任何成员，而且不活动。应用程序角色使用两种身份验证模式，可以使用 sp_setapprole 来激活，并且需要密码。因为应用程序角色是数据库级别的主体，所以它们只能通过其他数据库中授予 guest 用户账户的权限来访问这些数据库。因此，任何已禁用 guest 用户账户的数据库对其他数据库中的应用程序角色都不可访问。

2.　角色的管理

利用角色，SQL Server 2008 管理者可以将某些用户设置为某一角色，这样只对角色进行权限设置便可以实现对所有用户权限的设置，大大减少了管理员的工作量。SQL Server 2008 提供了用户通常管理工作的预定义的固定服务器角色和数据库角色。

（1）固定服务器角色管理。

不能对固定服务器角色进行添加、删除或修改等操作，只能将登录名添加为固定服务器角色的成员。通过对象资源管理器添加服务器角色成员的操作步骤如下：

1）以管理员身份登录 SQL Server 2008 服务器，进入"对象资源管理器"窗口，展开"安全性"→"服务器角色"节点。

2）双击 sysadmin 节点，打开"服务器角色属性"窗口，然后单击"添加"按钮，打开"选择登录名"对话框。

3）单击"浏览"按钮，打开"查找对象"对话框，勾选 david 选项前边的复选框，如图 8.15 所示。

4）单击"确定"按钮返回到"选择登录名"对话框，就可以看到刚刚添加的登录名 david，如图 8.16 所示。

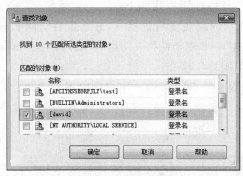

图 8.15　添加登录名

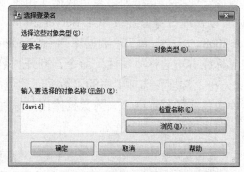

图 8.16　"选择登录名"对话框

5）单击"确定"按钮返回"服务器角色属性"窗口，在角色成员列表中可以看到服务器角色 sysadmin 的所有成员，其中包括刚刚添加的 david，如图 8.17 所示。

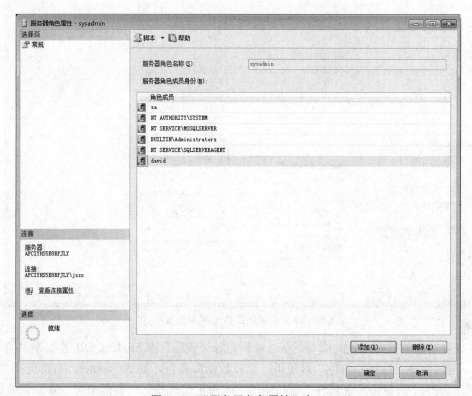

图 8.17　"服务器角色属性"窗口

6）用户可以再次单击"添加"按钮添加新的登录名，也可以通过"删除"按钮删除某些不需要的登录名。

7）添加完成后，单击"确定"按钮关闭"服务器角色属性"窗口。

（2）固定数据库角色管理。

在创建一个数据库用户之后，可以将该数据库用户加入到数据库角色中，从而授予其管理数据库的权限。与固定服务器角色一样，固定的数据库角色也不能进行添加、删除或修改等操作，只能将登录名添加为固定数据库角色的成员。

例如，对于前面已建立的数据库用户"david"，如果要赋予其数据库管理员权限，可通过对象资源管理器将其添加为固定数据库角色成员，具体操作步骤如下：

1）以管理员身份登录 SQL Server 2008，进入"对象资源管理器"，并选定要访问的 SQL Server 2008 服务器。展开"数据库"→"Student_DB"→"安全性"→"用户"节点，如"david"，双击鼠标或右击选择"属性"命令，打开"数据库用户"窗口。

2）在"常规"选项卡中的"数据库角色成员身份"列表框中，用户可以根据需要，勾选数据库角色前的复选框，来为数据库用户添加相应的数据库角色，如图 8.18 所示，单击"确定"按钮完成添加。

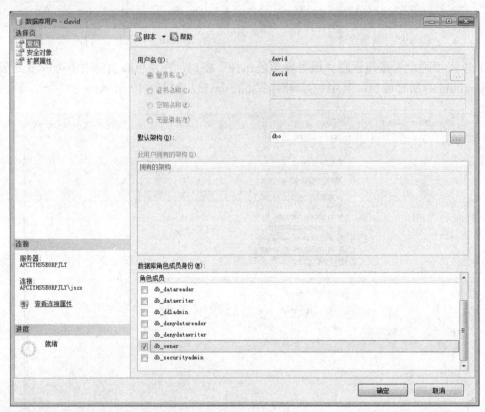

图 8.18　添加固定数据库角色成员

3）查看固定数据库角色的成员。在"对象资源管理器"中 Student_DB 数据库下的"安全性"→"角色"→"数据库角色"目录下，选择数据库角色，如 db_owner，右击选择"属性"命令，在弹出的"数据库角色属性"窗口中的"此角色的成员"列表框中可以看到该数据库角色的成员列表，如图 8.19 所示。

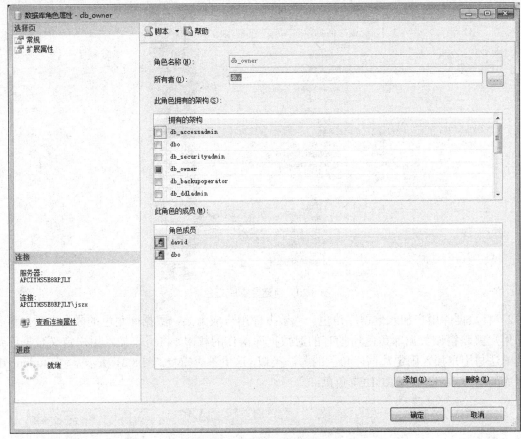

图 8.19　数据库角色成员列表

从图 8.19 中可以看出，在"数据库角色属性"窗口也可以添加固定数据库角色成员。

1）单击"添加"按钮，打开"选择数据库用户或角色"对话框，单击"浏览"按钮，打开"查找对象"对话框，勾选"[APCIYHS5E8RPJLY\test]"项。

2）单击"确定"按钮返回"选择数据库用户或角色"对话框，在"输入要选择的对象名称"栏中添加"[APCIYHS5E8RPJLY\test]"用户。

3）单击"确定"返回"数据库角色属性"窗口，在"此角色的成员"列表框中可以看到该用户。

（3）用户定义数据库角色管理。

在创建数据库角色时将某些权限授予该角色，然后将数据库用户指定为该角色的成员，这样用户将继承这个角色的所有权限。

例如，要在数据库 Student_db 上定义一个数据库角色 ROLE1，该角色中的成员有"david"，对 Student_db 可进行的操作有查询、插入、删除、修改。下面通过"对象资源管理器"创建数据库角色，具体操作步骤如下：

1）创建数据库角色。以 Windows 系统管理员身份连接 SQL Server 2008，在"对象资源管理器"中展开"数据库"→"Student_db"→"安全性"→"角色"目录，右击，在弹出的快捷菜单中选择"新建"→"新建数据库角色"命令，如图 8.20 所示。

进入"数据库角色-新建"窗口，选择"常规"选项卡，输入要定义的角色名称（ROLE1），所有者默认为 dbo。直接单击"确定"按钮，完成数据库角色的创建。

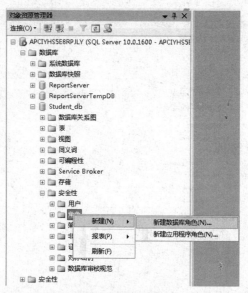

图 8.20　新建数据库角色

2）将数据库用户加入数据库角色。当数据库用户成为某一数据库角色的成员之后，该数据库用户就获得该数据库角色所拥有的对数据库操作的权限。将用户加入用户定义数据库角色的方法与用户加入固定数据库角色的方法类似，这里不再重复。图 8.21 所示是将 Student_db 数据库的用户 david 加入 ROLE1 角色。

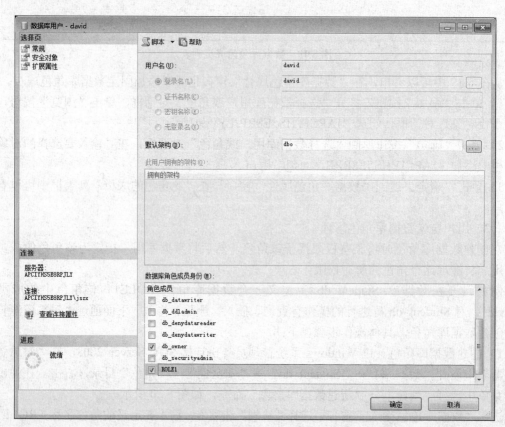

图 8.21　添加到用户定义数据库角色

此时数据库角色成员还没有任何权限，当授予数据库角色权限时，这个角色的成员也将获得相同的权限。

8.2.4　权限管理

数据库的权限是指用户对数据库中对象的使用及操作的权利。SQL Server 2008 使用许可权限来加强数据库的安全性，用户登录到 SQL Server 2008 后，SQL Server 2008 将根据用户被授予的权限来决定用户能够对哪些数据库对象执行哪些操作。因此，对于每个用户，必须向其授予明确的权限，以便他们能够以不同的方式访问数据库对象，这就是权限管理。

1. 权限的类型

SQL Server 2008 中的权限包括 3 种类型：对象权限、语句权限和隐含权限。

（1）对象权限。

对象权限决定用户对数据库对象所执行的操作，它控制用户在表和视图上执行 SELECT、INSERT、UPDATE、DELETE 语句以及执行存储过程的能力。

不同类型的数据库对象支持不同的针对它的操作，如不能对表对象执行 EXECUTE 操作。表 8.3 列举了各种对象可执行的操作。

表 8.3　对象及其可执行的操作

对象	操作
表	SELECT、INSERT、UPDATE、DELETE、REFERANCES
视图	SELECT、INSERT、UPDATE、DELETE
存储过程	EXECUTE
列	SELECT、UPDATE

（2）语句权限。

语句权限主要指用户是否具有权限来执行某一语句。这些语句通常是一些管理性操作，如创建数据库、表、存储过程等。在这种语句中虽然也包含有操作（如 CREATE）的对象，但这些对象在执行该语句之前并不存在于数据库中，所以将其归为语句权限范畴。表 8.4 列出了语句权限及其作用。

表 8.4　语句权限及其作用

语句	作用	语句	作用
CREATE DATABASE	创建数据库	CREATE RULE	在数据库中创建规则
CREATE TABLE	在数据库中创建表	CREATE FUNCTION	在数据库中创建函数
CREATE VIEW	在数据库中创建视图	BACKUP DATABASE	备份数据库
CREATE DEFAULT	在数据库中创建默认对象	BACKUP LOG	备份日志
CREATE PROCEDURE	在数据库中创建存储过程		

（3）隐含权限。

隐含权限是指系统自行预定义而不需要授权就有的权限，包括固定服务器角色、固定数据库角色和数据库对象所有者所拥有的权限。

2. 权限的管理

SQL Server 2008 中权限管理的主要任务是对象权限和语句权限的管理。

（1）对象权限的管理。

在 SQL Server 2008 中，所有对象权限都可以授予。可以为特定的对象、特定类型的所有对象和所有属于特定架构的对象进行管理。

其操作步骤如下：

1）以管理员身份登录 SQL Server 2008，打开"对象资源管理器"，选择数据库（如 Student_db）。

2）选择要设置权限的对象（如表 C_Info）并右击，在弹出的快捷菜单中选择"属性"命令，打开"表属性-C_Info"窗口，如图 8.22 所示。

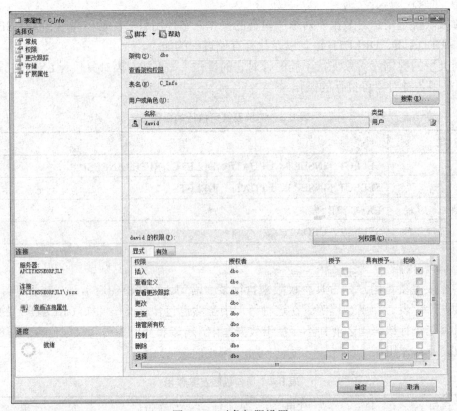

图 8.22　对象权限设置

3）选择"权限"选项卡，在右窗格的"用户或角色"列表框中"搜索"出"david"用户，在"david 的权限"列表框中设置该用户的权限。

4）单击"确定"按钮，完成对象权限的设置。

（2）语句权限的管理。

用户语句权限也可以使用对象资源管理器授予。例如，为角色 ROLE1 授予 CREATE TABLE 权限，而不授予 SELECT 权限，然后执行相应的语句，查看执行结果，从而理解语句权限的设置。其操作步骤如下：

1）以管理员身份登录 SQL Server 2008，打开 SSMS。在"对象资源管理器"中展开"数据库"节点。

2）选择要设置权限的数据库（如 Student_db）并右击，在弹出的快捷菜单中选择"属性"命令，打开"数据库属性-Student_db"窗口，如图 8.23 所示。

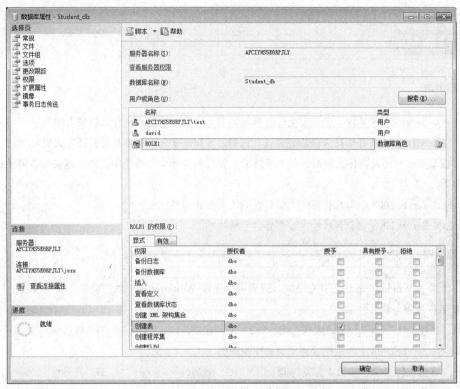

图 8.23　"权限"选项卡

3）选择"权限"选项卡，选项卡，单击"用户或角色"右侧的"搜索"按钮，在弹出的"选择用户或角色"对话框中单击"浏览"按钮，在弹出的"查找对象"对话框中勾选"[ROLE1]"项，单击"确定"按钮返回。

4）在"ROLE1 的权限"列表中勾选"创建表"后面"授予"列的复选框，而"选择"后面"授予"列的复选框一定不能勾选。

5）设置完成后，单击"确定"按钮返回 SSMS。

6）断开当前 SQL Server 2008 服务器的连接，重新打开 SSMS，设置为 SQL Server 2008 身份验证模式，使用 david 登录，因为数据库用户 david 是 ROLE1 的成员，所以该登录名拥有该角色的所有权限。

7）单击"新建查询"命令，打开查询视图。查看"Student_db"数据库中 St_Info 表的信息，结果将会失败，如图 8.24 所示。

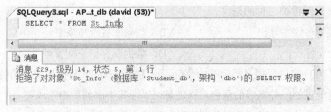

图 8.24　SELECT 语句执行结果

以上所讲述的在对象资源管理器中设置对象权限和语句权限的方法并不唯一，同样的权限设置通过其他操作方法一样可以达到，请读者自行尝试。

习题8

一、思考题

（1）SQL Server 2008 提供了哪些安全管理机制？安全性管理是建立在什么机制上的？

（2）SQL Server 2008 有几种身份验证方式？它们的区别是什么？哪种身份验证方式更安全？

（3）数据库的权限是指什么权限？权限管理的主要任务是什么？角色中的所有成员能否继承该角色所拥有的权限？

（4）SQL Server 2008 中有几种角色类型？它们的主要区别是什么？

（5）SQL Server 2008 安全管理的内容主要包括哪些？

二、选择题

（1）当采用 Windows 验证方式登录时，只要用户通过 Windows 用户账户验证，就可（　　）到 SQL Server 2008 数据库服务器。

    A. 连接　　　　　　B. 集成　　　　　　C. 控制　　　　　　D. 转换

（2）SQL Server 2008 中的视图提高了数据库系统的（　　）。

    A. 完整性　　　　　B. 并发控制　　　　C. 隔离性　　　　　D. 安全性

（3）使用系统管理员账户 sa 时，以下操作不正确的是（　　）。

    A. 虽然 sa 是内置的系统管理员账户，但在日常管理中最好不要使用 sa 进行登录

    B. 只有当其他系统管理员不可用或忘记了密码，无法登录到 SQL Server 2008 时，才使用 sa 这个特殊的登录账户

    C. 最好总是使用 sa 账户登录

    D. 使系统管理员成为 sysadmin 固定服务器角色的成员，并使用各自的登录账户来登录

（4）在数据库的安全性控制中，授权的数据对象的（　　），授权子系统就越灵活。

    A. 范围越小　　　　B. 约束越细致　　　C. 范围越大　　　　D. 约束范围大

（5）在"连接"组中有两种连接认证方式，其中在（　　）方式下，需要客户端应用程序连接时提供登录的用户标识和密码。

    A. Windows 身份验证　　　　　　　　B. SQL Server 2008 身份验证

    C. 以超级用户身份登录　　　　　　　　D. 以其他方式登录

（6）为了保证数据库应用系统正常运行，数据库管理员在日常工作中需要对数据库进行维护。下列一般不属于数据库管理员日常维护工作的是（　　）。

    A. 数据内容的一致性维护　　　　　　　B. 数据库备份与恢复

    C. 数据库安全性维护　　　　　　　　　D. 数据库存储空间管理

（7）SQL Server 2008 提供了很多预定义的角色，下述关于 public 角色说法正确的是（　　）。

    A. 它是系统提供的服务器级的角色，管理员可以在其中添加和删除成员

    B. 它是系统提供的数据库级的角色，管理员可以在其中添加和删除成员

C. 它是系统提供的服务器级的角色，管理员可以对其进行授权

D. 它是系统提供的数据库级的角色，管理员可以对其进行授权

（8）dbo 代表的是（　　）。

A. 数据库拥有者　　　　　　　　　B. 用户

C. 系统管理员　　　　　　　　　　D. 系统分析员

（9）当采用 Windows NT 验证方式登录时，只要用户通过了 Windows 用户账户验证，就可以（　　）到 SQL Server 2008 数据库服务器。

A. 连接　　　　　　B. 集成　　　　　　C. 控制　　　　　　D. 转换

（10）数据库的权限是指用户对数据库中对象的使用及操作的权利。SQL Server 2008 中的权限不包括（　　）。

A. 对象权限　　　　B. 语句权限　　　　C. 文件权限　　　　D. 隐含权限

第9章 数据库系统开发工具 VB

- **了解**：多种数据库系统开发工具的名称与特点；Visual Basic（VB）的数据库管理功能；数据库应用系统开发工具的使用及数据库应用程序的开发过程。
- **理解**：参数的传递；变量的作用域与生存期；子过程与函数的创建与调用；VB访问数据库的接口技术；记录集、数据绑定等概念。
- **掌握**：VB集成开发环境；面向对象及事件驱动的编程特点、VB数据类型和程序控制结构；VB标准控件；VB与SQL Server数据库的连接方法；数据库的编辑和查询操作等。

9.1 数据库系统开发工具概述

随着计算机技术不断发展，各种数据库编程工具也在不断发展。程序开发人员可以使用一些高效的、可视化的编程工具去开发各种数据库应用程序，从而达到事半功倍的效果。比较流行的数据库编程工具有 Delphi、PowerBuilder、Visual FoxPro 等，这几个开发工具各有所长、各具优势。Delphi 有出色的组件技术，它采用的面向对象语言 Pascal 具有极高的编译效率与直观易读的语法；PowerBuilder 拥有作为 Sybase 公司专利的强大的数据窗口技术，并提供与大型数据库的专用接口；Visual FoxPro 因其简单、实用，在中国拥有大量的用户。一些专业的从事数据库的大公司也提供了通用的数据库编程工具，如 Sybase 的 Power++、Oracle 的 Developer 2000 等。另外，一些通用的程序设计语言与开发环境也适合数据库系统的开发，如 VB、Visual C++、Visual J++、JBuilder 等。

Web 技术的发展对数据库应用产生了很大的影响，形成了一种新的数据库系统模式——B/S 模式。B/S 即 Browse（浏览器）/Server（服务器），它属于客户机/服务器（C/S）模式的一种。在 B/S 模式的数据库系统中，用户访问数据库的程序被嵌入网页，所以在客户端只需要运行浏览器，不需要安装其他的客户端软件。目前，最常用的 Web 数据库系统开发技术有 ASP（Active Server Page）、JSP（Java Server Page）和 PHP（Personal Home Page）。

（1）ASP 是一个 Web 服务器端的开发环境，利用它可以产生和执行动态的、互动的、高性能的 Web 服务应用程序，它采用的脚本语言有 VBScript 和 JavaScript。

（2）JSP 是 Sun 公司推出的新一代 Web 应用开发技术，它可以在 Servlet 和 JavaBeans 的支持下，完成功能强大的 Web 应用程序。

（3）PHP 是一种跨平台的服务器端的嵌入式脚本语言，它大量地借用 C、Java 和 Perl 语言的语法，并加入了自己的特性，使 Web 开发者能够快速地写出动态页面。

本教材选择 VB 6.0 作为前台开发工具，它是由美国微软公司推出的小型开发工具，是

Visual Studio 系列软件开发工具的一种；它相对易学易懂、硬件要求不高，适合于快速开发应用程序。Visual 的意思是"可视化"，是指可视化的编程，即编程过程的直观化、图形化。可视化编程方法易学易用，工作效率高。VB 有多种版本，其中 VB 6.0 是一个成熟的产品，功能齐全、使用方便且普及面广，备受编程爱好者喜爱。

9.2 VB 概述

VB 作为一款优秀的 Windows 应用程序开发工具，其开发过程完全按照所见即所得的要求来实现，并提供一个非常完美的开发环境供程序开发人员使用。在这个开发环境中，VB 提供了几乎所有开发者可能用到的功能，包括工程的建立、应用程序界面的设计、源代码的编写、程序的调试运行和最终可执行文件的生成等功能。

9.2.1 VB 6.0 集成开发环境

启动 VB 6.0，将打开"新建工程"对话框，如图 9.1 所示。默认选择"标准 EXE"选项，单击"打开"按钮，则新建一个 VB 工程，并进入 VB 集成开发环境，如图 9.2 所示。在 VB 中的应用程序无论大小，都叫做"工程"；一个工程对应一个完整的应用程序，且包含该应用程序所有的文件。一般来说，不属于同一个应用程序的一些应用问题不应建在同一个工程里。

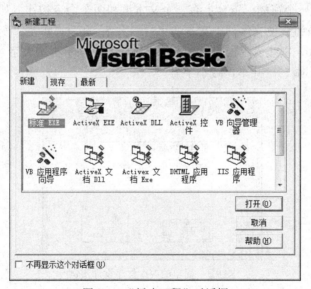

图 9.1 "新建工程"对话框

集成开发环境由工具箱、窗体设计器、工程管理窗口等部件组成。工具箱位于开发环境窗口的左侧，其中包含许多控件，设计时可以在窗体中创建控件对象；窗体设计器用于设计窗体作为应用程序的界面；工程资源窗口用于列出当前工程中的窗体和模块；属性窗口用于列出当前选定对象的各属性值；窗体布局用于确定窗体启动时在屏幕中的位置。

在工程资源窗口中选择某个窗体，单击"查看对象"按钮，则在窗体设计器中显示该窗体中所有的对象；单击"查看代码"按钮，则显示平时隐藏了的代码窗口，针对该窗体编写的所有代码都显示在其代码窗口中。

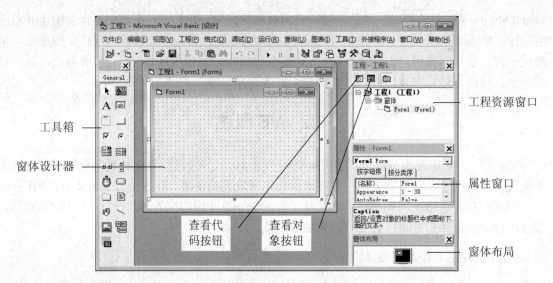

图 9.2　VB 6.0 集成开发环境

9.2.2　创建简单的 VB 应用程序

为了帮助了解 VB 程序设计的特点，现在着手设计一个简单的 VB 程序。

【例 9.1】创建一个窗体，窗体上有一个文本框和两个命令按钮，如图 9.3 所示。要求运行时单击"变大"按钮会使文本框中文本的字号增大 5；相反，单击"变小"按钮会使字号减小 5。若字号超过 50，则在窗体上显示"不能再大啦！"，并不再增大字号；字号小于 5，则窗体上显示"不能再小啦！"，并不再减小字号。

图 9.3　简单的 VB 程序设计实例

操作步骤如下：

（1）创建工程。启动 VB 6.0，新建一个 VB 工程，并进入集成开发环境。

（2）创建控件。单击"工具箱"中的文本框（TextBox）图标，在默认的窗体 Form1 上拖动出一个文本框，自动命名为 Text1；单击"工具箱"中的命令按钮（CommandButton）图标，在 Form1 上拖动出一个命令按钮，自动命名为 Command1；用同样的方法在窗体上创建第二个命令按钮 Command2。

（3）修改控件的属性。选择 Text1 控件，在"属性"窗口中找到 Text 属性，删除原值"Text1"，输入新值"简单的 VB 程序"；选择 Command1 控件，在"属性"窗口中将其 Caption 属性修改为"变大"；同样，将 Command2 控件的 Caption 属性修改为"变小"。

（4）编写代码。分别双击"变大"和"变小"按钮，在"代码"窗口中的 Command1_Click 事件过程和 Command2_Click 事件过程中写入代码，如图 9.4 所示。其中，"代码"窗口左侧的下拉列表框中列出的是当前窗体所包含的控件名称，右侧的下拉列表框中列出的是已选择控件的所有事件名称。

注意：书写格式要按层次缩进，根据级别由高到低逐渐增加缩进量；所有标点符号均为英文标点；单引号（'）后面所跟的字符为注释，程序不会执行。

图 9.4　简单的 VB 程序设计实例代码

（5）保存文件。选择"文件"→"保存工程"菜单命令，打开"保存窗体"对话框，选择保存位置，并给窗体命名，这里命名为"例 9_1.frm"，单击"保存"按钮；随即出现用于保存工程的对话框，这里命名为"例 9_1.vbp"，最后单击"保存"按钮。

注意：本例涉及的关键文件有工程文件和窗体文件。工程文件是整个工程的"档案"，扩展名为.vbp；窗体文件包含该窗体上的所有内容，扩展名为.frm。

（6）调试和运行程序。单击"运行"→"启动"命令，或单击工具栏中的"启动"按钮，便可执行该程序。若程序中存在错误，则参考 VB 的错误提示改正错误，并再次运行程序。最后对运行成功的文件再次保存，注意对工程文件和窗体文件都要保存。

（7）生成 EXE 文件。如果希望应用程序能脱离 VB 环境直接在 Windows 环境下运行，则要生成相应的 EXE 文件。本例中，选择"文件"→"生成例 9_1.EXE"菜单命令，打开"生成工程"对话框，选择保存位置并给 EXE 文件命名，单击"确定"按钮。这样，在"Windows 资源管理器"或"我的电脑"中双击该 EXE 文件就可以直接执行程序了。

9.2.3　VB 程序的特点

VB 采用面向对象的程序设计方法。该方法认为，客观世界是由无数对象组成的，每个对象都是一个具体的实物，对象与对象之间存在各种各样的联系；程序设计是对部分客观世界的抽象描述，所以程序也是由若干对象组成的。这就是面向对象编程方法的主要思想，也就是说，设计程序就是描述好所关心的各对象，理清各对象之间的关系。

VB 程序中的窗体和控件等都是对象、如例 9.1 中的窗体 Form1、文本框 Text1 等，它们是组成程序的基本部件。它们都具有自己的属性、方法和事件。可以把属性看做一个对象的特征，把方法看做对象的动作，把事件看做对象的响应。对象的属性、方法、事件就称为对象的三要素。

1．属性

属性描述对象的性质或特征，即该对象是什么样的。以例 9.1 的窗体 Form1 及其所包含控件为例，窗体 Form1 及命令按钮 Command1 的 Name 属性分别为 Form1 与 Command1，这是它们的名称，用于在程序代码中区别其他控件；Caption 属性是显示给用户的标题。窗体的常用属性包括以下几项：

（1）Name 属性。用于设置窗体的名称，可以在属性窗口设置或修改；用于程序中，但不能在程序中修改。

（2）Caption 属性。用于设置窗体标题栏上的标题内容。

（3）Maxbutton 和 Minbutton 属性。用于设置"最大化"和"最小化"按钮。

（4）BackColor 和 ForeColor 属性。用于设置窗体的背景色和前景色。

（5）Picture 属性。用于设置窗体要显示的图形。

（6）AutoRedraw 属性。用于设置窗体的"自动重画"功能。该属性默认为 False，即当窗体重新在屏幕上显示时（如最小化后还原），原来使用 Print 方法显示的文字或使用绘图方法绘制的图案不会重新出现。通常，需要"自动重画"，也就是说要将此属性改为 True。

2．方法

方法反映对象的行为，即该对象会干什么。如例 9.1 中 Form1.Print 是指窗体对象 Form1 执行显示的方法，其后的字符串"不能再大啦！"是要显示的内容。窗体还有其他方法，如 Show 方法，用于快速显示一个窗体，使该窗体变成活动窗体。

3．事件

事件指明对象在什么条件下发生什么事情，即在什么条件下执行哪段代码。例如，事件过程 Command1_Click 指明程序运行时若单击（Click）按钮 Command1，则使得处于 Sub Command1_Click()与 End Sub 之间的代码被执行。以窗体为例，常用事件包括以下几项：

（1）Load 事件：在一个窗体被装载时发生。

（2）Unload 事件：当窗体卸载时发生。

（3）DblClick 事件：当窗体被双击时发生。

（4）KeyPress 事件：键盘上的键被按下时发生。

（5）MouseDown/MouseUp 事件：当鼠标按键被按下/释放时发生。

设计程序时，控件对象的属性、方法的引用，使用以下格式：

<控件名> . <属性>|<方法>

应用程序基于对象组成，每个对象都有预先定义好的事件，每个事件的发生都依赖于一定的条件（如用户的操作、预定时间到等），每个事件发生后该有何响应则取决于编程者给该事件过程编写了什么代码。这就是 VB 程序的特点，即面向对象的程序设计方法和事件驱动的编程机制。

9.3　VB 语言基础

计算机程序实际上就是按照某些操作规则对数据进行操作的步骤。程序中参与计算的数据以什么方式来描述、可参与哪些运算，这些是使用程序设计语言要了解的首要问题。VB 中，数据类型规定了不同类别数据的取值范围、数据的存储形式和所占空间；变量与常量体现了数据的使用方式；表达式体现了对数据的操作。

9.3.1 基本数据类型

在 VB 中，数据类型的设定既划分了不同的数据类别，如是整数还是小数、是日期还是货币等，也规定了各自允许的操作，如日期数据可以进行加减操作但不可以进行乘除操作。VB 的基本数据类型有字节型（Byte）、逻辑型（Boolean）、整型（Integer）、长整型（Long）、单精度型（Single）、双精度型（Double）、货币型（Currency）、日期型（Date）、字符串型（String）、变体型（Variant）等。

表 9.1 列出了 VB 基本数据类型的取值范围与所占内存的字节数。

表 9.1 VB 基本数据类型

数据类型	取值范围	内存中所占字节数	数据举例
Byte	0～255 范围内的整数	1	100
Integer	-32768～+32767 范围内的整数	2	-350
Long	-2147483648～2147483647 范围内的整数	4	40000
Single	负数为-3.402823E38～-1.401298E-45，正数为 1.401298E-45～3.402823E38 范围内的小数；精度为 7 位	4	145.98
Double	负数为-1.79769313486232E308～-4.94065645841247E-324，正数为 4.94065645841247E-324～1.79769313486232E308 范围内的小数；精度为 16 位	8	1258.57924
Boolean	True 与 False	1	True
String	定长：0～216 个字符 变长：大约 231 个字符	由实际字符长度决定	"我的 abc"
Date	日期：01/01/100～12/31/9999 时间：0:00:00～23:59:59	8	#10/12/2007#
Currency	为 - 922337203685477.5808～922337203685477.5807	8	513.24@
Variant	可以为以上任意一种情形	根据需要分配	

表 9.1 中 Variant 表示变体类型，是指其数据类型可随意改变，可为其他任意一种类型。

为了简化书写，还可以使用类型符来代表相应类型，如%代表 Integer、&代表 Long、!代表 Single、#代表 Double、@代表 Currency、$代表 String。

VB 语言除了基本数据类型以外还有用户自定义类型，用户自定义类型是由基本数据类型构造而成的，详细内容参考 9.3.4 节。

9.3.2 变量和常量

在 VB 中，变量和常量都在程序中代表数据。在程序执行过程中，变量代表的值可以改变，而常量值不能任意改变。

1. 变量

VB 使用变量来存储数据，它包含 3 个方面的概念：变量名、变量的数据类型、变量的值。变量名是指用来引用该变量的名称；变量的数据类型是指确定该变量可以存储的数据种类；变量的值是指在程序运行过程中，取值可以改变的数据量。变量在不同时候可"存放"不同值，但一定是符合该变量类型的值。

（1）变量命名规则。

变量名必须以字母或汉字开头，由字母、汉字、数字或下划线组成，长度不大于 255 个字符。

变量名不能使用 VB 的关键字；不能包含小数点或者类型声明字符；在一定范围内必须是唯一的，如在同一个过程或同一个窗体内相同变量名代表的含义相同。

例如，Student_Name、X1、单价 OF 商品等均为合法的标识符，而 x.1、4a、a+b、c!d、if 等是非法标识符。

变量名不区分大小写。例如，xy 和 xY 是同一变量名。

变量名是一种标识符。标识符是指用来标识变量名、符号常量名、过程名、数组名、类型名、文件名的有效字符序列。标识符的命名同样遵循上面的规则。

（2）变量的声明。

声明变量就是事先将变量通知程序。可使用 Dim 语句，其语法格式如下：

    Dim <变量名> [As <数据类型>]

例如：

    Dim Number1 As Integer

声明变量 Number1 为整型变量，可以存储-32768～+32767 范围内的整数。

可以将多个变量放在一行中一次声明，例如：

    Dim intX As Integer,dblNumber1 As Double

数据类型若省略，则该变量被声明为 Variant 型。例如：

    Dim vntY

对于字符串变量，声明时可以给定字符长度，称为定长字符串变量；也可以不给定字符长度，称为变长字符串变量。其语法格式如下：

    Dim <字符串变量名> As String * <字符数>   ' 定长字符串变量
    Dim <字符串变量名> As String   ' 变长字符串变量

赋值时，对于定长字符串变量，若字符个数少于字符串的长度，则右补空格；若字符个数超过字符串长度，则将多余的字符截去。对于变长字符串变量，其长度由最后所赋值的字符串决定。

（3）隐式声明状态和显式声明状态。

隐式声明是在使用一个变量之前不事先声明这个变量，VB 会用这个名称自动创建一个变体类型变量。虽然这种方法很方便，但是如果变量名拼写错误，则会导致一个难以查找的错误。

显式声明是指必须使用声明语句声明模块中的所有变量。在这种状态下，VB 系统若遇到未经声明就当成变量名称的情况将发出错误警告。

默认情况下，VB 系统处于隐式声明状态，即变量可以不用语句明确定义就可以使用（系统自动将其定义为一个变体类型变量）。若要将 VB 系统转变为显式声明状态，有两种方法：

1）在"通用/声明"区，加入"Option Explicit"语句。

2）选择"工具"→"选项"菜单命令，打开"选项"对话框。在该对话框中选择"编辑器"选项卡，选中"要求变量声明"复选框，如图 9.5 所示。这样就在所有新模块中自动插入 Option Explicit 语句，但不会在已经建立起来的模块中自动插入，已建模块只能用手工方法添加 Option Explicit 语句。

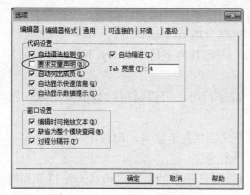

图 9.5　"选项"对话框

（4）变量的赋值与引用。

将数据或表达式赋值给变量可以使用赋值符号"="，这里要将其与等号区分开来。赋值的规则是：先计算赋值符号右边表达式的值，然后将值赋给左边的变量。变量的引用是指使用该变量所代表的值。在引用时，变量名出现在赋值运算符的右边。

只有当表达式是一种与变量兼容的数据类型时，该表达式的值才可以赋给变量。不能将字符串表达式的值赋给数值变量，也不能将数值表达式的值赋给字符串变量。若赋值运算符两边数据类型不同，则不能转换，否则会出现类型不符的错误。例如：

```
Dim x As Integer, y As Integer, s As String
x = 5                        ' 变量的赋值
y = x + 4                    ' 引用 x，并给 y 赋值
x = "first"                  ' 错误，类型不符
s = "first"
```

2. 常量

常量是指在程序运行期间其值不发生变化的量。常量分为直接常量、符号常量和系统常量。

（1）直接常量。

直接常量是指各种类型的常数值，常数值直接反映了其类型，也可以在常数值后紧跟类型符显式地声明常数的数据类型，表 9.2 所示为各种数值型直接常量。

表 9.2　数值型直接常量

类型	书写格式	举例
整型常量	±n[%]	123，+123，-123，123%
长整型常量	±n&	513&，-513233232&，32768
单精度型常量	±n.n，±n.，±n!，±nE±m，±n.nE±m	513.，513.24，513.24!，0.51324E+3
双精度型常量	±n.n，±n#，±nD±m，±n.nD±m，n.nE±m#	513.24567890123，513.24#，0.51324D+3，0.51324E+3#
货币型常量	数字后加@	513.24@，5123@
八进制常量	数字前加&O	&O761，&O543
十六进制常量	数字前加& H	&H45AB，&H45FE

在表 9.2 中，有些常数后跟类型符显式说明。例如，双精度型常量其后跟#，货币型常量在其后加@。

字符串常量是用双引号括起来的字符序列。例如：

"abcdefg","中华人民共和国","This is a book";

"I say:""how are you?"""　表示其为字符串 I say:"how are you?"，若字符串中包括"字符，则要连写两个"符号。

当字符串常量包含一个数字值时，可以赋值给数值型变量；包含一个日期值时，可以赋值给日期型变量。

注意："" 和 " " 具有不同含义。""表示空串，即该字符串无内容，字符个数为 0；" " 表示该字符串为空格字符串，字符个数为 1。

日期型常量的书写形式是用#括起来的，可以被认为是日期和时间的文本。例如：

#10/12/96#

#January 1,2000#

#1996-12-11 12:30:12 PM#

#11:31:11 AM#

逻辑型常量只有 True 和 False 两个值。

（2）符号常量。

当程序中有多次被使用或很长的数据时，可以定义一个容易书写的符号来代替它，这就是符号常量。其定义格式如下：

Const <符号常量名> [As <数据类型>] = <表达式>

符号常量的命名遵循标识符的命名规则，其数据类型由表达式的数据类型确定。例如：

Const PI=3.1415926

在程序中就可以使用 PI 来代替 3.1415926。与变量不同的是，符号常量在定义时固定了值，不能再做修改。

（3）系统常量。

系统常量实质上是一种符号常量，是 VB 所定义的系统内部常量，编程者可直接使用。例如，vbBlack 代表黑色，vbRed 代表红色，vbKeyReturn 代表回车键。

9.3.3　运算符与表达式

与其他高级语言一样，VB 也具有丰富的运算符。运算符与操作数组成表达式，从而实现程序中所需的大量操作。

VB 中的运算符可分为算术运算符、字符串运算符、关系运算符和逻辑运算符 4 种类型。不同类型的运算符构成不同类型的表达式。

1. 算术运算符与算术表达式

算术运算符用来进行算术运算，算术运算符包括：

括号()、幂运算^、负号-、乘*、除/、整除\、取余 Mod、加+、减-。

用算术运算符将运算对象连接起来的式子叫做算术表达式。

算术运算符运算的优先级除了乘、除同级，加、减同级外，按以上排列顺序依次递减。

2. 字符串运算符与字符串表达式

字符串运算符有+、&两个，其作用都是进行字符串的连接。"+"将两个字符串连接成新的字符串；"&"将其他类型数据转换成字符串并连接成新字符串。由字符串运算符连接起来的式子就是字符串表达式，其值为字符串数据类型。例如：

"数据库技术" + "与应用"　　　' 数据库技术与应用

"计算 12+34=" & 12 + 34　　　' 计算 12+34=46，若用+运算符连接，则系统会报错

3. 关系运算符与关系表达式

关系运算符用来进行关系运算。如表 9.3 所示,操作数或表达式参与关系运算,形成关系表达式;若关系表达式成立,则返回结果值为 True,否则返回 False。用关系运算符连接的式子就是关系表达式。

表 9.3　关系运算符与关系表达式

关系运算符	含义	关系表达式	结果
=	等于	2*5=10	True
>	大于	"abcde">"abd"	False
>=	大于等于	5*6>=24	True
<	小于	"abc"<"Abc"	False
<=	小于等于	5/2<=10	True
<>	不等于	"d"<>"D"	True
Like	字符串匹配	"good" like "g*"	True

注意:进行比较运算时,若两个操作数为数值型,则按其大小比较。若两个操作数是字符串,则按字符的 ASCII 值从左向右逐个比较,若某对应字符不相同,则 ASCII 值大的字符串大。

4. 逻辑运算符与逻辑表达式

有 6 种逻辑运算符,如表 9.4 所示,除 Not 是单目运算符外,其余都是双目运算符;其作用是对操作数进行逻辑运算,结果为 True 或 False;其优先级按照表 9.4 所列的排列顺序递减。用逻辑运算符连接起来的式子叫做逻辑表达式。

表 9.4　逻辑运算符及优先级

逻辑运算符	优先级	含义	说明
Not	1	取反	将两个逻辑值互相转换
And	2	与	两个操作数都为真,结果才为真,否则为假
Or	3	或	两个操作数中只要有一个为真,结果为真
Xor	3	异或	两个操作数不同时为真,否则为假
Eqv	4	等价	两个操作数相同时为真,否则为假
Imp	5	蕴含	当第一个表达式为真,且第二个表达式为假时,结果为假,否则为真

例如,若 length=1.60,sex="女",则表达式:

(length > 1.68 And sex="男") Or (Not sex="男" And length > 1.58) 的值为 True。

5. 各类运算符的优先级

各类运算符的优先级排列为:算术运算符>字符运算符>关系运算符>逻辑运算符。

9.3.4　数组与自定义类型

通过一个基本类型变量可以存放一个数据;若要存放或处理同一类型的一批数据,需要使用数组；若要存放或处理一批不同类型的数据，则需要自定义数据类型。

1. 数组

数组是一组具有相同类型的数据组成的集合，可用数组名代表这一批数据。组成数组的每个数据都是该数组的元素，用数组名（下标）来表示。

数组必须先声明后使用。声明是指定数组的数组名、类型、维数和数据个数。声明时下标的组数确定数组的维数，可以是一维数组、二维数组、……，最多 60 维。

（1）一维数组。

定义一维数组的语法格式如下：

Dim <数组名>([<下标下界> To] <下标上界>) [As <数据类型>]

例如：

Dim a(1 To 10) As Integer

本例定义 a 是下标为 1～10 的一维整型数组；该数组有 10 个元素，可用 a(1)、a(2)、…、a(10)来表示，如图 9.6 所示，每个元素可存放一个整数。

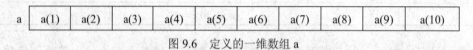

图 9.6　定义的一维数组 a

数组元素可以像普通变量一样使用，如 a(1)=100 或者 a(2)= a(1)+3。

例如：

Dim b(10) As Integer

本例中 b 数组声明时省略下标下界，默认值为 0，它有 11 个元素，即 b(0)～b(10)。

提示：可用 Option Base 语句改变数组下标的默认下界，例如：

Option Base 1 　　'使用该语句后，默认的数组下标下界变成了 1，不再是原来的 0

（2）多维数组。

声明多维数组的语法格式如下：

Dim <数组名>(<下标 1>[, <下标 2>，…]) [As <数据类型>]

下标的个数决定了数组的维数，数组有几维，则在定义时将出现几个下标。多维数组声明时下标的形式与一维数组的一样，可以是<下标下界> To <下标上界>；或者只有<下标上界>，使用默认的下标下界。

例如，定义以下 3 个数组：

Dim c(1 To 3, 1 To 4) As Integer

Dim d(2, 3) As String

Dim e(2, 3, 2) As Integer

本例中，定义 c 为 3×4 的二维整型数组，共有 12 个元素，每个元素可以存放一个数据；定义 d 为 3×4 的二维字符串数组，下标从 0 开始，元素为 d(0,0)～d(2,3)；定义 e 为 3×4×3 的三维整型数组，下标从 0 开始，元素为 e(0,0,0)～e(2,3,2)。

（3）动态数组。

动态数组是在声明数组时未给出数组的大小（即省略括号中的下标），当要使用它时，随时用 ReDim 语句重新指出大小的数组。例如：

Dim f() As Single

本例定义 f 为动态单精度型数组，其维数和下标范围都没确定。f 数组在使用之前要用 ReDim 语句分配实际的元素个数。例如：

　　　　ReDim f(4 To 12)

该语句将动态数组 f 的下标范围确定为 4～12，维数为一维。

　　使用动态数组的优点是可以在程序运行的过程中，根据用户的需要，通过 ReDim 语句指定实际所需的元素个数，从而避免了存储空间的浪费。而静态数组是在程序编译时分配存储空间的，所以不得不尽量设大一些，从而造成存储空间的浪费。

　　（4）控件数组。

　　一组相同类型的控件如果使用相同的控件名，而依靠一个不同的下标来区分，这样就组成控件数组。控件数组中的每个控件都是该数组的元素。

　　设计时建立控件数组的操作步骤如下：

　　1）在窗体上画出一个控件，设置其相关属性，则建立了第一个元素。

　　2）选中该控件，执行"复制"和"粘贴"操作，则打开对话框，显示"已经有一个控件为 XXX，创建一个控件数组吗？"，单击"是"按钮，将建立第二个元素。

　　3）接着执行若干次"粘贴"操作，就建立了所需个数的控件数组元素。

　　控件数组的使用示例参见 9.4.2 节。

　　2. 自定义类型

　　使用基本数据类型和数组一般能满足用户的基本需求，但不适合于某些特殊情形，如表示一组内容相关但类型不同的数据。例如，在一个学校的学生管理系统中，需要表示每个学生的基本情况，如学号、姓名、性别、成绩等。显然，将每个情况都用一个单独的变量表示是不合适的。这时，可以将学生的所有基本情况构造为一个数据类型，形成一个记录，这就是自定义类型数据。

　　（1）自定义类型的定义。

　　构造自定义类型可以使用 Type 语句，其语法格式如下：

```
[Private | Public] Type <类型名>
    <成员变量名 1>[(<下标>)]   As   <基本类型>
    <成员变量名 2>[(<下标>)]   As   <基本类型>
    …
End Type
```

由该定义可知，成员变量可以是简单变量，也可以是数组。

　　【例 9.2】定义 Student 自定义类型，要求具有学号、姓名、成绩 3 个数据项。

　　在窗体或模块的通用声明部分输入以下代码：

```
Private Type Student
    XH As String * 10              ' 学号
    XM As String * 8               ' 姓名
    Score(1 To 3) As Single        ' 3 门课的成绩
End Type
```

　　其中，成员变量 XH 为 10 个字符的字符串，XM 为 8 个字符的字符串，Score 为具有 3 个元素的单精度型数组，下标从 1～3。

　　（2）自定义类型变量的声明和使用。

　　定义了自定义类型后，就可以使用该类型声明变量。声明变量的方法与基本数据类型一致。

　　例如，声明变量 Stu1 和数组 MyStu，其数据类型为例 9.2 定义的 Student 类型。

```
Dim Stu1 As Student
Dim MyStu(1 To 100) As Student
```

本例中，MyStu 是一个 Student 类型的数组，能够存放 100 个学生的记录。

程序中若要给自定义类型变量赋值，则必须分别给该变量的各成员赋值。访问自定义类型变量的成员可以使用以下方法：

    <自定义类型变量名>.<成员名>

例如，给上例定义的 Student 类型变量 Stu1 赋值，可以采用以下两种方式：

方式一：

```
Stu1.Xh = "011072930"
Stu1.XM = "张三"
Stu1.Score(1) = 90
Stu1.Score(2) = 85
Stu1.Score(3) = 92
```

方式二：

```
With Stu1
   .Xh = "011072930"
   .XM = "张三"
   .Score(1) = 90
   .Score(2) = 85
   .Score(3) = 92
End With
```

Student 类型数组 MyStu 元素的赋值与 Stu1 相同，如 MyStu(3).XM="王五"，是将字符串 "王五"赋给 MyStu 第三个元素的 XM 成员变量。

9.4　程序控制结构

VB 程序具有 3 种基本控制结构：顺序、选择和循环结构。在一般情况下，程序按语句书写的先后顺序执行，这就是顺序结构；若程序根据不同的情况分别采用不同的处理方法，从而执行不同的语句块，这种结构为选择结构；如果按给定条件多次重复执行一组语句，则该结构称为循环结构。利用这 3 种结构巧妙搭配可以解决各种复杂的实际问题。

VB 中表达选择结构的语句有 If 语句、Select Case 语句；表达循环结构的语句有 For 语句、Do 语句。

9.4.1　选择结构

选择结构在 VB 的程序设计中是极为常用的，它根据表达式判定值的真（True）或假（False）来选择程序分支，通常采用 If 语句和 Select Case 语句来实现。

1. If 语句

If 语句的语法格式如下：

```
If   <条件表达式>   Then
    <语句段 1>
[Else
    <语句段 2>]
End If
```

或者

```
If   <条件表达式>   Then   <语句 1>   [Else   <语句 2>]
```

程序执行时，If 语句根据<条件表达式>的值来选择程序分支。如果<条件表达式>的值为 True，则执行紧跟在 Then 之后的<语句段 1>；否则，如果<条件表达式>的值为 False，就执行跟在 Else 之后的<语句段 2>。其中，Else 分支是可选的，若无此分支，<条件表达式>的值又为 False，则紧接着执行 End If 之后的语句。

【例 9.3】假设有 x、y、z 3 个变量，x、y 均已有值，现要将 x、y 中较大的值赋给 z。可以使用以下两种方法实现。

方法一：

```
z=x
If   y>x   Then
z=y
End If
```

方法二：

```
If   y>x   Then
z=y
Else
z=x
End If
```

与其他的程序设计语言相同，VB 中的条件语句也允许嵌套。嵌套是指在 If 语句中还有 If 语句，即上述 If 语句格式中的<语句段 1>或者<语句段 2>本身又是一个 If 语句。

【例 9.4】将输入的一个百分制成绩转换为等级制成绩输出。等级的划分为：不小于 90 为优，89～60 为合格，小于 60 为不及格。

操作步骤如下：

（1）界面设计。在窗体 Form1 上设置两个 TextBox 控件和一个 CommandButton 控件，布局如图 9.7 所示。当用户在 Text1 中输入百分制成绩，单击"转换"按钮时，在 Text2 中输出等级制成绩。

（2）代码设计。"转换"按钮的代码如下：

```
Private Sub Command1_Click()
    If Text1 >= 90 Then
        Text2 = "优秀"
    Else
        If Text1 >= 60 Then
            Text2 = "合格"
        Else
            Text2 = "不合格"
        End If
    End If
End Sub
```

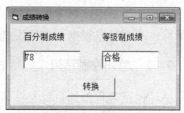

图 9.7　百分制成绩转换为等级制

在 Command1_Click 事件代码中，Else 后面的语句段是一个 If…Else…End if 结构，由此产生了 3 个分支，将不同成绩段数据转换为对应等级并在 TextBox 控件中显示出来。

2．Select Case 语句

当 If 语句嵌套时，将产生两个以上分支，即形成了多分支。如果要构成更多个分支，还可以使用 Select Case 语句，它的结构更为清晰，其语法格式如下：

```
Select Case <变量或表达式>
    Case <表达式列表 1>
        <语句段 1>
    Case <表达式列表 2>
        <语句段 2>
        …
    [ Case Else
        <语句段 n+1> ]
End Select
```

其中，<变量或表达式>是数值型或字符串表达式。<表达式列表 i>是与<变量或表达式>

同数据类型的单个或几个值的列表，如可以是"A"、2,4,6,8、60 To 100、Is < 60 等形式，其中 Is 代表<变量或表达式>。

Select Case 语句执行时，逐个比较 Select Case 关键字后的<变量或表达式>的值与 Case 子句的值，若遇到完全匹配的 Case 值，则执行该 Case 子句后的语句段；若与多个 Case 子句的值相匹配，则只执行第一个与之匹配的语句段。

例如，将例 9.4 中的 If 嵌套结构改为 Select Case 语句实现。只需要修改 Command1_Click 事件中的代码：

```
Private Sub Command1_Click()
    Select Case Text1
        Case Is >=90
            Text2 ="优秀"
        Case 60 To 89
            Text2 = "合格"
        Case Else
            Text2 = "不合格"
    End Select
End Sub
```

由此可以看出，对于多分支结构，Select Case 语句较 If 语句结构更为清楚，程序编写更为简练。读者可以根据具体情况选择适应实际情况的选择结构语句。

9.4.2 循环控制结构

循环也就是重复地执行某些语句。被重复执行的那些语句称为循环体。循环有多种形式：有些事先能确定循环的次数，而有些事先不能确定循环的次数；有些是重复执行循环体，直到达到预定的目标才结束（"直到"型循环），而有的是当条件满足时反复执行循环体（"当"型循环）。在 VB 中常用的有 For 语句和 Do 语句两种循环控制语句。For 语句更适合于循环次数确定的情况；Do 语句更适合于循环次数不确定的情况。另外，Do 语句有多种表达形式，既能表达"直到"型循环，也能表达"当"型循环。

1. For 语句

For…Next 循环结构的语法格式如下：

```
For <循环控制变量>=<初值> To <终值> [Step <步长>]
    <语句块>
Next <循环控制变量>
```

其中，<语句块>即为循环体，也就是循环结构中要重复执行的语句部分。

For 语句开始执行时，将<循环控制变量>赋<初值>，若<步长>为正数，接着判断<循环控制变量>是否小于等于<终值>，若是则执行循环体；Next 使<循环控制变量>自动增加<步长>值，继续判断<循环控制变量>是否小于等于<终值>……如此往复，直到<循环控制变量>大于<终值>才结束循环。

若<步长>为负数，判断<循环控制变量>是否大于等于<终值>，是则循环，否则终止循环。

【例 9.5】计算 1+3+5+7+…+99。

本例是求 100 以内所有奇数之和，可以按照以下步骤设计：

（1）界面设计。在当前工程中创建窗体 Form1，在 Form1 上添加一个文本框和一个标签，图 9.8 所示为设计窗体及控件属性。

图 9.8　例 9.5 运行界面

（2）代码设计。当用户单击窗体空白处时，程序执行求和操作，需要在 Form_Click 事件中添加以下代码：

```
Private Sub Form_Click()
    s = 0
    For i = 1 To 99 Step 2
        s = s + i
    Next i
    Text1 = s
End Sub
```

本例中，i 是一个循环控制变量，它从初值 1 开始执行，到终值 99 为止结束循环。每执行一次循环体，循环控制变量 i 就自动加 2。程序执行时，用户单击窗体就会在 TextBox 控件中显示执行结果。

一般来说，循环控制变量应该为整数，这样不仅能使程序清晰易读，而且能够让程序占用尽可能少的计算机处理时间。

2. Do 语句

Do 循环不是用循环控制变量来控制循环体执行的次数，而是根据某种初始条件的改变来控制循环的次数。Do 循环有两种形式。

形式 1：

```
Do { While|Until } <条件>
    <语句块>
Loop
```

其中，"While|Until"关键字可以任选其一，组成 Do While...Loop 语句或者 Do Until...Loop 语句。针对同一个问题，使用 While 与使用 Until 的区别是两者后面的<条件>是相反的。

Do While...Loop 语句表达的是"当"型循环，其规则是：当<条件>成立（为 True）时，执行循环体<语句块>，直到条件不成立（为 False）时终止循环。

Do Until...Loop 语句表达的是"直到"型循环，其规则是：当<条件>不成立（为 False）时，执行循环体<语句块>，直到<条件>为 True 时终止循环。

形式 2：

```
Do
    <语句块>
Loop { While|Until } <条件>
```

和形式 1 不同的是，形式 2 要先执行一次循环体<语句块>，然后才判断<条件>是否成立以确定是否循环。

【例 9.6】用 Do 语句计算 1+2+3+4+...，直到累加和第一次大于 1000 为止，输出和值以及最后一次所加的数。

由题目可知，累加和到第一次大于 1000 为止，计算次数是事先不确定的，为此，只能根据"和是否大于 1000"这个条件来判断是否继续循环，采用 Do 语句控制循环比较合适。

（1）界面设计。在当前工程中创建窗体 Form1，在 Form1 上添加一个文本框和两个标签，按照图 9.9 所示设计窗体及控件属性。

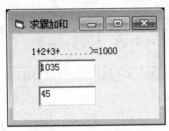

图 9.9　例 9.6 运行界面

（2）代码设计。当用户单击窗体空白处时，程序执行求累加和操作，可在 Form_Click 事件中添加以下代码：

```
Private Sub Form_Click()
    s = 0: i = 0
    '  以下 4 种循环可任取其一
```

Do	Do	Do While s <= 1000	Do Until s > 1000
i = i + 1	i = i + 1	i = i + 1	i = i + 1
s = s + i	s = s + i	s = s + i	s = s + i
Loop While s <= 1000	Loop Until s > 1000	Loop	Loop

```
    Text1 = s
    Text2 = i
End Sub
```

运行时，单击窗体，Text1 与 Text2 控件中分别显示 1035 和 45。

代码中，变量 s 为累加和，i 为循环控制变量，Text2 为最后的 i 值，也是最后一次所加的数。请读者思考，若将循环体中的两个语句调换位置，Text2 是否仍为最后一次所加的数？

虽然本例 Do 语句的 4 种循环形式不同，但计算的结果是一致的，其差别主要是条件表达式不同。

【例 9.7】输入 10 个同学的成绩，求平均分和及格率。

本例将窗体设计成一个交互型界面。用户每单击一次窗体，则将文本框中的数据保存到数组中，并提示用户输入第 i 个数（0≤i<10）。当用户输入了 10 个数后，则显示提示信息"已输入 10 个成绩"，并控制用户不能再输入了。单击"计算"按钮，则计算出 10 个学生的平均分和及格率。由于此例用到数组，则设数组变量 d 包含 10 个元素 d(0)～d(9)，用于存放学生成绩，变量 i 为输入数据计数器。

其操作步骤如下：

（1）界面设计。创建窗体 Form1，在 Form1 中添加两个标签（名称为 Label1 与 Label2），并设置这两个标签的 Caption 属性值为空，它们分别用于显示已输入的成绩个数及平均分和及格率；添加一个文本框（名称为 Text1）用于输入成绩；再添加一个命令按钮（名称为 Command1）用于计算，其界面如图 9.10 所示。

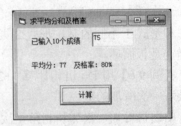

图 9.10　求平均分和及格率运行界面

（2）代码设计。

1）在窗体的通用声明区定义 i 变量和 d 数组，i 变量用于循环控制和数组下标，d 数组用于成绩存放。

```
Dim i As Integer
Dim d(9) As Integer
```

2）输入 10 个成绩。当用户单击窗体空白处时，将文本框中输入的成绩存放到数组 d 的第 i 个元素中，并判断是否已输入了 10 个数据。在 Form_Click 事件过程中写入以下代码实现该功能：

```
Private Sub Form_Click()
    ' 以下 If 语句用于控制输入了 10 个数后，用户不能再输入数据
    ' 若继续输入，则程序控制直接退出 Form_Click 事件过程
    If i >= 10 Then Exit Sub
    d(i) = Text1
    Text1 = ""
    i = i + 1
    ' 以下 If 语句用于控制 Label1 控件的显示，若 i<10，表示尚未输入 10 个数，提示用户继续输入
    ' 第 i 个数；若 i>=10，则表示已输完 10 个数，用户不必再输入了
    If i < 10 Then
        Label1.Caption = "已输入" & i & "个成绩"
    Else
        Label1.Caption = "已输完十个成绩"
    End If
End Sub
```

3）计算平均分和及格率。当用户已输入了 10 个数据，即计算该 10 个数的和与平均分。可在 Command1_Click 事件过程中写入以下代码：

```
Private Sub Command1_Click()
    ' 以下 If 语句用于判断是否已输入 10 个数，若<10 个数，则直接退出本过程
    If i < 10 Then Exit Sub
    For i = 0 To 9
        sum = sum + d(i)
        If d(i) >= 60 Then n = n + 1          ' 变量 n 用于计算及格人数
    Next i
    Label2.Caption = "平均分：" & sum / 10 & " 及格率：" &  n / 10 * 100 & "%"
End Sub
```

代码中，Label2.Caption 属性为字符串连接运算，&运算符先计算出数值表达式的值再以字符串的形式连接。

（3）运行程序。在如图 9.10 所示的文本框中任意输入 10 个成绩，每输入完一个成绩，就单击一下窗体，输完 10 个成绩，再单击"计算"按钮，结果如图 9.10 所示。

本例在 Command1_Click 事件代码中使用了选择结构与循环结构相结合的方式控制程序的执行流向。

注意：本例之所以要在 Form1 窗体的通用声明区定义变量 i 和数组 d，是因为需要它们在每个事件中都起作用，详细说明参见 9.6.3 节"变量的作用域和生存期"。

3．循环嵌套

如果循环结构的循环体中又包含了循环结构，则这种结构称为循环嵌套。For 循环可以嵌

套 For 循环，也可以嵌套 Do 循环，对于 Do 循环而言也是如此。

循环嵌套时，外层循环的循环体的一次执行引起内层循环体的多次循环执行。如下面程序段中，外层循环控制变量 i 值为 1 时使得内层循环控制变量 j 的值从 1 变到 3，从而执行 3 次 Print i;j,；同样，i 值变为 2 时又使 j 从 1 到 3 变一遍，又执行 3 次 Print i;j,。

```
For i = 1 To 2
    For j = 1 To 3
        Print i;j,
    Next j
    Print
Next i
```

输出结果：

```
1 1    1 2    1 3
2 1    2 2    2 3
```

注意：①Print 方法前若省略对象名，则默认为窗体，即在其所在的窗体上打印。

②Print 方法的各输出项后有可选参数（可以是逗号 "," 或者分号 ";"），用于指定下一个输出项的位置。分号 ";" 表示紧凑形式，即下一个输出项紧挨着本输出项输出；逗号 "," 表示下一个输出项输出在下一个输出区中。每个输出区宽度一定，大概占十几个字符的位置。

③Print 方法后什么都没有，表示换行。

【例 9.8】循环嵌套应用示例。取一元、二元、五元的纸币共 10 张，付给 25 元钱，有多少种不同的取法？

设一元硬币为 a 枚，二元硬币为 b 枚，五元硬币为 c 枚，可列出方程：

a+b+c=10

a+2b+5c=25

采用双重循环，外循环变量 a 从 0～10，内循环变量 b 从 0～10，代码如下：

```
Private Sub Form_Click()
    Print "五元", "二元", "一元"
    For a = 0 To 10
        For b = 0 To 10
            c = 10 - b - a
            If a + 2 * b + 5 * c = 25 And c >= 0 Then
                Print c, b, a
            End If
        Next b
    Next a
End Sub
```

注意：本例如果使用 3 重循环是否可以实现？若能实现，请从循环次数的角度比较两种方法的特点。

9.5　控件

控件是 VB 应用程序的重要元素，是用户界面的主要组成部分，多用于以各种方式获取用户的输入信息和显示输出信息。VB 控件包括标准控件、ActiveX 控件和可插入对象。

（1）标准控件。

标准控件也称为内部控件，其控件图标都在工具箱中，如图 9.11 所示。显示或隐藏工具箱可以通过选择"视图"→"工具箱"菜单命令或单击工具栏上的工具箱按钮实现。

图 9.11　VB 工具箱

（2）ActiveX 控件。

ActiveX 控件是一种 ActiveX 部件，为 VB 工具箱的扩充部分，需要编程者自行加入工具箱。添加 ActiveX 控件的方法是：选择"工程"→"部件"菜单命令，在弹出的"部件"对话框中选择"控件"选项卡，在其列表框中显示出所有已注册的 ActiveX 控件，从中选择所需控件，如图 9.12 所示，单击"确定"按钮，即将所选的 ActiveX 控件图标添加到工具箱中。

图 9.12　添加 ActiveX 控件对话框

除了 ActiveX 控件外，ActiveX 部件中还有被称为代码部件的 ActiveX.DLL 和 ActiveX.EXE。它们向用户提供了对象形式的库。在程序设计时，通过对其他程序对象库的引用，可以极大地扩展应用程序的功能。加载 ActiveX DLL/EXE 的方法是：选择"工程"→"引用"菜单命令，选择"引用"对话框的列表框中的选项，单击"确定"按钮即可加载代码部件，但它不像部件一样有图标显示。

（3）可插入对象。

可插入对象是 Windows 应用程序的对象，如"Microsoft Excel 工作表"。可插入对象也可以添加到工具箱中，具有与标准控件类似的属性，可以像标准控件一样使用。

9.5.1　标签

标签就是 Label 控件，它在工具箱中的显示图标为 A，多用于显示文本信息，如为其他控件对象添加标题、输出结果等。

1. 属性

Label 控件具有 Name、Caption、Alignment、Left、Top、Width、Height、Font、Visible、

BackColor、ForeColor 等属性。

Name 属性用于标识标签的名称。除了采用默认的名称外，用户可将其改为其他任意名称。所有其他控件也使用 Name 属性标识其名称。

Caption 属性是标签上显示的文本内容。除 Label 控件外，还有 Form 窗体、CommandButton 按钮等也使用该属性显示其标题内容。

Alignment 属性用于设置文本的对齐方式。0-VbLeftJustify 控制文本左对齐（默认值）；1-VbRightJustify 控制文本右对齐；2-VbCenter 控制文本居中对齐。VbLeftJustify、VbRightJustify、VbCenter 为 VB 的系统常量，其值分别为 0、1、2。

Left、Top 属性标识控件在窗体等容器中的位置，Width、Height 属性标识控件本身的宽度和高度（默认单位为缇，1 缇=1/567cm），如图 9.13 所示，Label1.Left、Label1.Top 实际上就是该 Label 控件左上角在窗体中的坐标。

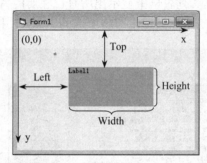

图 9.13　窗体的 Left、Top、Width、Height 属性

Font 为系列属性，决定控件显示文本的字体格式。FontName 属性返回显示文本的字体名称，为字符串形式，如"宋体"、"黑体"等名称；FontSize 属性返回显示文本的字号，值为整数，值越大，字越大；FontBold 属性确定文本是否加粗，值为逻辑型，True 代表加粗，False 代表不加粗；FontItalic 属性确定文本是否倾斜，值为逻辑型，True 代表倾斜，False 代表不倾斜。

BackColor 属性设置控件的背景颜色；ForeColor 属性设置控件显示文本的颜色；BackStyle 属性指定 Label 控件的背景是否透明，0 代表透明，1 代表不透明。

Visible 属性设置控件是否可见，值为逻辑值，True 代表（默认）可见，False 代表隐藏。

对于其他控件，Name、Left、Top、Width、Height、Visible、Font 等系列属性也具有与 Label 控件相同的含义。

2. 事件

标签除了 Click 事件外，还有 DblClick、Change、MouseDown、MouseUp 等事件。

（1）DblClick 事件。

当双击一个对象时，DblClick 事件发生。其语法格式如下：

        Private Sub object_DblClick ([index As Integer])

其中，object 为事件发生的 Label 控件对象名称；参数 index 可选，表示控件数组中的下标，为整数，如果不是控件数组，则没有该参数。在其他事件中，参数 index 也具有相同的含义。

（2）MouseDown 和 MouseUp 事件。

当在某对象上按下鼠标时，该对象的 MouseDown 事件发生，释放鼠标时 MouseUp 事件发生。其语法格式分别为：

```
Private Sub object_MouseDown([index As Integer,] button As Integer, shift As Integer, _
x As Single, y As Single)
Private Sub object_MouseUp([index As Integer,] button As Integer, shift As Integer, _
x As Single, y As Single)
```

参数 button 为一个整数，对应鼠标各个按钮的状态。1 代表左键按下，2 代表右键按下，4 代表中间按键按下，0 代表无键按下。

参数 shift 也是一个整数，对应于 Shift、Ctrl、Alt 键的状态。shift=1，表示 Shift 键按下；shift=2，表示 Ctrl 键按下；shift=4，表示 Alt 键按下；shift=0，表示 Shift、Ctrl、Alt 键都没按下；shift=6，表示 Ctrl、Alt 键同时按下。

参数 x、y 返回鼠标指针的当前位置（由窗体坐标系确定）。

3.　方法

Label 控件的常用方法是 Move，它在程序运行时可以使对象移至新的位置，必要时还可改变其大小。其格式为：

　　　Object.Move Left As Single,[Top],[Width],[Height]

其中，参数 Left、Top、Width、Height 确定对象 Object 移动到的目标位置及大小。只有 Left 是必需的，其他参数可选。

【例 9.9】在窗体 Form1 上添加标签 Label1。设置 Label1.Caption 的属性为"数据库技术与应用"，Font 属性为幼圆、二号字，其他属性为默认。在代码窗体中添加以下代码：

```
Private Sub Label1_Click()
    Label1.ForeColor = vbRed
End Sub
Private Sub Label1_DblClick()
    Label1.ForeColor = vbBlack
End Sub
Private Sub Form_MouseDown(Button As Integer, Shift As Integer, X As Single, Y As Single)
    If Button = 1 Then
        Label1.Move X, Y
    End If
End Sub
```

程序运行时，窗体上显示"数据库技术与应用"。单击窗体，则 Label1 控件移到鼠标指针位置；单击 Label1 控件，则其文本变为红色，双击 Label1 控件，则其文本变为黑色。

提示：控件属性也可以通过 VB 开发环境的属性窗口来设置。例如，设置 Label 控件的 Font 属性，可单击 Font 属性后的省略号按钮，在弹出的"字体"对话框中完成。

9.5.2　文本框

文本框即 TextBox 控件，有时也称做编辑字段或者编辑控件，用于文本编辑，运行时用户可以在该控件区域内输入、编辑、修改和显示文本内容。

1.　属性

文本框的属性大部分与标签相似，包括 Name、Alignment、Left、Top、Width、Height、Font、Visible、BackColor、ForeColor、Text、MultiLine、ScrollBars、SelText、SelStart、SelLength、PasswordChar 等属性，其中前 10 个属性与 Label 控件相同，读者可参见 9.5.1 小节。

Text 属性返回或设置编辑域中的文本。

MultiLine 属性设置文本框是否可以输入或显示多行文本，值为逻辑型，True 允许多行文本，False（默认值）忽略回车符并将数据限制在一行内。

ScrollBars 属性返回或设置文本框是否有滚动条，值为整型：0 表示无滚动条；1 表示有水平滚动条；2 表示有垂直滚动条；3 表示有垂直和水平滚动条。该属性与 MultiLine 属性共同作用，只有当 MultiLine 属性为 True 时，该属性才有效。

SelText 属性返回或设置用户在文本框中选中的字符串。SelStart 属性返回或设置程序执行时用户在文本框中所选择的文本的起始点。如所选文本从第一个字符开始则 SelStart 为 0；从第二个字符开始则 SelStart 为 1；依此类推。SelLength 属性返回或设置用户在文本框中选中的字符的长度。该 3 个属性共同使用，可以表示选择文本框中任意的文本。

PasswordChar 属性控制文本框是否显示输入的字符。若将此属性设置为某字符，则在程序执行时，文本框中不显示实际的文本，而显示设置的字符。例如，此属性若为 "*"，则无论用户输入任何字符，都显示为 "*"，但其 Text 属性值不变。此属性的设置常见于输入密码的文本框。

ToolTipText 属性设置当鼠标指针在控件上停留时显示的文本，多用作提示信息。

对于其他控件，若具有 Text、MultiLine、ToolTipText、ScrollBars、SelText、SelStart、SelLength 等属性，则与 TextBox 控件的以上属性含义相同。

2．方法

与 Label 控件类似，TextBox 控件也有 Move 方法。此外，TextBox 还有 SetFocus 方法，其作用是使本对象获得焦点，即将鼠标指针指向使用 SetFocus 方法的控件对象。

例如，Text1.SetFocus 将使文本框 Text1 获得焦点，以方便用户输入。

3．事件

文本框同样具有 Click、DblClick、Change、MouseMove、MouseDown、MouseUp、GotFocus 等事件，其中事件 Click、DblClick、MouseMove、MouseDown、MouseUp 与 Label 控件的响应过程相同，参见 9.5.1 小节。

GotFocus 事件：当控件获得焦点后就会触发此事件。

Change 事件：当文本框的内容（即 Text 属性）改变时发生。

【例 9.10】创建一个"登录"窗体，通过"进入"按钮进行用户名与密码验证。若都正确，则显示提示信息"密码正确，成功登录"；单击"确定"按钮后随即出现"计算成绩"窗体；如果用户名与密码不正确，则显示提示信息"用户名或密码错误，重新输入"。计算成绩时，用户输入了相应的语文、英语、计算机成绩后，自动计算总分。

（1）界面设计。新建一个工程，在窗体 Form1 上添加 3 个标签、两个文本框和一个命令按钮，其布局如图 9.14（a）所示。

（a）　　　　　　　　　　（b）　　　　　　　　　　（c）

图 9.14　"登录"窗体运行界面

（2）属性设计。将 Form1 窗体及控件属性按表 9.5 所示进行设置。

表 9.5　Form1 窗体的属性及控件设置

控件名称	属性名称	属性值	控件名称	属性名称	属性值
Form	Name	Form1	TextBox	Name	Text1
	Caption	登录		ToolTipText	3～6 位字符
Label	Name	Label1	TextBox	Name	Text2
	Caption	用户名		PasswordChar	*
Label	Name	Label2		ToolTipText	4 位数字
	Caption	密码	CommandButton	Name	Command1
Label	Name	Label3		Caption	进入
	Caption	空			

（3）新建窗体。选择"工程"→"添加窗体"菜单命令，在弹出的"添加窗体"对话框中的"新建"选项卡中选择"窗体"选项，单击"打开"按钮，创建窗体 Form2。在 Form2 上添加一个标签控件数组 Label1 和一个文本框控件数组 Text1，按照图 9.15 所示布局。Label 控件数组名称从左至右依次为 Label1(0)～Label1(3)，共 4 个元素。TextBox 控件数组名称从左至右依次为 Text1(0)～Text1(3)共 4 个元素。

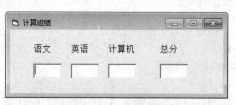

图 9.15　"计算成绩"窗体

（4）代码设计。

1）验证用户名与密码。在窗体 Form1 中"进入"按钮的 Command1_Click 事件过程中添加以下代码：

```
Private Sub Command1_Click()
    If Text1 = "user1" And Text2 = "1234" Then
        MsgBox "密码正确，成功登录", , "输入"
        Form2.Show
        Unload Me
    Else
        MsgBox "用户名或密码错误，重新输入", , "输入"
        Text1.SelStart = 0
        Text1.SelLength = Len(Text1)
        Text1.SetFocus
        Text2 = ""
    End If
End Sub
```

从 Command1_Click 事件代码可知，正确的用户名是"user1"，密码是"1234"。If 语句判断用户名与密码，若都正确则以消息框的形式显示成功验证信息，否则显示不成功信息。本例使用 MsgBox 函数输出提示信息，它为系统函数，其功能是弹出消息框。本例中，MsgBox 使用了以下格式：

   MsgBox "密码正确，成功登录",vbOkOnly , "输入"

  其中，第一个参数是要显示的提示信息；第二个参数是消息框上按钮的形式，这里的 vbOkOnly 表示只有"确定"按钮；第三个参数是消息框的标题，如图 9.14（b）所示。

  若用户名与密码验证不成功，用户需要先删除"登录"对话框文本框的内容，然后才能重新输入数据，这样操作起来比较麻烦。为此，将 Text1 的文本设置为从第 0 个字符到最后一个字符都被选择，并使 Text1 获得焦点，即可解决此问题，如图 9.14（c）所示。其中，Len 为系统函数，其功能是计算参数的字符个数。

  若验证成功，则装载并显示窗体 Form2，然后卸载窗体 Form1。显示窗体使用 Show 方法；装载窗体使用 Load 语句。若使用 Show 方法之前没有装载窗体，则自动先将窗体装载，然后显示。卸载窗体的语句为 Unload 语句；Me 代表窗体本身，任务要操作自身的窗体都可用 Me 代替。

  2）使 Label3 显示提示信息。当用户在 Text1 和 Text2 控件中输入文本时，Label3 提示用户输入什么类型的数据。这可以利用文本框的 GotFocus 事件，当文本框获得焦点时，触发该事件。在 Form1 的代码窗体中添加以下代码：

```
' 当 Text1 获得焦点，Label3 中显示提示信息
Private Sub Text1_GotFocus()
    Label3.Caption = "现在输入用户名"
End Sub
' 当 Text2 获得焦点，Label3 中显示提示信息
Private Sub Text2_GotFocus()
    Label3.Caption = "现在输入密码"
End Sub
```

  3）计算成绩。当用户在窗体 Form2 中输入 3 个成绩时，应计算 3 个成绩之和。由于 Form2 中无命令按钮，因此需利用 Text1(2)控件的 Text1_Change 事件来实现此功能，即当 Text1(2) 的值改变时，求 3 个文本框的数据和。

```
Private Sub Text1_Change(Index As Integer)
    If Index = 2 Then
        Text1(3) = Val(Text1(0)) + Val(Text1(1)) + Val(Text1(2))
    End If
End Sub
```

  在 Text1_Change 事件代码中，Index 代表控件数组的下标。题目要求当输入"计算机"成绩时求和，代表计算机成绩的文本框的 Index 值为 2，所以通过 If 语句判断 Index 值为 2 时数组元素引发了 Change 事件才求和。

  （5）运行窗体。

  Form1 窗体上 Text1 和 Text2 控件的 ToolTipText 属性分别设为"3～6 位字符"和"4 位数字"，使得程序运行时鼠标指针指向两个文本框时分别显示以上字符串。

  Text2 的 PasswordChar 属性设置为"*"，使得用户输入密码时只显示星号。

9.5.3　图片框与图像框

图片框（PictureBox）和图像框（Image）主要用于显示图像文件，它们可显示的文件类

型有位图文件、图标文件、图元文件、JPEG 格式文件和 GIF 格式文件，它们在工具箱中的控件图标分别为 🖼 和 🖼。

1. 属性

PictureBox 控件除了具有 Label 控件的常用属性，如 Name、Left、Top、Width、Height、Font、Visible、BackColor、ForeColor 外，还包含 Picture、AutoSize、AutoRedraw 等属性。

（1）Picture 属性。

Picture 属性设置要显示的图片文件名。该属性的设置有两种方法：一是在属性窗口中设置；二是在程序运行时使用 LoadPicture 函数载入图形，其格式为：

    Object.Picture= LoadPicture("<图形文件名>")

其中，Object 为具有 Picture 属性的对象。例如：

    Picture1.Picture=LoadPicture("花儿 10.jpg")

执行到该语句时，将在当前文件夹下查找文件"花儿 10.jpg"，并显示在 PictureBox 中。

提示：如果要在其他指定位置查找文件，则要使用完整路径，如"D:\programs\prog1\花儿 10.jpg"。如果图片文件的存放位置与工程文件的位置相同，还可以使用 App.Path 获取工程文件所在路径，如 LoadPicture(App.Path+"\花儿 10.jpg")。

（2）AutoSize 属性。

AutoSize 属性决定 PictureBox 控件是否能自动调整大小以适应图片的尺寸，值为逻辑型，True 表示大小可调，False 表示大小不可调。

（3）AutoRedraw 属性。

AutoRedraw 属性决定 PictureBox 控件是否可以重绘其图像。值为逻辑型，True 表示 PictureBox 控件自动重绘有效，图形和文本输出到屏幕，并存储在内存中，必要时，用存储在内存中的图像进行重绘；False 表示（默认值）自动重绘无效，只将图形或文本写到屏幕上。

2. 方法

PictureBox 控件的方法主要用于绘图，如 Line、Circle 等方法，此外，还有 Cls、Print、PaintPicture 方法。

Cls 方法清除使用绘图或 Print 方法所生成的图形和文本。

Print 方法用于在图片框上显示文本。

PaintPicture 方法用于在 PictureBox 控件上绘制图形文件，其格式如下：

    object.PaintPicture picture, x1, y1, [width1, height1],
            [x2, y2, width2, height2], [opcode]

其中，object 为图片框；picture 为要绘制到 object 上的图形源，如 Picture1.Picture 属性；x1、y1、width1、height1 为原图的位置与大小；x2、y2、width2、height2 为目标位置及重绘的大小。

3. 事件

PictureBox 有许多事件，如 Click、DblClick、Change、MouseMove、MouseDown、MouseUp、GotFocus 等事件，它们与 TextBox 控件的事件触发方式相同。

PictureBox 和 Image 控件都是图形控件，其区别是：Image 是一种轻量级的图形控件，它只支持 PictureBox 的属性、方法和事件的一个子集，如 PictureBox 提供一些可以绘图的方法，而 Image 控件没有。

9.5.4 菜单

菜单是 VB 常用的控件，通过菜单可以将程序的多个功能有条理地呈现在用户面前。通常，菜单栏出现在窗体标题栏的下面。通过 VB 集成开发环境中的菜单编辑器可以建立和编辑菜单。

1. 菜单编辑器

选择"工具"→"菜单编辑器"菜单命令即可打开"菜单编辑器"对话框，如图 9.16 所示。在"菜单编辑器"的菜单控件列表框中，每一行为一个菜单控件，菜单项前加了点（···）的项为上一未缩进项的子菜单；利用菜单控件列表框上方的 4 个箭头按钮 ← → ↑ ↓ 可以改变菜单的级别与前后顺序。

每个菜单控件都有两个最重要属性，即 Name 和 Caption，即编辑器中的"名称"和"标题"。Name 是代码中用来引用菜单控件的名称，Caption 是显示在控件上的菜单文本。

"索引"只在使用菜单项控件数组时才使用；"复选"是在菜单项左边添加复选框，即 Checked 属性；"有效"即 Enabled 属性；"可见"即 Visible 属性。

图 9.16 所示的菜单控件属性区有一个"快捷键（S）"下拉列表框，可以为菜单选择相应的快捷键，这样可以不打开菜单而直接按快捷键来选择执行此命令。列表中一个快捷键只能被分配一次，否则系统会拒绝接受。

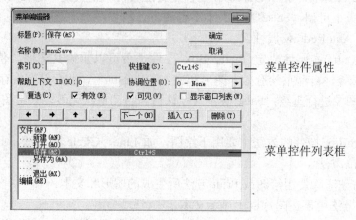

图 9.16 "菜单编辑器"对话框

为了让用户迅速地在菜单上找到要执行的命令，有必要对菜单中相关的一组命令用分隔条进行分组，如在"文件"菜单中，把有关文档操作的一组命令："新建"、"打开"、"保存"、"另存为"等用分隔条醒目地进行分隔。这只要在需要进行分组的命令之间插入一个特殊菜单项，该菜单项的"标题"为"-"，而"名称"任意，因为在程序中一般不会引用此命令的名称。图 9.17 所示为分隔线。

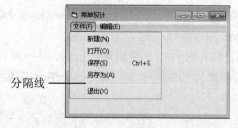

图 9.17 使用菜单编辑器的菜单示例

图 9.16 所示的菜单标题中的 "&" 符号加一个英文字符表示其访问键，图 9.17 所示为其菜单运行时效果。主菜单的打开除了用鼠标单击外，还可按 Alt 键和访问键实现；主菜单打开后，可用访问键选取子菜单，而快捷键无论主菜单是否打开均可使用。

2．事件

菜单编辑器设计的菜单仅为用户提供了便捷的操作接口，各菜单项功能还必须通过给这些菜单控件的 Click 事件添加相应的代码才能实现。每个菜单项都有一个 Click 事件，其响应形式与其他控件相同。

9.5.5　单选按钮与复选框

单选按钮（OptionButton）和复选框（CheckBox）都是为用户提供选择操作的基本控件。一般将同一容器（如 Frame 控件或 PictureBox 控件）中的若干个单选按钮或复选框作为一组。一组单选按钮中，有且只有一个被选中，被选中的单选按钮形式为 ⊙，常用于多选一的情况。一组复选框中可以被选中一个或多个，被选中的复选框形式为 ☑。

1．属性

单选按钮和复选框有着与其他控件相同的属性。此外，Value 是描述它们被选择状态的属性。

单选按钮的 Value 值为逻辑型，True 表示选中，False 表示未选中。在一组单选按钮中，当其中一个的 Value 变成 True 时，其他的 Value 自动变成 False。

复选框的 Value 值为整型，Value=0 或 vbUnchecked 表示该控件未选中，Value=1 或 vbChecked 表示选中，Value=2 或 vbGrayed 表示禁用。

2．事件

单选按钮和复选框都具有 Click 事件，单击时会自动改变状态（选中或不选中）。

【例 9.11】设计一个窗体，要求根据所选择的字体与颜色来对文本 "数据库应用技术" 进行相应的设置。

（1）界面设计。在窗体 Form1 上，添加标签 Label1 控件，使 Label1.Caption 为 "数据库应用技术"；添加两个 Frame 控件（也称为框架），将其 Caption 属性分别设置为 "字体"、"颜色"。在 "字体" Frame 控件中添加单选按钮 Option1、Option2、Option3，在 "颜色" Frame 控件中添加 Option4、Option5、Option6。其布局如图 9.18 所示。

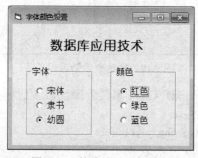

图 9.18　单选按钮示例界面

（2）代码设计。在窗体 Form1 的代码窗体中添加以下代码，使得用户单击单选按钮时，实现相应的操作：

```
Private Sub Option1_Click()
    Label1.Font.Name = "宋体"
```

```
    End Sub
    Private Sub Option2_Click()
        Label1.Font.Name = "隶书"
    End Sub
    Private Sub Option3_Click()
        Label1.Font.Name = "幼圆"
    End Sub
    Private Sub Option4_Click()
        Label1.ForeColor = vbRed
    End Sub
    Private Sub Option5_Click()
        Label1.ForeColor = vbGreen
    End Sub
    Private Sub Option6_Click()
        Label1.ForeColor = vbBlue
    End Sub
```

本例中，使用了 Frame 控件将单选按钮分成两组，两组按钮操作时相互独立。当一组单选按钮或复选框个数较多时，为了方便编程，可将它们建成控件数组。

注意：为了将控件分组，要先绘制 Frame 控件，再选择该控件，然后添加单选按钮。这样单选按钮才能装入 Frame 这个容器中，使得框架和它里面的控件可以同时移动。

【例 9.12】设计一个"兴趣爱好调查"窗体，要求用户可以选择多个爱好，在单击"我喜欢"按钮时，可以将用户所选择的爱好显示出来。

（1）界面设计。在窗体 Form1 上添加一个 Frame 控件和一个命令按钮，将其 Caption 属性分别设置为"兴趣爱好调查"和"我喜欢"。在 Frame 控件中添加一个复选框控件数组，并将其命名为 Check1，数组元素为 Check1(0)～Check1(3)，其布局如图 9.19 所示。

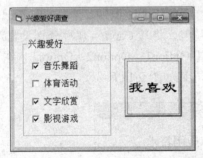 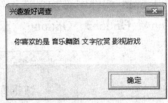

图 9.19　复选框示例运行界面

（2）代码设计。在 Command1_Click 事件中添加以下代码：

```
    Private Sub Command1_Click()
        Dim i As Integer, str1 As String, y As Integer
        For i = 0 To 3
            If Check1(i).Value = vbChecked Then
                str1 = str1 & Check1(i).Caption & " "
            End If
        Next i
        y = MsgBox("你喜欢的是  " & str1, vbOKOnly)
    End Sub
```

在 Command1_Click 事件中，使用 For...Next 循环遍历控件数组的每个元素，循环体中的 If 语句判断该元素是否被选择，若选中，则将其 Caption 属性值连接到 str1 字符串变量的末尾，以便作为提示信息显示出来。

9.5.6　列表框与组合框

单选按钮和复选框可以实现少量选项的选择，若要从更多项目中选择数据，VB 提供了列表框（ListBox）控件和组合框（ComboBox）控件以实现此操作。它们在工具箱中的控件图标分别为▤和▤。

列表框为用户提供了从一组固定选项列表中进行一项或多项选择的功能。如果有较多选项不能一次全部显示时，VB 会自动加上滚动条。

组合框由一个选择列表和一个文本编辑域组成，兼具文本框控件与列表框控件两者的特性，用户既可以像在文本框中一样在组合框中直接输入文本，也可以从列表框中选择项目。

1. 属性

列表框与组合框除了有着与前面介绍的控件相同的属性外，还具有 List、ListCount、ListIndex、Text 等属性。列表框的 Selected 属性可以确定该控件哪项被选择，组合框的 Style 属性可以控制该控件的样式。

（1）List 属性。

List 属性是列表框和组合框的最重要的属性之一，它是一个字符数组，作用是返回或设置表项中的内容，可以在界面设计时直接从属性窗口输入，如图 9.20 所示。

图 9.20　List 属性设置

List 属性的内容也可以在程序运行时通过 AddItem 方法添加（参见方法部分内容）。

在程序中可以对 List 属性的每一个项目单独操作，以 List(<索引值>)的形式表示，第一项为 List(0)，第二项为 List(1)，依此类推。例如，执行语句 st1=List1.List(2)，则变量 st1 的值为"软件开发技术"。

（2）ListCount 属性。

ListCount 属性返回控件的 List 属性项目的个数，只能在代码中使用。图 9.19 所示为 4 个选项的列表框，其 ListCount 属性值就为 4。

（3）ListIndex 属性

ListIndex 属性返回或设置控件中当前被选中的项目的索引号，只能在代码中使用。第一个选项的索引号是 0，第二个选项的索引号是 1，依此类推。例如，在程序运行时用户选中图 9.20 所示的"Matlab 程序"选项，则此时的 List1.ListIndex 值为 3。

通常，ListIndex 属性和 List、ListCount 属性结合起来使用，ListIndex 的最大取值为 ListCount-1，List1.List（List1.ListIndex）为控件 List1 的当前选项值。

（4）Style 属性。

Style 属性返回或设置组合框的显示类型和行为。值为整型，0 为 VbComboDropDown（默认值），表示 ComboBox 控件为下拉组合框，数据可以从列表框中选择或在文本框中输入；1 为 VbComboSimple，表示控件为简单组合框，其列表不能下拉，可以从列表框中选择或在文本框中输入数据；2 为 VbComboDropDownList，表示控件为下拉列表框，此时仅允许从下拉列表框中选择。

（5）Text 属性。

当 ComboBox 控件的 Style=2（即为下拉列表框）时，它与 ListBox 控件的 Text 属性含义相同，都返回列表中选择的项目。例如，当控件 Combo1 为下拉列表框时，Combo1.Text 的值与 Combo1.List(Combo1.ListIndex)的值相同。

当 ComboBox 控件的 Style=0 或 1（即为下拉组合框或简单组合框）时，Text 属性返回或设置编辑域中的文本。

（6）Selected 属性。

Selected 属性返回或设置在列表框中某项目的状态，它是一个选项数为 ListCount 的逻辑型数组。若某选项被选中，值为 True；若未被选中，值为 False。该属性程序运行时可用，其格式如下：

    object.Selected(<索引值>) = True|False

例如，以下 If 语句判断图 9.21 所示的列表框中第四项是否被选中，是则输出提示信息"我选修了 Matlab 程序设计"。

    If List1.Selected(3) = True Then
        MsgBox "我选修了 Matlab 程序设计"
    End If

2．方法

为了给列表框和组合框添加或删除其列表中的项目，需要使用 AddItem 或 RemoveItem 方法。若要在程序运行时清除控件的所有列表项，则要使用 Clear 方法。

（1）AddItem 方法。

AddItem 方法用于将项目添加到 ListBox 或 ComboBox 控件的列表中，即 List 属性中。其语法格式如下：

    object.AddItem <新项目>[,<索引值>]

其中，<索引值>是可选项，默认时表示将项目添加到列表末尾。例如，在图 9.21 所示的列表框中增加选项"网络技术"，可以使用以下语句：

    List1.AddItem "网络技术", 4

（2）RemoveItem 方法。

RemoveItem 方法可以删除 ListBox 或 ComboBox 控件列表中指定的项目，其语法格式如下：

    object.RemoveItem <索引值>

（3）Clear 方法。

可以采用 Clear 方法清除 ListBox 或 ComboBox 控件列表中的所有项目，其语法格式如下：

    object.Clear

3. 事件

列表框和组合框控件都可以响应 Click 与 DblClick 事件。按下键盘方向键或者单击鼠标，将对这两个控件中的项目进行选择。

【例 9.13】设计如图 9.21（a）所示的窗体，图中列表框的名称为 List1，列表框下方有 3 个标签，名称分别为 Label1、Label2、Label3。

在控件 List1 的 List1_Click 事件中添加以下代码：

```
Private Sub List1_Click()
    Label2.Caption = List1.Text
End Sub
```

程序运行时，若用户单击列表框中的某选项，则将该选项的值显示在 Label2 中，如图 9.21（b）所示。

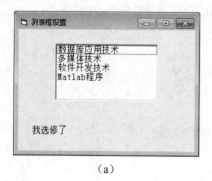
（a）

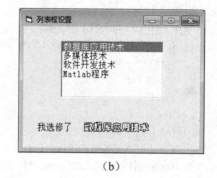
（b）

图 9.21　设计与运行界面

【例 9.14】设计"课程与学时设置"窗体，其布局如图 9.22 所示，在下拉组合框中选择课程名称，文本框显示该课程的学时数。"添加新课程"按钮可以将用户在组合框的文本区中输入的新课程名加入组合框列表。

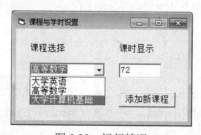

图 9.22　运行情况

对于课程名和学时数，可以定义两个数组分别存放。窗体 Form1 中下拉组合框 Combo1 的 Text 属性可以接收用户输入的数据，"添加新课程"按钮的功能就是将 Combo1.Text（新课程名）和 Text1.Text（课时数）分别赋值给数组，同时使用 AddItem 方法将 Combo1.Text 添加到 Combo1 列表的末尾。其代码如下：

```
Dim kecheng(100)                    '存放课程的数组
Dim xuefen(100)                     '存放学分的数组
Private Sub Form_Load()
    kecheng(0) = "大学英语"           '初始化数组
    kecheng(1) = "高等数学"
```

```
        kecheng(2) = "计算机基础"
        xuefen(0) = "80"
        xuefen(1) = "72"
        xuefen(2) = "56"
        For i = 0 To 2                              'For 循环用于在列表中添加课程
            Combo1.AddItem kecheng(i)
        Next i
    End Sub
    Private Sub Combo1_Click()                      '选择一课程，让文本框显示对应学时
        Text1.Text = xuefen(Combo1.ListIndex)
    End Sub
    Private Sub Command1_Click()
        Dim Flag As Boolean
        Flag = False                                '先查找要加入的课程是否在列表中
        For i = 0 To Combo1.ListCount - 1
            If Combo1.List(i) = Combo1.Text Then
                Flag = True
                Exit For
            End If
        Next i
        If Not Flag Then                            '若没有，则添加
            Combo1.AddItem Combo1.Text
            kecheng(Combo1.ListCount - 1) = Combo1.Text
            xuefen(Combo1.ListCount - 1) = Text1.Text
        End If
    End Sub
```

为了判断输入的课程名是否已存在于 Combo1 的列表中，在 Command1_Click 事件中使用 For 语句循环测试每个列表项，若该课程名已存在，则将 Flag 值设置为 True。循环结束后，若 Flag 值为 False，则将新课程名添加到 Combo1.List 中，同时将该课程名和对应课时分别存入数组 kecheng 和 xuefen 中。

9.5.7 滚动条与定时器

在项目列表很长或者信息量很大时，滚动条（ScrollBar）可以协助观察数据或确定位置。滚动条还可作为速度或数量等的指示器。定时器（Timer）则通常用于某种操作的定时。

1. 滚动条

在 VB 中，滚动条分为横向滚动条（HscrollBar）与竖向滚动条（VscrollBar）两种。它具有 Max、Min、Value、LargeChange、SmallChange 等重要属性以及 Scroll、Change 等事件。

Max（最大值）属性返回或设置当滚动框处于底部或最右位置时，其滑块位置的最大设置值（默认为 32767）；Min（最小值）属性返回或设置当滚动框处于顶部或最左位置时，其滑块位置的最小设置值（默认为 0）。

Value 属性返回或设置当前滑块在滚动条中的位置，如图 9.23 所示，其返回值始终介于 Max 和 Min 属性值之间。一般情况下，默认的 Max 与 Min 不能满足设计者的要求，需要重新设置。

LargeChange 返回和设置当用户单击滚动条和滚动按钮之间的区域时，Value 属性值的改

变量；SmallChange 属性返回或设置当用户单击滚动按钮时，Value 值的改变量。

滚动条事件主要是 Scroll 与 Change 事件，当用户拖动滚动条的滑块时触发 Scroll 事件；滑块位置改变时会触发 Change 事件。

【例 9.15】设计一个调色板应用程序，如图 9.24 所示，通过 3 个水平滚动条来选择红、绿、蓝 3 种基本颜色的不同比例，以合成颜色并显示在右边的标签中。

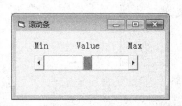 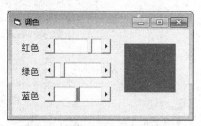

图 9.23　滚动条 Max、Min 与 Value 属性示意　　图 9.24　调色板应用程序运行界面

本例采用 RGB 函数来产生颜色，其格式如下：

混合颜色=RGB(红色值, 绿色值, 蓝色值)

其中，3 种颜色值的取值范围都是 0~255，值越大表示该种颜色分量越多，如 RGB(255,0,0) 为纯红色。

3 个滚动条（分别命名为 HScroll1、HScroll2、HScroll3）的 Max 属性均设置为 255，Min 属性设置为 0，LargeChange 属性设置为 10，其余默认。

合成后的颜色值为标签 Label1 的 BackColor 属性值，即以标签的背景颜色显示出来。

当用户单击或拖动滚动条的滑块时，改变其 Value 值，同时触发 Change 事件。在 Change 事件中通过获得 3 个滚动条当前 Value 值来生成颜色，其代码如下：

```
Private Sub HScroll1_Change()
    Label1.BackColor = RGB(HScroll1.Value, HScroll2.Value, HScroll3.Value)
End Sub
Private Sub HScroll2_Change()
    Label1.BackColor = RGB(HScroll1.Value, HScroll2.Value, HScroll3.Value)
End Sub
Private Sub HScroll3_Change()
    Label1.BackColor = RGB(HScroll1.Value, HScroll2.Value, HScroll3.Value)
End Sub
```

2. 定时器

在 Windows 应用程序中常常要用到时间控制的功能，如每隔多长时间触发一个事件等，Timer 控件专门解决这方面问题。跟其他控件不同的是，Timer 控件的大小是固定的，且只有在程序设计过程中看得见，在程序运行时不可见。

Interval 属性决定了时钟事件之间的间隔，以毫秒为单位，取值范围为 0~65535，因此其最大时间间隔不能超过 65 秒。如果把 Interval 属性设置为 1000，则表示每秒触发一个 Timer 事件。

Enabled 属性值为 True 或 False，确定定时器是否能够对用户产生的事件作出反应，若其为 False，则表示无效，定时器停止计时，且不会触发 Timer 事件。

Timer 事件在一个 Timer 控件的预定的时间间隔过去之后发生。该间隔的频率由该控件的 Interval 属性确定。

【例 9.16】设计"滚动字幕"应用程序，窗体布局如图 9.25 所示。程序运行时，窗体上的标签文字从左向右移动。

（1）界面设计。窗体 Form1 设置一个标签 Label1，其 Caption 属性为"数据库基础及应用技术"，定时器 Time1，其 Interval 属性设为 100（即 0.1 秒）。

图 9.25　设计定时器

（2）代码设计。在 Timer1.Timer 事件中添加以下代码：

```
' 在窗体的通用声明区定义变量 x 将保存上次执行 Timer 事件后的 Label1.Left 属性值
Dim x As Single
' 每隔 Interval 时间执行一次 Timer 事件
Private Sub Timer1_Timer()
    x = x + 50                        ' 每隔 Interval 时间标签右移 50 缇，即标签移动的距离
    If x > Form1.Width Then           ' 当标签移出了窗体范围时，重设其起始位置
        x = -1 * Label1.Width
    End If
    Label1.Left = x                   ' 标签移到新位置
End Sub
```

程序启动后，标签向右移动，直到其左边界超出窗体时又将从窗体左侧进入。读者可改变 Interval 属性值和标签移动的距离来改变标签的移动速度。

9.6　过程

在前面的程序设计中，已经使用了一些内部函数和事件过程，如 MsgBox 函数、RGB 函数、Timer1_Timer 事件过程等。这些为实现某个相对独立功能所编写的一段程序称为过程。整个应用程序的代码部分是由许多过程组合而成的，它们有些是一般的过程，有些是函数；函数是一种特殊的过程。VB 的过程可分为内部函数过程、事件过程、用户自定义过程和用户自定义函数。本节主要介绍用户自定义子过程和用户自定义函数过程，下面简称为子过程与函数。

9.6.1　子过程

子过程也称为 Sub 过程，简称为过程，是一段代码块，能完成一系列操作并实现一定的功能，可以被其他过程多次调用。

1. 过程的创建

创建过程也就是定义过程，其语法格式如下：

```
[Public|Private] [Static] Sub <过程名>( [<参数列表>] )
    <语句块>
End Sub
```

说明：

（1）[Public|Private]为可选关键字。Public 表示该过程为全局过程，在程序的任何地方都可调用它，为默认关键字；Private 表示该过程为局部过程，只有在它自己所在的窗体或模块中调用。

（2）[Static]为可选关键字。Static 表示过程中定义的所有局部变量为"静态"变量。

（3）<过程名>的命名规则与变量命名规则相同。

（4）<参数列表>中的参数可以是变量名或数组名。可以有多个参数，各参数之间用逗号分隔；也可以没有参数，此时一对圆括号不可省略。

过程可定义在窗体的代码窗口里，也可定义在"模块"里。模块是 VB 存放通用过程与变量的文件，其扩展名为.bas。在工程中添加模块的步骤是：选择"工程"→"添加模块"菜单命令，选择"添加模块"对话框的"新建"选项卡，单击"打开"按钮即在工程中添加了一个名为 Module1 的模块（在保存时可存为其他文件名）。

2．过程的调用

调用过程就是使用已定义的过程来完成其功能。它与过程的类型、位置以及在应用程序中的使用方式有关。

调用 Sub 过程的语法格式如下：

[Call] <子过程名> [<参数列表>]

Call 为可选关键字，若使用 Call 来调用一个带有参数的过程，则<参数列表>必须使用"()"括起来。如果省略 Call 关键字，则<参数列表>不能用"()"。

过程定义时的参数称为形式参数，简称形参；调用时的参数称为实际参数，简称实参。

例如，已定义了名为 MyProc 的过程，带有两个参数，则可以使用以下语句调用它：

Call MyProc (a, b)

MyProc x, y

其中，a、b、x、y 都是实参。

每次调用过程都会执行 Sub 和 End Sub 之间的<语句块>。若子过程带有参数，则调用时将实参传递给<语句块>中的形参，这个过程称为参数传递。调用过程完成后，会继续执行调用程序流程。

注意：Sub 过程定义时的形参与调用时的实参在个数、类型和顺序上都要一致。

3．参数的传递

形参在过程定义时没有具体的值，只有在过程调用时其值才来自对应的实参。参数传递的方式有按值传递和按地址传递两种形式。

（1）按值传递。形参定义中使用"ByVal"关键字，形参和实参有各自不同的存储单元，实参将值赋给形参后两者不再有任何关系，所以形参值的改变不会影响实参。

（2）按地址传递。形参定义中不使用"ByVal"关键字或"ByRef"关键字；形参得到的是实参的地址，从而两者共享同一存储单元；所以当形参的值发生改变时，实参的值也相应发生改变。

数组名作参数时，只能传地址且数组形参不能指定长度和维数，只能在数组名后紧接空的圆括号，实参也只能是数组名紧接空的圆括号。

【例 9.17】计算 5! + 10!。

本例要分别计算 5!和 10!的值，都要求 n!（n!＝1×2×3×…×n）的值，因此可以将计算

n!编写成过程：

```
        Dim y As Long                              'y 为存放 n!的变量
        ' 求 n!的过程名为 Jc，带有两个参数
        Private Sub Jc(n As Integer, t As Long)     'n 和 t 是形参
          t = 1
          For i = 1 To n
            t = t * i
          Next i
        End Sub
        Private Sub Form_Click()
          Call Jc(5, y)
          s = y
          Call Jc(10, y)
          s = s + y
          Print "5! + 10! ="; s
        End Sub
```

程序运行结果：

5!+10!＝3628920

Jc 是求 n!的过程，它将 n!的值由形参 t 传递给调用过程 Form_Click 事件。调用过程通过 Call 语句调用了两次 Jc，实参 y 每次都接受来自 Jc 的阶乘值。由于 t 定义时没有使用 ByVal 关键字，所以它是按地址传递参数的，即在 Jc 过程调用时改变了 t 的值，也就改变了 Form_Click 事件中 y 的值。

【例 9.18】窗体 Form1 包含以下 3 个子过程，即 Swap1、Swap2 和 add1，写出程序运行后的输出结果：

```
        Private Sub Swap1(x As Single, y As Single)      ' 传地址
          t = x: x = y: y = t                            ' ":"号分隔一行中的多个语句
        End Sub
        Private Sub Swap2(ByVal x As Single, ByVal y As Single)   ' 传值
          t = x: x = y: y = t
        End Sub
        Private Sub add1(f() As Integer)                 ' 数组名作参数
          For i = LBound(f) To UBound(f)                 ' 求数组的下界和上界
            f(i) = f(i) + 1
          Next i
        End Sub
        Private Sub Form_Click()                         ' 主调过程
          Dim a As Single, b As Single, c As Single, d As Single, e(1 To 3) As Integer
          a = 3: b = 4: c = 5: d = 6
          e(1) = 1: e(2) = 2: e(3) = 3
          Call Swap1(a, b): Call Swap2(c, d): Call add1(e())
          Print "a="; a; ";b="; b
          Print "c="; c; ";d="; d
          Print "e(1) ="; e(1); "e(2) ="; e(2); "e(3) ="; e(3)
        End Sub
```

输出结果是：

a=4; b=3

　　　　c=5; d=6
　　　　　e(1)=2 e(2)=3 e(3)=4
　　本例中，过程 Swap1 实现参数 x 和 y 的交换，它是按地址传递参数的，调用它后，实参 a 和 b 的值进行了交换。过程 Swap2 的定义与 Swap1 基本相同，但它使用了 ByVal 关键字定义形参，是按值传递参数的，所以调用它后，实参 c 和 d 的值没有改变。过程 add1 的功能是将数组 f 的每个元素的值加 1，形参是数组名，格式为 f()，调用它时，实参 e 也应是数组名，格式与形参相同；数组名只能按地址传递参数，所以过程 add1 实际上修改了数组 e 的每个元素的值。

　　本例使用内部函数 LBound、UBound，其功能分别是计算数组的下界和上界。

9.6.2　函数过程

　　函数是一种特殊的过程，函数过程又称为 Function 过程。Function 过程与 Sub 过程一样，也是一个独立的过程，只是 Function 过程可以求得一个返回值，即函数值，而 Sub 过程主要是为了完成某些操作，没有返回值的概念。VB 有内部函数（如 Sin、Sqr、Chr 等，以及前面内容涉及的一些函数）和用户定义函数过程（简称函数）。

　　1. 函数的定义

　　函数使用 Function 语句定义，其语法格式如下：

　　　　[Public|Private] [Static] Function <函数名>([<参数列表>])　[AS <数据类型>]
　　　　　<语句块>
　　　　　<函数名>=<返回值>
　　　End Function

　　关键字[Public|Private] [Static]和<参数列表>的含义与 Sub 过程相同。<数据类型>指示函数名返回的类型，即函数值的类型。

　　语句<函数名>=<返回值>在函数体内必须至少使用一次，以提供函数的返回值。

　　2. 函数过程的调用

　　函数过程的调用与 VB 内部函数的调用方法一样，就是在表达式上写上函数名。其格式如下：

　　　　<函数名> ([<参数列表>])

　　函数的返回值通过函数名带回到主调过程。一般来讲，函数调用多是作为表达式的一部分，如赋给某个变量、输出或者参与运算。例如，假设 Fac 是函数名，它有一个整型参数，以下调用都是合法的：

　　　　X= Fac(3)
　　　　Print　Fac(5)
　　　　Y= Sqr(2 * Fac (6) - 1)

　　另外，也可以将函数当作过程使用，采用过程的调用方法。例如：

　　　　Call Fac(3)
　　　　Fac 5

　　采用这种方法调用函数时放弃了函数的返回值，用于对返回值不感兴趣的情况。

　　【例 9.19】　定义函数过程 Checkit 判断输入的字符是不是英文字母，并在其他过程中调用。

　　英文字母在 ASCII 表中顺序排列，其值也是按由小到大的顺序从 "A" 变化到 "Z"，因此只要输入的字符大于等于 "A"，且小于等于 "Z"，即是大写英文字母。小写英文字母按同样的方式判断。

在窗体 Form1 的代码窗口中添加以下代码：

```
Private Sub Form_click()
    Dim s As String
    s = InputBox("请输入一个字符","输入框")
    If Checkit(s) Then
        Print "***输入的字符是英文字母***"
    Else
        Print "***输入的字符不是英文字母***"
    End If
End Sub
Function Checkit(inp As String) As Boolean
    Dim upalp As String
    upalp = UCase(inp)          ' 如果是小写字母，则将其变成大写字母，其他情况不变
    If "A" <= upalp And upalp <= "Z" Then
        Checkit = True
    Else
        Checkit = False
    End If
End Function
```

本例中，函数 Checkit 的形参为字符串变量，函数类型为逻辑型。函数体的 If 语句判断输入的字符是否为英文字母，是则函数名被赋值为 True，否则赋值为 False。主调过程从键盘输入一个字符，由 Checkit 函数进行判断，函数值为 True 时，是英文字母。

其中，InputBox 函数是一个系统已定义的内部函数，程序执行到该函数时会弹出一个"输入框"对话框，用于接收从键盘输入的字符串作为函数返回值。本例题中，InputBox 函数的使用形式为：

　　　　s = InputBox("请输入一个字符","输入框")

其中，第一个参数为提示信息，第二个参数为"输入框"对话框的标题。执行情况如图 9.26 所示，从键盘输入字符到"输入框"对话框的文本框中，然后单击"确定"按钮，则该字符成为函数返回值，随即赋给变量 s。

图 9.26　"输入框"对话框的使用示例

注意：InputBox 函数返回值类型是字符串类型，所以如果使用 InputBox 函数输入数值类型数据（整数或小数），则要将返回值转换为数值，如：

　　　　x = InputBox("请输入一个数")

其中，假设 x 为数值类型变量。另外，若省略标题参数，系统会自动将工程名作为"输入框"对话框的标题。

9.6.3　变量的作用域和生存期

变量的作用域是指变量的有效范围。根据作用域，变量可分为局部变量、窗体级变量、

模块级变量和全局变量。变量的生存期是指在程序执行的动态过程中，变量在哪个阶段是存在的。

1. 局部变量

局部变量在过程体内部定义，其作用域是从定义起到所在语句块或过程结束为止的局部范围，其他地方不能使用。

局部变量根据生存期分为动态局部变量和静态局部变量，两者的区别如下：

（1）动态局部变量用 Dim 定义，静态局部变量用 Static 定义。

（2）动态局部变量的生存期是：程序执行到定义该变量的 Dim 语句时，在内存建立起该变量，此时该变量"诞生"了；程序继续往下执行到该变量所在的程序块（或过程）结束时，该变量"死亡"，其代表的值也不复存在。如果该变量所在过程再次执行，再次执行到定义该变量的 Dim 语句则一个新的变量"诞生"，与上次已"死亡"的同名的变量毫无关系。

（3）静态局部变量的生存期是：程序第一次执行到定义该变量的 Static 语句时，在内存建立起该变量，此时该变量"诞生"了；程序继续往下执行，甚至超出该变量所在的程序块（或过程），该变量一直存在，其代表的值也存在，只是不能使用。如果程序再次执行到定义该变量的 Static 语句（如多次调用某过程），这时还是保留原来的变量和原有的值。

【例 9.20】静态局部变量示例。

```
Private Sub Subtest()
    Static t As Integer
    t = 2 * t + 1
    Print t
End Sub
Private Sub Command1_Click()
    Call Subtest
End Sub
```

运行时，多次单击 Command1 按钮，结果为：

```
1
3
7
...
```

将 Static 改为 Dim 后，多次单击命令按钮，结果全为 1。

2. 窗体级变量

窗体级变量是在窗体代码的通用声明区用 Dim 或 Private 关键字定义的变量，它不属于该窗体的任何过程，可以被本窗体内的所有过程访问，而不能为其他窗体或模块使用。窗体级变量与窗体的生存期一样，只要窗体不消失，它就不消失。

3. 模块级变量

模块级变量与窗体级变量同级别，它是在模块的"通用声明"区用 Dim 或 Private 关键字定义的变量。它不属于该模块的任何过程，可以被本模块内的所有过程访问，而不能用在其他模块或窗体中。

4. 全局变量

全局变量是在窗体或模块的通用声明区用 Public 关键字定义的变量，它在整个工程的所有过程中均可使用，且在应用程序运行过程中一直存在。对窗体中定义的全局变量，别的窗体和模块引用时要加所属窗体名称作为限定词（如 Form1.x），而模块中定义的全局变量任何地方引用都不需要加限定词。

5. 同名不同级的变量引用规则

若在不同级区域声明相同的变量名，系统将按局部、窗体/模块、全局的优先次序访问。例如：

```
Public x As Integer              'x 为全局变量
Sub Form_Click()
    Dim x As Integer             'x 为局部变量
    x=10                         '访问局部变量 x
    Form1.x=20                   '访问全局变量 x 时必须加窗体名
    Print Form1.x, x             '显示  20    10
End Sub
```

6. 过程、函数的作用域

窗体级过程是在窗体代码中用 Private 关键字定义的，其作用域只限本窗体，只能被本窗体中的过程调用。

模块级过程是在模块代码中用 Private 关键字定义的，其作用域只限本模块，只能被本模块中的过程调用。

全局级过程是在窗体代码或模块代码中用 Public 关键字或默认（既无 Public 又无 Private）定义的过程，能被应用程序中的任意过程调用。

在窗体代码中定义的全局过程，其他窗体或模块中调用时要加窗体名作为限定词，如 Call Form1.sub1（实参表）。

9.7 数据访问方法

数据访问是指用 VB 开发应用程序的前端，以及同数据后端的接口建立连接。前端程序负责与用户交互，可以选择数据库中的数据，并将所选择的数据按用户的要求显示出来。数据库系统本身称为后端，后端数据库通常是关系表的集合，为前端程序提供数据。SQL Server 2008 就是一个完全地作为后端来管理和运行的关系数据库系统。

9.7.1 VB 访问的数据库类型

VB 提供了多种接口技术，可以访问以下 3 种不同类型的数据库。

1. Jet 数据库

数据库由 Jet 数据库引擎直接生成和操作，具有灵活、快速的特点，最早为 Microsoft Access 所使用，现在已经支持其他数据库。

2. ISAM 数据库

索引顺序访问方法（ISAM）数据库有几种不同形式，如 dBase、FoxPro 和 Paradox 等。在 VB 中可以生成和操作这些数据库。

3. ODBC（Open Data Base Connectivity）数据库

ODBC 是 Miscrosoft 公司推出的连接外部数据库的标准。VB 可以访问任何支持 ODBC 标准的数据库，如 Microsoft SQL Server、Oracle、Sybase 等。ODBC 提供了能够访问大量数据库的单一接口，可以将其看做统一的数据访问界面，使前端客户应用程序的开发独立于后端服务器。

9.7.2　VB 访问数据的接口

数据访问涉及 3 个组成部分：数据提供者（Data Provider）、数据服务提供者（Data Service Provider）、数据使用者（Data Consumer）。

（1）数据提供者提供数据存储的组件和数据，如普通的文本文件、主机上的复杂数据库，都是数据提供者的例子。

（2）数据服务提供者是位于数据提供者之上、从过去的数据库管理系统中分离出来、独立运行的功能组件，如查询处理器和游标引擎（Cursor Engine），这些组件使得数据提供者提供的数据以表状数据（Tabular Data）的形式向外展示（不管真实的物理数据是如何组织和存储的），并实现数据的查询和修改功能。SQL Server 2008 的查询处理程序就是这种组件的典型例子。

（3）数据使用者为任何需要访问数据的系统程序或应用程序，除了典型的数据库应用程序外，还包括需要访问各种数据源的开发工具或语言。

数据使用者和数据提供者之间的桥梁就是数据访问接口对象，它是能够向任何数据使用者提供数据的数据源，代表了访问数据的各个方面。可以在任何程序中通过编程控制连接，也可以通过编程使用从数据库返回的数据。

在 VB 中可以使用的数据访问接口有 ActiveX 数据对象（ActiveX Data Object，ADO）、远程数据对象（Remote Data Object，RDO）、数据访问对象（Data Access Object，DAO）。这 3 种接口分别代表了数据访问技术的不同发展阶段。

（1）DAO。

DAO 用来显露 Microsoft Jet 数据库引擎，并通过 ODBC 直接连接到其他数据库。DAO 最适用于单系统应用程序或在小范围本地分布使用，其内部已经对 Jet 数据库的访问进行了加速优化。如果是 Access 数据库且在本地，建议使用这种访问方式。

VB 已经把 DAO 模型封装成了 Data 控件，将 Data 控件与数据库中的记录源连接起来，就可以使用 Data 控件来对数据库进行操作。

（2）RDO。

RDO 是一个到 ODBC 的、面向对象的数据访问接口，它同易于使用的 DAO 组合在一起，展示出所有 ODBC 的底层功能和灵活性。尽管 RDO 只能通过现存的 ODBC 驱动程序来访问关系数据库，但是 RDO 是许多 SQL Server、Oracle 等大型关系数据库开发者经常选用的最佳接口。

和 DAO 一样，在 VB 中也把其封装为 RDO 控件，其使用方法与 DAO 控件的使用方法完全一样。

（3）ADO。

ADO 作为 DAO、RDO 的后继产物，是较 RDO 和 DAO 更新的技术，是使用更加简单、更加灵活的对象模型。ADO 对象模型定义了可编程的分层的对象集合，扩展了 DAO 和 RDO 所使用的对象模型，这意味着它包含较少的对象、更多的属性、方法（和参数）及事件。ADO 已经成为当前数据库开发的主流。

9.7.3　VB 数据库的访问过程

VB 能实现对多种类型数据库的访问，其数据访问过程为：首先使用一个连接对象

（Connection）完成与数据库的连接；接着使用命令对象（Command）对数据库发出 SQL 命令，告诉数据库完成某种操作；最后将获取的数据填充到记录集（RecordSet）供程序使用。

VB 通过记录集对象可以实现数据记录的增加、修改、删除和浏览，并将已更改的记录传回数据源。记录集包含一个字段对象（Field）集合，即记录集中的每个 Field 对象表示记录集中的一个数据列，即一个字段。记录集类似于数据表，如图 9.27 所示，可以由一个或几个表中的数据构成，实际上是一个操纵和使用数据表的视图。用户可以根据需要，通过使用 Recordset 对象选择数据。

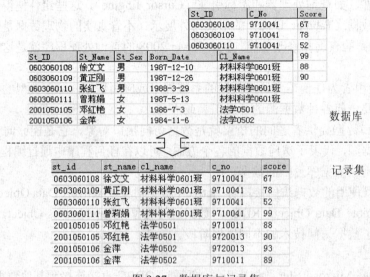

图 9.27　数据库与记录集

VB 的数据访问控件（如 ADO Data 控件等）是一个包括连接对象、命令对象和记录集对象的集合。对各种不同类型的数据库，如关系型数据库 SQL Server、Access、FoxPro 以及非关系型数据库 Exchange Server 等，都以统一的方式管理和访问数据源中的数据。

应用程序访问数据库时，通过放在 VB 窗体上的可视化控件，如文本框、列表框、组合框等控件，绑定到数据访问控件的记录集上来自动显示数据。绑定是连接可视化控件与记录集中的字段的过程，可以管理到数据库引擎的接口。数据访问控件的记录集可以作为其他控件和对象的数据源，通过一个可视化界面以支持数据在记录之间移动。

9.8　使用数据控件访问数据库

在 VB 中，设置了访问数据库的控件对象，提供有限的不需编程即能访问现存数据库的功能，允许将 VB 的窗体与数据库方便地进行连接，通过数据控件返回数据库中的记录集。

9.8.1　连接数据库

ADO 数据控件为图形控件（带有 |◀ ◀ ▶ ▶| 按钮），通过属性对话框建立应用程序与数据库的连接。但 ADO 数据控件不是 VB 6.0 的标准控件，在使用前必须将其添加到工具箱。方法是：在 VB 开发环境中，选择"工程"→"部件"菜单命令，在弹出的"部件"对话框中选择"Microsoft ADO 6.0（OLE DB）"选项，如图 9.28 所示，ADO 数据控件就被添加到工具箱

中（图标为 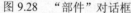），如图 9.29 所示，名称为 Adodc。

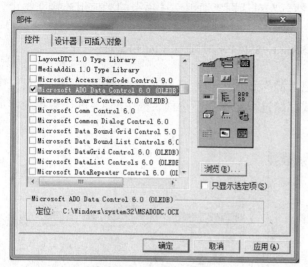

图 9.28 "部件"对话框

图 9.29 添加 ADO 数据控件到工具箱

使用 ADO 数据控件连接数据库（如 Student_db）的操作步骤如下：

（1）在当前窗体上放置 ADO 数据控件，控件默认名称为 "Adodc1"。

（2）按 F4 键或右击 Adodc1 控件显示其 "属性页" 对话框，如图 9.30 所示。

（3）在 "属性页" 对话框的 "通用" 选项卡中，选中 "使用连接字符串" 单选按钮，单击其右侧的 "生成" 按钮。

（4）在弹出的 "数据链接属性" 对话框的 "提供程序" 选项卡的连接数据列表中，选择 "Microsoft OLE DB Provider for SQL Server" 选项，如图 9.31 所示。

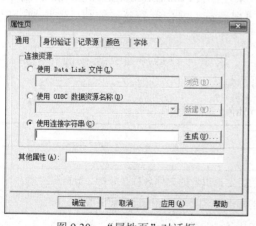

图 9.30 "属性页"对话框

图 9.31 "提供程序"选项卡

（5）单击 "下一步" 按钮，在 "数据链接属性" 对话框的 "连接" 选项卡中，选中 "2. 输入登录服务器的信息" 的 "使用 Windows NT 集成安全设置" 单选按钮，并在 "在服务器上选择数据库" 下拉列表框中选择 Student_db 选项，如图 9.32 所示，单击 "测试连接" 按钮检测是否连接成功。

（6）单击"确定"按钮，在"属性页"对话框"通用"选项卡的"使用连接字符串"文本框中已填充了以下字符串：

Provider=SQLOLEDB.1;Integrated Security=SSPI;Persist Security Info=False;
Initial Catalog=student_db

（7）在"属性页"对话框的"记录源"选项卡中，选择"命令类型"下拉列表框中的"2-adCmdTable"选项，再选择"表或存储过程名称"下拉列表框中的 C_Info 数据表，如图9.33 所示。

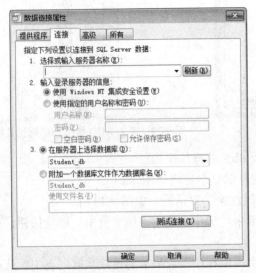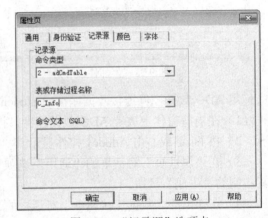

图 9.32　"连接"选项卡　　　　　图 9.33　"记录源"选项卡

至此，ADO 数据控件与数据库 Student_db 建立了连接，并可通过该控件的记录集返回表 C_Info 中的数据。

ADO 数据控件与数据库的连接由 3 个属性来控制：ConnectionString、CommandType、RecordSource 属性。以上通过 ADO 数据控件的"属性页"对话框与数据库建立连接的过程就是设置 3 个属性项的过程。

（1）ConnectionString 属性。该属性包含了用于与数据源建立连接的相关信息，ConnectionString 属性带有 4 个参数，如表 9.6 所示。

表 9.6　ConnectionString 属性参数

参数	说明
Provider	指定用来连接的数据提供者名称
FileName	指定包含预先设置连接信息的特定提供者的文件名称（如持久数据源对象）
RemoteProvider	指定打开客户端连接时使用的提供者名称（仅限于远程数据服务）
RemoteServer	指定打开客户端连接时使用的服务器的路径名称（仅限于远程数据服务）

该属性的设置通过 ADO 数据控件的"属性页"对话框的"通用"选项卡中的"使用连接字符串"项的"生成"按钮实现，其步骤前面已详细描述。

（2）RecordSource 属性。该属性设置一个记录集的查询语句或命令，指定数据控件的记录集从数据库中获取数据的方法。它可以在"属性页"对话框中设置，也可以直接在属性窗口中设置，其取值随着 CommandType 属性取值的不同而不同，参见图 9.30。

（3）CommandType 属性。该属性用于指定 Command 对象将对数据源执行的命令的类型，也就是设置 RecordSource 属性可选取的类型（表、查询命令或存储过程）。可直接在 CommandType 属性中选择需要的类型，也可以在"属性页"对话框"记录源"选项卡的"命令类型"下拉列表框中选择一种类型，有 4 种可选的类型，如表 9.7 所示。

表 9.7 CommandType 属性

常量	说明
adCmdUnknown	默认值，表明 RecordSource 属性为 SQL 语句，CommandText 属性未知
adCmdTable	表明 RecordSource 属性为数据表名
adCmdText	表明 RecordSource 属性为 SQL 语句
adCmdStoredProc	表明 RecordSource 属性为存储过程

CommandType 属性通常可以使用数据源的表、查询语句或存储过程，可以根据需要使用 AdCmdTable 或 AdCmdText 属性，设置这个属性能优化该命令的执行。

9.8.2 数据绑定

在 VB 中，记录集不能直接显示其中的数据，必须通过能与其绑定的控件来实现。数据绑定是一个过程，即在运行时自动为与记录集中的元素相关联的控件设置属性。绑定控件、记录集和数据库三者的关系如图 9.34 所示。

图 9.34 绑定控件、记录集、数据库三者的关系

Windows 窗体可以进行两种类型的数据绑定：简单数据绑定和复杂数据绑定。

1．简单数据绑定

简单数据绑定就是将控件绑定到单个数据字段。每个控件仅显示记录集中的一个字段值。如果在窗体上要显示 n 项数据，就需要使用 n 个控件。最常用的简单数据绑定是将数据绑定到文本框和标签。要建立数据绑定，需要在设计或运行时对控件的 DataBinding 属性进行设置。下面通过建立课程信息窗口来说明数据绑定的操作过程。

【例 9.21】设计一个窗体，用以浏览 Student_db 数据库的课程信息表 C_Info 的数据。

本例按以下步骤设计：

（1）界面设计。创建一个窗体，窗体布局如图 9.35 所示，在窗体上设置 4 个文本框、4 个标签和 1 个 ADODC 控件，其中 ADODC 控件的默认名称为 Adodc1。各控件的属性值设置如表 9.8 所示。

图 9.35 使用 ADO 数据控件

表 9.8　frmAdoC 窗体的控件及属性值设置

控件	属性	属性值	控件	属性	属性值
Form	Name	frmAdoC	Label	Name	Label4
	Caption	使用 ADO Data 控件		Caption	学分
Adodc	Name	Adodc1	TextBox	Name	txtCNo
	Caption	课程信息表		DataSource	Adodc1
	ConnectionString	Provider=SQLOLEDB.1; Integrated Security=SSPI; Persist Security Info False;Initial Catalog =student_ db		DataField	C_No
			TextBox	Name	txtCName
				DataSource	Adodc1
	RecordSource	C_Info		DataField	C_Name
	CommandType	2-adCmdTable	TextBox	Name	txtCType
Label	Name	Label1		DataSource	Adodc1
	Caption	课程编号		DataField	C_Type
Label	Name	Label2	TextBox	Name	ttxtCredit
	Caption	课程名称		DataSource	Adodc1
Label	Name	Label3		DataField	C_Credit
	Caption	类型			

（2）连接数据库。按 9.8.1 节中的连接数据库的操作步骤使用 ADODC 控件的"属性页"对话框建立与 Student_db 数据库的连接。系统将自动生成 ConnectionString 的属性值。

（3）创建记录集。在"属性页"对话框的"记录源"选项卡中，选择"命令类型"下拉列表框中的"2-adCmdTable"选项，再选择"表或存储过程名称"下拉列表框中的 C_Info 数据表，参见图 9.33，完成 CommandType、RecordSource 属性设置。

现在 ADO 数据控件与数据库 Student_db 建立了连接，并通过该控件获取表 C_Info 的记录集。

（4）数据绑定。在"属性"对话框中，单击 TextBox 控件 txtCNo 的 DataSource 属性项右侧的下拉按钮，在下拉列表框中选择 Adodc1 项。再按表 9.8 将其余 3 个 TextBox 控件的 DataSource 属性设置为 Adodc1，使它们与 ADO 数据控件绑定在一起。使用同样的方法，将 4 个 TextBox 控件 DataField 属性值分别为 C_Info 表的 C_No、C_Name、C_Type、C_Credit 字段，使它们分别显示这些字段的值。

（5）运行工程。运行该应用程序时，可以使用 ADO 数据控件的 4 个箭头按钮，移动记录指针到数据表的开始、末尾，或从一个记录移动到另一个记录。

至此已经设计出了一个最简单的数据库应用程序，可以看出，ADO 数据控件可以快速地创建与数据库的连接。按此方法在 VB 中访问数据库，没有编写任何程序代码，体现了 ADO Data 控件简便、易用的特点。

2. 复杂数据绑定

复杂数据绑定允许将多个数据元素绑定到一个控件，同时显示记录源中的多行或多列。支持复杂数据绑定的控件包括数据网格控件 DataGrid、组合框控件 DataCombo 和列表框控件 DataList 等。这些控件属性设置如表 9.9 所示。

表 9.9　复杂数据绑定控件属性设置

控件	属性	说明
DataGrid	RowSource	指定数据源
DataCombo DataList	DataSource	指定数据源
	DataField	设置数据使用者到被绑定的字段名
	RowSource	指定 ADO 数据控件。DataCombo 和 DataList 控件的列表由该数据控件填充
	ListField	设置 Recordset 对象中的字段名称
	BoundColumn	返回或设置一个 Recordset 对象的字段名称

要使用这些控件必须先通过"工程"→"部件"菜单命令,在"部件"对话框中选择"Microsoft DataList Control 6.0（OLEDB）"和"Microsoft DataGrid Control 6.0（OLEDB）"选项,单击"确定"按钮,就可以在 VB 的控件工具箱内看见这些控件图标（ ￼　￼ ）了。

【例 9.22】设计窗体,在 DataGrid 控件中显示 Student_db 数据库的学生信息表 St_Info 的数据。

本例按以下步骤设计:

（1）界面设计。在当前工程中创建窗体 frmDataGrid,使用 DataGrid 控件显示数据。

程序运行的界面如图 9.36 所示。在此界面中,隐藏了 ADO 数据控件 Adodc1,即其属性 Visible 的值为 False。DataGrid 控件根据 ADO 数据控件的设置,将 ADO 数据控件的 Recordset 中的数据集显示在表格中。

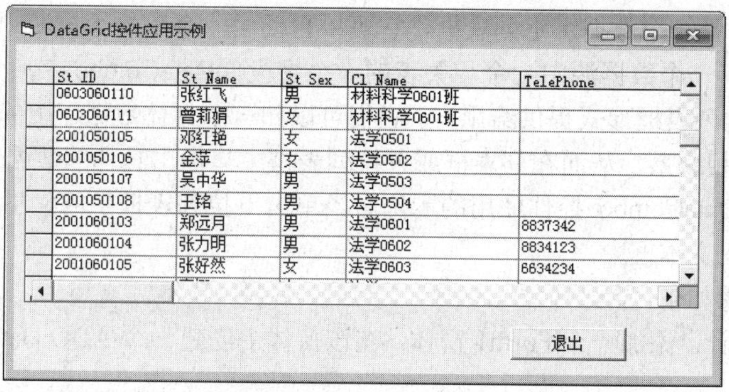

图 9.36　DataGrid 示例程序界面

（2）属性设计。窗体 frmDataGrid 及控件属性按表 9.10 进行设置。

表 9.10　窗体 frmDataGrid 的控件属性设置

控件	属性	属性值	控件	属性	属性值
Form	Name	frmDataGrid	CommandButton	Name	Command1
	Caption	DataGrid 控件应用示例		Caption	退出
Adodc	Name	Adodc1	DataGrid	Name	DataGrid1
	RecordSource	SELECT * FROM St_Info			
	CommandType	2-adCmdText		RowSource	Adodc1
	Visible	False			

（3）创建和配置记录集。在建立数据控件 Adodc1 与数据库 Student_db 的连接时，将控件 Adodc1 的"属性页"对话框的"记录源"选项卡中的"命令类型"项（即 CommandType 属性值）设置为 2-adCmdText，同时在"命令文本"输入框中输入"SELECT * FROM St_Info"，用于查询 St_Info 表中的所有记录，即设置 RecordSource 属性值。这样 Adodc1 的记录集将返回 St_Info 表中的所有数据信息。

（4）数据绑定。选择窗体上的 DataGrid 控件 DataGrid1，在其"属性"窗口中将 RowSource 属性设置为 Adodc1，使得 Adodc1 的记录集绑定到 DataGrid1 控件。

（5）代码设计。当用户单击 frmShowData 窗体上 Command1 控件（退出）时，触发其 Command1_ Click 事件，将关闭该窗体，代码如下：

```
Private Sub Command1_Click()
    Unload Me
End Sub
```

如果要使 DataGrid1 控件只显示表 St_Info 中的 St_ID、St_Name、St_Sex、Cl_Name、TelePhone 字段，则在 Form_Load 事件中先对 Adodc1 控件的 RecordSource 属性重新设置，使其只从数据库返回满足条件的记录集，代码如下：

```
Private Sub Form_Load()
    Adodc1.RecordSource = "SELECT St_ID,St_Name,St_Sex,Cl_Name,TelePhone " & "FROM St_Info"
    Adodc1.Refresh
End Sub
```

在以上代码中，使用 Adodc1 的 Refresh 方法，该方法使得 Adodc1 的数据源改变时，其记录集进行"刷新"操作，更新为查询命令所获取的数据。

DataList 控件是一个数据绑定列表框，它可以自动由一个附加数据源中的一个字段填充，并且可选择更新另一个数据源中一个相关表的一个字段。DataCombo 控件的功能与 DataList 控件相同，以下拉列表框形式提供给用户。它们可以和一个具体数据库中的表、表中的某些项或一段 SQL 语句相联系，从而在列表框或下拉列表框中显示出具体的数据。

【例 9.23】DataCombo 控件使用的示例。当单击下拉列表框中的学生姓名时，自动获取其学号信息并存入文本框中。

本例设计步骤如下：

（1）界面设计。添加一个 Form1 窗体，在该窗体中创建一个 ADO Data 控件 Adodc1，如图 9.37 所示。

图 9.37　DataCombo 控件示例窗体

（2）属性设计与数据绑定。窗体 Form1 及其属性设置如表 9.11 所示。

表 9.11　DataCombo 控件示例窗体属性设置

控件	属性	属性值	控件	属性	属性值
TextBox	Name	txtStId	Form	Name	Form1
Label	Name	Label1		Caption	DataCombo 控件示例
	Caption	学号	DataCombo	Name	DataCombo1
	Name	Label2		DataSource	Adodc1
	Caption	姓名		DataField	St_ID
Adodc	Name	Adodc1		RowSource	Adodc1
	Caption	Adodc1		ListField	St_Name
	RecordSource	SELECT * FROM St_Info		BoundColumn	St_ID
	CommandType	2-adCmdText			

其中，用于显示学号的文本框 txtStId 控件没有绑定，由程序运行时更新其数据。DataCombo 控件 DataCombo1 绑定的是字段 St_ID，但显示的是字段 St_Name。

（3）代码设计。在 DataCombo1 控件的 Click 事件中加入以下代码：

```
Private Sub DataCombo1_Click(Area As Integer)
    txtStId = DataCombo1.BoundText
End Sub
```

（4）运行工程。当用户单击 DataCombo1 控件的某项时，将使 txtStId 控件的值（学号）设置为 DataCombo1.BoundText 的值，而不是学生姓名，即在 DataCombo1 控件中选定的学生姓名的对应学号，参见图 9.37。

这是因为 DataCombo1 控件的 RowSource 和 ListField 属性提供该控件的下拉列表框的显示值为学生姓名字段 St_Name，而 DataSource、DataField、BoundColumn 属性确定该控件的数据绑定值为学号字段 St_Id。

DataCombo 控件的这种显示与绑定数据不同的特性，对于程序员编写应用程序很有好处，在后面的示例可以用到。

9.9　数据库操作

数据库的操作涉及数据库的编辑操作和查询操作。对于数据库的编辑操作，最常见的就是对数据的添加、删除、修改；数据库的查询操作则是从数据库中找出满足条件的记录集。

9.9.1　数据库编辑操作

实现数据库的编辑操作需要编写代码，通常用 AddNew、Delete、Update 和 Refresh 等方法完成。

1．添加记录

AddNew 方法可以在记录集中创建新记录。新记录是当前记录，可以输入或修改数据。AddNew 方法通常与 Update 方法配合使用。AddNew 和 Update 的语法格式如下：

```
数据控件名.Recordset.AddNew [FieldList, Values]
数据控件名.Recordset.Update [FieldList, Values]
```

其中，参数 FieldList 是一个字段名或包含多个字段的字段数组；Values 是赋给字段的值，它与 FieldList 对应，这两个参数都是可选参数。

例如，使用 AddNew 方法为 ADO 数据控件 Adodc1 的记录集添加新记录，其步骤如下：

（1）调用 AddNew 方法，添加一条空记录，语句为：

  Adodc1.Recordset.AddNew

（2）给各字段赋值，赋值语句格式为：

  Adodc1.Recordset.Field("<字段名>")= <值>

或者，在数据绑定控件中直接输入内容。

（3）调用 Update 方法，确定所进行的添加操作，将缓冲区内的数据写入数据库，语句为：

  Adodc1.Recordset.Update

（4）调用 MoveLast 方法显示新记录，语句为：

  Adodc1.Recordset.MoveLast

注意：使用 AddNew 方法添加了新记录后，都要使用 Update 方法保存对 Recordset 对象的当前记录所进行的更改，以使当前更改有效。若没有使用 Update 方法而将记录指针移动到其他记录，或者关闭了记录集，则所进行的输入将全部丢失，而且没有任何警告。写入记录后，记录指针会自动返回到添加新记录之前的位置上，而不显示新记录，为此可以使用 MoveLast 方法将记录指针再次移到新记录上。

2. 修改记录

在 ADO 数据控件的记录集中修改记录中的数据后，使用 Update 方法保存修改后的结果。

例如，使用修改 Adodc1 控件的当前记录，步骤为：

（1）给各字段赋值，或在绑定控件中直接修改。

（2）调用 Update 方法，确定所进行的修改：Adodc1.Recordset.Update。

注意：如果要放弃对数据的所有修改，可在第（2）步之前用 Refresh 方法重读数据库，刷新记录集即可。由于没有调用 Update 方法，数据的修改没有写入数据库，所以这样的记录会在刷新记录集时丢失。

3. 删除记录

ADO 数据控件使用 Delete 方法删除当前记录，记录删除后不可恢复。

例如，从 Adodc1 控件的记录集中删除当前记录，其操作步骤如下：

（1）定位被删除的记录，使之成为当前记录（使用 Move 或 Find 方法）。

（2）调用 Delete 方法删除当前记录：Adodc1.Recordset. Delete。

（3）调用 MoveNext 方法移动记录指针确定删除。

注意：在使用 Delete 方法时，当前记录立即删除，不加任何的警告或者提示，但被绑定数据控件仍旧显示该记录的内容，因此，必须移动记录指针刷新数据绑定控件，通常调用 MoveNext 方法移至下一记录来解决。在移动记录指针后，应检查记录集的 EOF 属性，若为 True，再调用 MoveLast 方法移动为最后一条记录。

【例 9.24】 使用 ADO 数据控件在 Student_db 数据库中添加、删除、修改 St_Info 表的记录。应用程序使用 4 个命令按钮控制记录的"添加"、"删除"、"修改"和"取消"操作。

本例按以下步骤设计：

（1）界面设计。按图 9.38 所示建立窗体，更名为 frmAdoStEQ。设置 ADO 数据控件和其他控件。

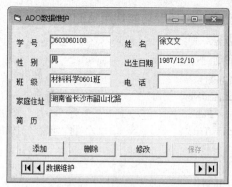

图 9.38　使用 ADO 数据控件维护数据

（2）属性设计及数据绑定。窗体 frmAdoStEQ 及控件属性按表 9.12 所示进行设置，表中没有列出的标签控件属性值按图 9.38 设置。

表 9.12　frmAdoStEQ 窗体控件属性值设置

控件	属性	属性值	控件	属性	属性值
Form	Name	frmAdoStEQ	TextBox	Name	txtStBDate
	Caption	ADO 数据维护		DataField	Born_Date
CommandButton	Name	cmdAdd	TextBox	Name	txtClName
	Caption	添加		DataField	Cl_Name
CommandButton	Name	cmdDelete	TextBox	Name	txtTel
	Caption	删除		DataField	Telephone
CommandButton	Name	cmdEdit	TextBox	Name	txtAddr
	Caption	修改		DataField	Address
CommandButton	Name	cmdSave	TextBox	Name	txtResume
	Caption	保存		DataField	Resume
	Enabled	FALSE	Adodc	Name	adoEQ
TextBox	Name	txtStID		ConnectionString	Provider=SQLOLEDB.1; Integrated Security=SSPI; Persist Security Info False; Initial Catalog =student_db
	DataField	St_ID			
TextBox	Name	txtStName			
	DataField	St_Name			
TextBox	Name	txtStSex		RecordSource	Select * From St_Info
	DataField	St_Sex		CommandType	1-adCmdText

注意： 在本书以后使用的 ADO 数据控件的 ConnectionString 属性值都设置为表 9.12 所示的连接字符串，其属性设置表中将不再列出该属性。

在图 9.38 所示的窗体中，将用于显示各字段的 TextBox 控件的 DataSource 属性值设置为 adoEQ，使这些控件与 adoEQ 控件绑定。

（3）代码设计。

记录的添加分为两个步骤，首先调用记录集（Recordset）的 AddNew 方法添加记录，等待用户输入各字段值到缓冲区，然后调用记录集的 Update 方法，并将缓冲区内的数据写入数据库。cmdAdd_Click 事件实现"添加"功能调用 AddNew 方法，而 cmdSave_Click 事件实现"保存"功能调用 Update 方法。

cmdAdd_Click 事件代码如下：

```
Private Sub cmdAdd_Click()
    adoEQ.Recordset.AddNew            ' 添加新记录
    cmdAdd.Enabled = False            ' 将"添加"按钮设为不可用
    cmdSave.Enabled = True            ' 将"保存"按钮设为可用
End Sub
```

cmdSave_Click 事件代码如下：

```
Private Sub cmdSave_Click()
    adoEQ.Recordset.Update            ' 保存新记录
    cmdAdd.Enabled = True
    cmdSave.Enabled = False
End Sub
```

当用户单击"添加"按钮时，添加一个新记录，各输入框显示为空，同时"添加"按钮变为不可用，避免多次单击"添加"按钮产生多条空记录，而"保存"按钮变为可用。当用户在输入框中输入各字段后，单击"保存"按钮，则将新加记录写入数据库中。

控件命令按钮的可用性由其属性 Enabled 控件决定，若 Enabled 值为 False，控件不可用，外观表现为按钮上的文字呈浅灰色。

记录的删除由 cmdDelete_Click 事件调用记录集的 Delete 方法实现。当前记录被删除后，移动记录指针到下一条记录，需调用记录集的 MoveNext 方法：

```
Private Sub cmdDelete_Click()
    adoEQ.Recordset.Delete            ' 删除当前记录
    adoEQ.Recordset.MoveNext          ' 移动到下一条记录
End Sub
```

记录的修改在用户修改完文本框中的数据后，再调用记录集的 Update 方法保存修改后的数据。代码如下：

```
Private Sub cmdEdit_Click()
    adoEQ.Recordset.Update
End Sub
```

4. 记录浏览

记录的浏览可以通过 ADO 数据控件 4 个箭头按钮（ |◀ ◀ ▶ ▶| ）完成，也可以使用 Move 方法实现。

Recordset 对象的 Move 方法支持数据控件对象的 4 个箭头按钮操作，以便遍历整个记录集，它们是 MoveFirst、MoveLast、MoveNext、MovePrevious、Move[n]，分别控制记录指针移动到第一条记录、最后一条记录、下一条记录、前一条记录、向前或向后 n 条记录。

【例 9.25】图 9.39 所示窗体上的 ADO 数据控件的 4 个箭头操作用 4 个 CommandButton 控件取代。

本例按以下步骤设计：

（1）界面设计。按照图 9.39 所示建立窗体 frmRecMove，在 frmRecMove 上增加 4 个 CommandButton 控件。

（2）属性设计。将 ADO 数据控件的 Visible 属性设置为 False，隐藏该控件使其运行时不可见，窗体控件及其属性值如表 9.13 所示。

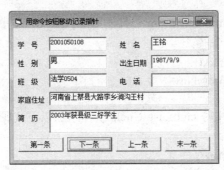

图 9.39　用 CommandButton 按钮控件记录指针的移动

表 9.13　frmRecMove 窗体控件及属性值设置

控件	属性	属性值	控件	属性	属性值
Form	Name	frmRecMove	Label	Name	Label8
	Caption	用命令按钮移动记录指针		Caption	简历
Adodc	Name	datStInfo	TextBox	Name	txtStID
	Visible	False		DataSource	datStInfo
	RecordSource	St_Info		DataField	St_ID
	CommandType	2-adCmdTable	TextBox	Name	txtStName
CommandButton	Name	cmdFirst		DataSource	datStInfo
	Caption	第一条		DataField	St_Name
CommandButton	Name	cmdNext	TextBox	Name	txtStSex
	Caption	下一条		DataSource	datStInfo
CommandButton	Name	cmdPrev		DataField	St_Sex
	Caption	上一条	TextBox	Name	txtStBDate
CommandButton	Name	cmdLast		DataSource	datStInfo
	Caption	末一条		DataField	Born_Date
Label	Name	Label1	TextBox	Name	txtClName
	Caption	学号		DataSource	datStInfo
Label	Name	Label2		DataField	Cl_Name
	Caption	姓名	TextBox	Name	txtTel
Label	Name	Label3		DataSource	datStInfo
	Caption	性别		DataField	Telephone
Label	Name	Labe4	TextBox	Name	txtAddr
	Caption	出生日期		DataSource	datStInfo
Label	Name	Label5		DataField	Address
	Caption	班级	TextBox	Name	txtResume
Label	Name	Label6		DataSource	datStInfo
	Caption	电话			
Label	Name	Label7	TextBox	DataField	Resume
	Caption	家庭住址			

（3）代码设计。为 CommandButton 控件的 cmdFirst_Click 事件添加以下代码，使得单击该按钮使记录指针移动到第一条：

```
Private Sub cmdFirst_Click()
    datStInfo.Recordset.MoveFirst
End Sub
```

为 CommandButton 控件的 cmdLast_Click 事件添加以下代码，使得单击该按钮使记录指针移动到最后一条：

```
Private Sub cmdLast_Click()
    datStInfo.Recordset.MoveLast
End Sub
```

当移动记录指针到下一条或上一条时，需要检查 Recordset 对象是否为文件末尾或文件头，这可由 EOF 或 BOF 的属性值来确定。当 EOF 或 BOF 的值为 True 时，表示当前记录指针已位于文件尾或文件头，若仍进行这两项操作（移动到上一条记录或下一条记录）会产生错误。此时，可使用 MoveLast 或 MoveFirst 方法，将记录指针重新移动到文件尾或文件头，由此应在 cmdNext_Click 和 cmdPrev_Click 事件中添加以下代码：

```
Private Sub cmdNext_Click()
    datStInfo.Recordset.MoveNext
    If datStInfo.Recordset.EOF Then        ' 若为文件尾，则移动记录指针到最后一条
        datStInfo.Recordset.MoveLast
    End If
End Sub
Private Sub cmdPrev_Click()
    datStInfo.Recordset.MovePrevious
    If datStInfo.Recordset.BOF Then        ' 若为文件头，则移动记录指针到第一条
        datStInfo.Recordset.MoveFirst
    End If
End Sub
```

虽然 datStInfo.Visible 属性值为 False，控件 datStInfo 在程序运行时不可见，但它仍绑定了各数据绑定控件，让这些控件显示其当前记录的内容。

9.9.2　数据查询

查询数据通常命令对象执行 SQL 语言的 SELECT 语句，从数据源中获取信息，查询条件由 SELECT 语句的 WHERE 子句构成，使用 AND 与 OR 逻辑运算符可组合出复杂的查询条件。

SELECT 语句基本上是 Recordset 的定义语句。ADO 数据控件的 RecordSource 属性不一定是数据表名，可以是数据表中的某些行或多个数据表中的数据组合，如例 9.24 中 ADO 数据控件的 RcordSource 属性设置，可以直接在 RecordSource 属性栏中输入 SQL 语句，也可以在代码中将选择记录集的 SQL 语句赋给 ADO 数据控件的 RecordSource 属性。

【例 9.26】通过输入学生学号或所在班级，查找 St_Info 表中符合条件的学生记录。

本例按以下步骤设计：

（1）界面设计。创建窗体 frmAdoQuery，窗体上放置 DataCombo 控件来选择 St_Info 表中班级字段 Cl_Name 的值，TextBox 控件作为输入要查询的学生的学号字段 St_Id 的文本框，数据网格控件 DataGrid 用于显示查询的结果记录集。该窗体运行界面如图 9.40 所示。

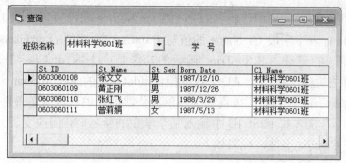

图 9.40　使用 SQL 语句查询记录

（2）属性设计。为了方便控制，本例使用两个 Adodc 控件，一个控制 DataCombo 控件，另一个控制 DataGrid 控件。当用户在 DataCombo 控件的列表中选定一项（即某个班级）时，在 DataGrid 控件中自动显示该班级所有学生的记录。两个 Adodc 控件的 CommandType 属性都为 1-adCmdText，表示用 SQL 语句获取所需记录集。

frmAdoQuery 窗体各控件及属性值设置如表 9.14 所示。

表 9.14　frmAdoQuery 窗体的控件及属性值设置

控件名称	属性	属性值	控件名称	属性	属性值
Form	Name	frmAdoQuery	Label	Name	Label2
	Caption	查询		Caption	学号
Adodc	Name	adoCombo	TextBox	Name	txtSt_ID
	RcordSource	Select DISTINCT Cl_Name From St_Info	DataCombo	Name	dtcClass
				DataSource	adoCombo
	CommandType	1-adCmdText		DataField	Cl_Name
Adodc	Name	adoGrid		RowSource	adoCombo
	RcordSource	Select * From St_Info Where Cl_Name=' '		ListField	Cl_Name
			DataGrid	Name	dtGrid
	CommandType	1-adCmdText e		DataSource	adoGrid
Label	Name	Label1		AllowUpdate	False
	Caption	班级名称			

由表 9.14 可知，控件 adoCombo 的 RcordSource 属性设置为：

　　SELECT DISTINCT Cl_Name FROM St_Info

是通过 SQL 语句查询表 St_Info 以获取其字段 Cl_Name 数据。其中，关键字 DISTINCT 表示选择的班级名为 St_Info 表中的非重复值，作为控件 dtcClass 的列表填充值，以方便用户进行班级选择。

（3）代码设计。当单击 dtcClass 控件时，触发 dtcClass_Click 事件，代码如下：

```
Private Sub dtcClass_Click(Area As Integer)
    adoGrid.RecordSource = "Select * From St_Info Where Cl_Name='" _
    & Trim(dtcClass.Text) & "'"
    adoGrid.Refresh
End Sub
```

在 dtcClass_Click 事件代码中，将 adoGrid.RecordSource 属性设置为 SELECT 查询语句，其条件是选择 St_Info 表中字段 Cl_Name 的值与 DataCombo 控件的 dtcClass.Text 属性值（即用户选择的项）相等的记录。其中 Trim 函数的功能是：去掉 dtcClass.Text 的前后空格；adoGrid.Refresh 方法的作用是：当 ADO 数据控件 adoGrid 的 RecordSource 属性值改变时，Refresh 方法刷新 adoGrid 记录集，按查询条件重新从数据库中获取满足条件的数据。

当用户在"学号"文本框 txtSt_ID 中输入某个学生的学号时，因改变了 txtSt_ID.Text 属性值而触发 txtSt_ID_Change 事件，代码如下：

```
Private Sub txtSt_ID_Change()
    adoGrid.RecordSource = "Select * From St_Info Where St_ID='" _
        & Trim(txtSt_ID.Text) & "'"
    adoGrid.Refresh
End Sub
```

这里同样将 adoGrid.RecordSource 属性值设置为 SELECT 查询语句，条件是选择 St_Info 表中字段 St_ID 的值与 txtSt_ID.Text 相等的记录。

程序运行时，其查询操作非常灵活，只要选择班级下拉列表框中的某一项，或在学号文本框中输入一个学号，立即在 DataGrid 网格中得到相应的结果集。

注意：代码中的 Refresh 语句用于激活 RecordSource 的变化。

同样，若要从两个数据表中选择数据构成记录集，并通过网格数据控件显示，可以使用 SQL 语句进行多表查询来实现。

【例 9.27】 查询所有学生的课程编号 C_No 为"9710011"的成绩。

本例涉及两个表 St_Info 和 S_C_Info，可通过 SELECT 命令从 St_Info 表中选择 St_ID、St_Name、 St_Sex，从 S_C_Info 表中选择 Score 构成记录集，将该记录集设置为窗体 frmAdoQuery 的 ADO Data 控件 adoGrid 的 RecordSourc 属性：

```
adoGrid.RecordSource = _
    "SELECT St_Info.St_ID,St_Name,St_Sex,S_S_Info.Score " _
    & "FROM St_Info,S_C_Info " _
    & "WHERE St_Info.St_ID=S_C_Info.St_ID and C_No='9710011' "
```

窗体 frmAdoQuery 的其他操作与例 9.26 相同。

还可以使用 SQL 命令进行计算与统计。例如，按班级统计 St_Info 表中的各班人数，只需将 adoGrid.RecordSource 属性修改为：

```
adoGrid.RecordSource="SELECT Cl_Name as 班级,Count(*) AS 人数 " _
                & "FROM St_Info Group By Cl_Name"
```

在 S_C_Info 与 C_Info 两个表之间建立关联并计算每门课程的平均成绩，同样通过 SQL 命令查询，再将结果集赋给 adoGrid.RecordSource 属性：

```
adoGrid.RecordSource= _
    "SELECT C_Name As 课程名称,S_C_Info.C_No,Avg(Score) As 平均分" _
    & "From S_C_Info INNER Join C_Info" _
    & "ON S_C_Info.C_No=C_Info.C_No" _
    & "Group By C_Name,S_C_Info.C_No" _
    & "Order By C_Name"
```

课程名称	C_No	平均分
C语言程序设计基础	9710041	74
大学计算机基础	9710011	79
大学计算机基础实践	9720013	87
体育	29000011	87

显示的结果如图 9.41 所示。

图 9.41　查询每门课程的平均分

9.10　数据库应用系统开发

SQL Server 中存储有大量的数据信息，其目的是为用户提供数据信息服务。但 SQL Server 不提供单独的、完全自给自足的应用程序开发环境，只作为后端来管理和运行数据库。因此数据库应用程序就成了访问 SQL Server 的数据，是实现 SQL Server 对外提供数据信息服务的唯一途径。也就是说，数据库应用程序是一个允许用户添加、修改、删除并报告数据库中数据的程序。

数据库应用程序传统上是由程序员用一种或多种通用或专用的程序设计语言编写的，但是近年来出现了多种面向用户的数据库应用程序开发工具，VB 6.0 就是一种强有力的数据库应用程序开发工具。

数据库应用系统通常要针对一个特定环境与目标，把与之相关的数据以某种数据模型进行存储，按照一些特定的规则对这些数据进行分析、整理，以实现数据的存储、组织和处理。例如，工资管理系统要能满足用户进行工资发放及其相关工作的需要，包括录入、计算、修改、统计、查询工资数据、打印工资报表等；又如销售管理系统要能帮助管理人员迅速掌握商品的销售及存货情况，包括对进货、销售、存量、销售总额的统计及进货预测等。

数据库应用系统的开发是一项软件工程。软件工程是开发、运行、维护和修正软件的一种系统方法，其目标是提高软件质量和开发效率，降低开发成本。

数据库应用系统的开发一般分为以下几个阶段：可行性研究、需求分析、概要设计、详细设计、代码设计、测试维护、系统交付。这些阶段的划分目前尚无统一的标准，各阶段间相互衔接，而且常常需要回溯修正。

在数据库应用系统的开发过程中，每个阶段的工作成果就是写出相应的文档。每个阶段都是在上一阶段工作成果的基础上继续进行，整个开发工程是有依据、有组织、有计划、有条不紊地展开工作。但根据应用系统的规模和复杂程度，在实际开发过程中往往要做一些灵活处理，有时把两个甚至 3 个过程合并进行，不一定完全刻板地遵守这样的过程，产生这样多的文档资料。

1.　可行性分析

可行性分析就是确定数据库项目是否能够开发和值得开发。在收集整理有关资料的基础上，明确应用系统的基本功能，划分数据库支持的范围。分析数据来源、数据采集的方式和范围，研究数据结构的特点，估算数据量的大小，确立数据处理的基本要求和业务的规范标准。

此阶段应写出详尽的可行性分析报告和数据库应用系统规划书。内容应包括系统的定位及其功能、数据资源及数据处理能力、人力资源调配、设备配置方案、开发成本估算、开发进度计划等。

2.　需求分析

开发任何一个数据库应用程序都是为了满足特定用户的特定需求。比如学生管理信息系统就是为了满足学校对学生信息的计算机管理需求。需求分析是整个数据库项目开发的起点。需求分析的结果是否准确地反映了用户的实际要求，将直接关系到后续流程的进行，并最终影响项目是否合理和实用。

系统的需求包括对数据的需求和处理的需求两方面的内容，它们分别是数据库设计和应用程序设计的依据。

对数据进行分析，建立 E-R 图来描述项目要处理的数据，并建立数据字典详细描述数据。处理需求的内容包括：功能需求，分析确定系统必须完成什么功能；性能需求，分析确定系统做得如何，包括数据精确度、响应时间等；运行需求，分析系统的运行环境、需要的软/硬件配置、故障的处理方法等；其他需求，可用性、可移植性、未来可能的扩充需求等。

需求分析大致可分 3 步来完成。

（1）需求信息的收集，一般以机构设置和业务活动为主干线，从高层、中层到低层逐步展开。

（2）需求信息的分析整理，对收集到的信息要做分析整理工作。

（3）需求信息的评审。开发过程中的每一个阶段都要经过评审，确认任务是否全部完成，避免或纠正工作中出现的错误和疏漏。

需求分析阶段应写出一份既切合实际又具有预见的需求说明书，对项目的需求进行详细、规范的描述。

3. 概要设计

在需求明确、准备开始编码之前，要做概要设计。概要设计的任务是将需求分析的结果转化为数据结构和软件的系统结构。数据结构设计包括数据特征的描述、确定数据的结构特性及数据库的设计。软件结构设计是将一个复杂系统按功能进行模块划分、建立模块的层次结构及调用关系、确定模块间的接口及人机界面等。

概要设计开始考虑如何实现系统，但这里并不具体和细化，属于高层次的、脱离具体的程序设计语言和实现环境的设计。

概要设计阶段应写出一份概要设计说明书。

4. 详细设计

详细设计前台应用系统又称为过程设计、模块设计。详细设计的任务是为概要设计得到的系统结构图中每一个模块确定使用的算法和数据结构，从数据的一致性、安全性、执行的效率等方面综合考虑后，结合 SQL Server 数据库的体系结构设计项目数据库。但是详细设计不等于编码。

详细设计的内容包括：确定模块的算法并用流程图或者其他工具表示，确定模块的数据结构、模块间的数据接口，设计模块的测试用例；确定数据库结构（如数据文件、日志文件的存放、大小等），数据表的结构（如字段、类型、宽度等），设计索引、视图、存储过程、触发器、事务等。

详细设计阶段应写出一份详细设计说明书。

5. 代码设计

这一阶段的工作任务就是依据前两个阶段的工作，结合具体的程序开发工具，建立数据库和数据表、定义各种约束并录入部分数据；具体设计系统菜单、系统窗体、定义窗体上的各种控件对象、编写对象对不同事件的响应代码、编写报表和查询等。

6. 测试维护

测试阶段的任务就是验证系统设计与实现阶段中所完成的功能能否稳定、准确地运行、这些功能是否全面地覆盖并正确地完成了委托方的需求，从而确认系统是否可以交付运行。测试工作一般由项目委托方或由项目委托方指定第三方进行。

测试的内容包括：单元测试，测试模块是否存在错误；集成测试，测试模块之间的连接；系统测试，整个系统进行联调；验收测试，在用户的参与下进行验收测试。

测试维护阶段应写出测试计划、测试分析报告、程序维护手册、程序问题报告、程序修改报告。

7．系统交付

这一阶段的工作主要有两个方面，一是全部文档的整理交付；二是对所完成的软件（数据、程序等）打包并形成发行版本，使用户在满足系统所要求的支撑环境的任一台计算机上按照安装说明就可以安装运行。

习题9

一、思考题

（1）VB 对象的 3 个要素是指什么？它们的作用是什么？

（2）什么是变量的作用域？作用域有哪些类型？什么是变量的生存期？生存期有哪些类型？

（3）在同一模块、不同过程中声明的相同变量名，两者是否表示同一变量？有没有联系？

（4）VB 中将数字字符串转换成数值用什么函数？取字符串中的某几个字符用什么函数？大小写字母间的转换用什么函数？

（5）数据访问涉及几个组成部分？这些组成部分的作用是什么？

二、选择题

（1）以下（　　）是合法的变量名。

　　A．4p　　　　　　　　B．姓名　　　　　　　C．"年龄"　　　　　　D．IfNot

（2）InputBox 函数的返回值类型是（　　）。

　　A．变体型　　　　　　B．整型　　　　　　　C．实型　　　　　　　D．字符型

（3）在 VB 中，下面正确的逻辑表达式是（　　）。

　　A．x>y AND y>z　　B．x>y>z　　　　　　C．x>y AND >z　　　D．x>y &y>z

（4）在窗体上画一个名称为 Command1 的命令按钮，然后编写以下程序：

```
Private Sub Command1_Click()
Static X As Integer
Static Y As Integer
Cls
Y=1
Y=Y+5
X=5+X
Print X,Y
End Sub
```

程序运行时，3 次单击命令按钮 Command1 后，窗体上显示的结果为（　　）。

　　A．15　16　　　　　B．15　6　　　　　　C．15　15　　　　　　D．5　6

（5）表达式 3^2*2+3 MOD 10\4 的值是（　　）。

　　A．18　　　　　　　B．1　　　　　　　　C．19　　　　　　　　D．0

（6）在窗体上画一个水平滚动条，名称为 HScroll1；再画一个文本框，名称为 Text1。要想使用滚动条滑块的变化量来调整文本框中文字的大小，则可满足的语句是（　　）。

  A．Text1.FontName= HScroll1.Max   B．Text1.FontSize= HScroll1.Min

  C．Text1.FontSize= HScroll1.value   D．Text1.FontBold= HScroll1.value

（7）以下（　　　）不是图片框 PictureBox 的方法。

  A．cls   B．print   C．pset   D．ScaleMod

（8）数据访问接口 ADO 是 Microsoft 处理数据库信息的新技术，以下关于 ADO 技术的叙述，不正确的是（　　　）。

  A．ADO 是一种 ActiveX 对象

  B．ADO 采用了 OLE DB 的数据访问模式

  C．ADO 是数据访问对象 DAO、远程数据对象 RDO 和开放数据库互连 ODBC 三种方式的扩展

  D．ADO Data 控件不能创建与数据库的连接

（9）在 VB 中，ADO 数据控件不能直接显示记录集中的数据，必须通过数据绑定控件来实现，下列（　　　）控件不能与 ADO 数据控件实现绑定。

  A．文本框   B．标签   C．命令按钮   D．列表框

（10）通常使用（　　　）方法更新与数据库连接的 ADO 数据控件，使之在运行时改变 RecordSource 属性值后，ADO 数据控件的记录集也进行相应的改变。

  A．Refresh   B．Move   C．Find   D．Clear

第 10 章 Delphi 的数据访问方法

- **了解**：Delphi 的数据库管理功能；数据库应用程序的开发过程和数据库应用系统开发工具的使用。
- **理解**：Delphi 的相关组件与数据库访问的接口技术。
- **掌握**：Delphi 与 SQL Server 数据库的连接方法；数据库的编辑和查询操作等方法。

10.1 Delphi 7.0 的 BDE 组件

Delphi 提供了多种接口技术，可访问多种数据库类型。可访问的数据库类型有 Jet 数据库、ISAM 数据库和 ODBC（Open Data Base Connectivity）数据库。其数据访问方式与 Visual Basic 相同，在此不再赘述。

如表 10.1 所示，对于不同的数据库访问机制，Delphi 使用不同的连接控件与数据库建立连接。

表 10.1　Delphi 数据库连接与访问

数据库访问机制	数据库连接控件
Borland Database Engine（BDE）	TDatabase/通过 BDE 管理器
ActivX Data Object（ADO）	TADOConnection
DbExpress	TSQLConnection

本章主要介绍前两个连接控件 BDE（Borland Database Engine，数据库引擎）和 ADO（ActivX Data Object）的子组件及其使用方法，为熟练开发数据库前台应用程序打下基础。

开发数据库应用程序，首先必须建立应用程序与数据库之间的联系。Delphi 7.0 组件板上的 BDE 组件提供了建立联系的方法。它们使用数据库引擎访问数据库，并提供用户接口（一般由数据控制组件实现）与数据库信息之间的联系。通过这种方法，应用程序的开发者可以十分方便地与数据库建立联系，并通过用户接口的设计实现与数据库信息的交互。避免了程序开发者过多地注意如何与数据库建立联系，而是更专注于用户接口的设计。

Delphi 7.0 中的 BDE 组件如图 10.1 所示。

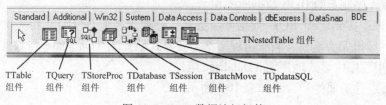

图 10.1　BDE 数据访问组件

10.1.1 BDE 组件

在 BDE 数据访问组件中，TTable、TQuery 和 TStoreProc 3 个组件实现应用程序和数据库信息的联系，TDataSource 组件实现数据库信息和数据控制组件的联系。简言之，数据访问组件允许应用程序通过 BDE 访问数据库，将数据库中的信息传递给用户接口，并通过 BDE 将用户接口的信息反馈给数据库，实现用户和数据库之间的信息交互。各组件的基本功能如下：

（1）TTable 组件。此组件通过 BDE 从数据库中取得数据，由 TDataSource 组件将数据传递给一个或多个数据控制组件，并将从数据控制组件得到的数据通过 BDE 传递给数据库。

（2）TQuery 组件。此组件使用 SQL 语句从一个数据库表格中取得数据，通过 TDataSource 组件将数据传递给一个或多个数据控制组件，并使用 SQL 语句将从数据控制组件中得到的信息传递给数据库。

（3）TStoreProc 组件。此组件允许一个应用程序接触服务器的存储过程，将从数据控制组件中得到的信息通过 BDE 传递给数据库。

（4）TDatabase 组件。TDatabase 建立与数据库的持久性联系。

（5）TSession 组件。TSession 对 TDatabase 组件提供全方位的支持。Delphi 7.0 数据库应用程序会自动产生一个 TSession 组件，只有当创建一个多线程的数据库应用程序时才需要使用 TSession 组件，每个线程需要自己的 TSession 组件。

（6）TBatchMove 组件。TBatchMove 用于复制数据库表格结构和数据内容，应用该组件可以转换数据库格式。

（7）TUpdataSQL 组件。TUpdataSQL 允许用户使用 Delphi 7.0 缓存数据的更新特性。例如，用户可使用 TUpdataSQL 组件更新基本的数据集，使用户具有更新只读数据集的能力。通过设置数据的 TUpdataSQL 属性，用户可以将 TUpdataSQL 组件与数据集相连，当缓存数据更新并被应用时，数据集自动使用 TUpdataSQL 组件。

（8）TNestedTable 组件。TNestedTable 通过 BDE 从嵌套的数据库表格中取得数据，并通过 TDataSource 组件将数据传递给一个或多个数据控制组件。

10.1.2 TDatabase 组件

对数据库进行访问之前必须使用 TDatabase 组件和数据库进行连接，在应用程序中 TDatabase 组件通过建立与数据库之间的联系对数据库进行控制。

在下列场合需要用到 TDatabase 组件：

（1）建立与数据库的永久连接。

（2）数据库服务器要求的用户登录。

（3）控制事务的处理。

（4）应用程序制定的 BDE 数据库的别名。

当应用程序连接到远程 SQL 数据库服务器，并要求控制与 BDE 相关事件的处理时，TDatabase 组件显得尤为重要。当应用程序不需要显式地控制 TDatabase 与数据库的联系时，则不需要在应用程序中显式地声明 TDatabase 组件。

TDatabase 组件的属性和含义如表 10.2 所示。

表 10.2　TDatabase 组件的属性及含义

方法	含义
AliasName	指明连接中的数据库的别名
Connected	标志联系是否有效
DatabaseName	指明与该 TDatabase 组件相连的数据库的名字
DataSetCount	指明与该 TDatabase 组件相连的数据库的数目
DataSets	给出处于活动状态的所有数据集的索引数组
Directory	指明 Paradox 或 dBase 数据库的工作路径
DriverName	指明数据库的 BDE 的驱动名
Exclusive	使应用程序享有对数据库访问的专有权
Handle	指明 BDE 数据库的句柄
HandleShared	指明是否共享一个数据库的句柄
InTransaction	标志着数据库是否在事件处理中
IsSQLBased	指明该 TDatabase 组件使用的是 BDE SQL Links Driver 还是 BDEODBC
KeepConnection	指明在没有数据集打开的情况下，应用程序是否保持与数据库的联系
Locale	指明该 TDatabase 组件的 BDE 语言驱动器
LogInPrompt	指明在建立联系时，是否显示标准的登录对话框
Params	包含联系中的参数信息
Session	指向与该 TDatabase 组件相连的 Session 组件
SessionName	指明该 TDatabase 组件使用的 Session 组件名
ReadOnly	指明此联系提供只读访问
Temporary	指明该 TDatabase 组件是否为暂时的
TransIsolation	说明 BDE 控制 Database 事务的独立等级

TDatabase 组件的几个重要属性说明：

（1）Connected 属性。当 Connected 属性值为 True 时，可以在不打开数据集的情况下建立一个数据库的联系，通过设置 Connected 的属性值控制与数据库的连接。

（2）KeepConnection 属性。此属性是用来说明在当前没有数据集打开时，应用程序是否要保持与数据库的联系。当 KeepConnection 的值为 True 时，表示联系将保持。

（3）DatabaseName、AliasName 和 DriverName 属性。DatabaseName 属性用来指明与 TDatabase 组件相连的数据库的别名。如果 DatabaseName 属性值与一个已存在的 BDE 数据库别名相同，则 AliasName 和 DriverName 属性不需要再设置。如果 DatabaseName 属性值与已存在的 BDE 数据库别名不相匹配，应用程序除了给出 DatabaseName 的属性值，还须在 AliasName 里提供一个有效的 BDE 数据库别名或者提供 DriverName 和 Params properties 属性值，其中 AliasName 用来指明连接中的数据库的 BDE 别名。

（4）DataSets 属性。应用程序可以通过使用 DataSets 属性值来访问与该 TDatabase 组件相连的所有处于打开状态的数据集。

10.1.3 TTable 组件

TTable 组件是 Delphi 7.0 开发数据库应用程序最重要的组件之一，也是最常用的组件，它在应用程序访问数据库时起着极其重要的作用。TTable 隶属于数据集组件，它从数据集继承而来，有着许多共同的属性、方法和事件。

1. TTable 组件的主要属性

在 Delphi 中，访问数据的基本单元是数据集对象。应用程序正是通过数据集组件来访问数据库的。一个数据集对象代表了数据库的一张表格，或者是访问数据库的一个查询或者存储过程。表 10.3 列出了 TTable 组件的主要属性。

表 10.3 TTable 组件的主要属性及含义

事件	含义
Active	指明一个数据集是否处于打开状态
AutoCalcFields	决定何时触发 OnCalcFields 事件
Bof	标志着记录指针是否停留在数据集的第一个记录上
CatchedUpdates	表明一个数据集缓存的更新特性是否可用
CanModify	表明应用程序是否可以在表格里插入、编辑或者删除数据
DatabaseName	表明与数据集联系的数据库别名
DBHandle	表明数据集所在的数据库 BDE 的句柄
DefaultIndex	表明一个打开表格中的数据是否按默认的索引排序
Eof	标志着记录指针是否停留在数据集的最后一个记录上
Exclusive	允许用户以专有的方式打开一个 Paradox 或 dBase 表格
Fields	指向数据集的字段列表
Filter	表明当前数据集过滤的文本内容
Filtered	表明一个数据集的过滤是否被激活
FilterOptions	设置过滤选项
Handle	允许程序直接调用 API 函数
IndexFieldName	显示数据库表格所采用的索引排序的字段名
IndexFields	指出数据库中的字段名列表
IndexName	用来为数据库表格制定当前排列索引
MasterFields	在主表中指定一个或者多个字段以建立主副表之间的联系
MasterSource	指定作为数据集主表的 data source 组件的名字
Name	该组件在被其他组件引用时的名字
Modified	标志着当前记录是否被修改
ObjectView	指明字段在 Fields property 中是层次排列还是平铺
RecordCount	显示与数据集相连的记录总数
ReadOnly	表明一个数据库表格在此应用程序中是否只读
SessionName	指定与数据集相连的 Session 的名字
StoreDefs	指出数据库表格的字段和索引与数据模块一致还是与窗体一致

事件	含义
TableName	指明该组件指向的数据库表格的名字
TableStyle	指出当前操作的数据表格的类型
UpdateMode	决定 BDE 如何在 SQL 数据库中查询更新记录
UpdateObject	指出在允许缓存更新时，用来更新只读记录的 update object 组件

TTable 组件的几个重要属性说明如下：

（1）Active 属性。此属性用以说明数据库文件是否处于打开状态。应用 Active 属性可决定数据集组件与数据库数据之间的联系。Active 属性值是布尔数（True/False），当其属性值为 True 时，表明数据集是打开的，数据集组件可以对数据库进行读、写操作；反之，表明数据集是关闭的，数据集组件不能从数据库读写数据。可以通过下列方法设置 Active 的属性值为 True：

1）触发数据集的 BeforeOpen 事件。

2）设置数据集的状态为 dsBrowse。

3）在数据集中打开一个 BDE 记录指针。

4）触发数据集的 AfterOpen 事件。

（2）DatabaseName 属性。用以说明当前数据集的来源，即应用程序所访问数据库的名字。它可以是 BDE 定义的数据库别名，如 DBDEMOS；也可以是数据库文件，如 Paradox 和 dBase 等文件所在的路径；还可以是由 TDataBase 组件定义的数据库名。

（3）TableName 属性。此属性是 TTable 最重要的属性之一，用以说明 Ttable 组件对应的是数据库中的哪一张表格。TableName 属性和 DatabaseName 属性都是在设定阶段给定，TableName 在 DatabaseName 设定之后给出。

（4）Fields 属性。此属性用以指出数据集的字段列表，可访问数据库表格中的字段组合。如果字段是在运行时动态产生的，则 Fields 属性中字段组合的顺序与数据集表格中列的顺序一致。如果数据集应用的是持续性字段，则字段的组合顺序与设计阶段在字段编辑器中设定的字段顺序一致。

对于用户来说，利用 Fields 属性查询字段是非常有用的，有以下两点原因：

1）可以重温数据集的部分或者全部字段。

2）可以对运行时内部的数据结构未知的隐藏表格进行操作。

（5）Filter 属性和 Filtered 属性。Filter 属性允许用户定义一个数据集过滤器。当数据集应用过滤器时，只有满足过滤器条件的记录才被显示，Filter 允许在运行时定义。Filtered 属性则用以表明数据集的过滤是否被激活。通过检查 Filtered 的属性，可确定数据集的过滤是否有效。

2．TTable 组件的重要事件

应用程序使用 TTable 组件通过数据集可以对数据库数据进行直接、方便地操作，操作由事件触发方法实现，TTable 组件的重要事件如表 10.4 所示。

表 10.4　TTable 组件的重要事件

事件	含义
AddIndex	为数据库表格建立一个新的索引
Append	向数据集中添加一条新的空记录

事件	含义
ApplyRange	设定数据集的检索范围
BatchMove	将数据集中的记录转移到当前表格中
BookmarkValid	检验一个特定的书签是否可用
Cancel	在对当前记录的更改尚未提交时撤销它们
CancelRange	撤销当前表格中所有有效的检索范围
CancelUpdates	撤销缓存的更新，保存数据集的前一状态
CheckOpen	检测调用 BDE 的结果
ClassParent	返回当前类的直接父类
ClearFields	清除当前记录的所有字段内容
Close	关闭一个数据集
ControlsDisabled	标志数据集是否允许在数据控制组件中显示更新的数据
Create	产生一个数据库表格组件
CreateTable	建立一个使用新的结构信息的表格
Delete	删除当前记录，将记录指针指向下一条记录
DeleteIndex	删除数据库表格的辅助索引
DeleteTable	删除一个已存在的数据库表格
DisableControls	使通过数据源与数据库相连的数据控制组件不能显示数据
Edit	允许用户编辑数据集中的数据
EditKey	将 Table 组件置于查询状态
EditRangeEnd	允许用户改变一个已存在检索范围的结束值
EditRangeStart	允许用户改变一个已存在检索范围的起始值
EnableControls	允许通过 data source 与数据库相连的数据控制组件显示数据
FetchAll	读取记录指针当前位置至文件结束的所有记录
FieldByName	根据特定的字段名查找字段
FindField	在数据集中查询一个特定的字段
FindFirst	实现在过滤的数据集中，将记录指针置于第一记录处
FindKey	查找包含特定字段值的记录
FindLast	实现在过滤的数据集中，将记录指针置于最后一条记录处
FindNearest	将记录指针移至最匹配查询值的记录
FindNext	实现在过滤的数据集中，将记录指针置于下一条记录处
FindPrior	实现在过滤的数据集中，将记录指针置于上一条记录处
First	用一般的方法实现将记录指针置于数据集第一记录处
GetBookmark	在数据集当前记录指针的位置处设置书签
GetCurrentRecord	读取当前记录到缓存中
GetFieldData	读取字段中的数据到缓存中

事件	含义
GetFieldNames	读取一个数据集中所有字段名的列表
GetIndexNames	读取数据库表格中有效的索引列表
GotoBookmark	将记录指针置于书签处
GotoCurrent	使此表格中的当前记录与一个特定表格中的当前记录同步
GotoKey	将记录指针移至一条与当前查询值匹配的记录
GotoNearest	将记录指针移至一条与当前查询值最匹配的记录
Insert	向数据集中插入一条新的空记录
InsertRecord	在数据集中插入一条新记录
IsEmpty	标志一个数据集是否不包含任何记录
Last	用一般的方法实现将记录指针置于数据集最后一条记录处
Locate	查找一条特定的记录并使之成为当前记录
MoveBy	将记录指针置于数据集中与当前记录相关的一条记录处
Next	将记录指针移至下一条记录处
Open	打开一个数据集
Post	向数据集提交修改的记录
Prior	将记录指针移至上一条记录处
Refresh	从数据集中取得数据来更新数据集
RenameTable	对与此表格组件相关的 Paradox 或 dBase 表进行更名操作
Resync	取得当前记录以及前后两条记录
SetFields	设置一个记录中所有的字段值
SetKey	在查询前设定查询值和检索范围
SetRange	设置并应用一个检索范围的起始值和结束值
SetRangeEnd	指定检索范围的结束记录
SetRangeStart	指定检索范围的起始记录
UnlockTable	解除对 Paradox 或 dBase 表格锁定
UpdateRecord	对一个记录更新触发一个数据事件

　　上述方法可实现对数据库进行表格的创建、数据集的打开及关闭、数据库检索的范围、数据库浏览、数据库查询以及数据库的编辑和修改等操作，下面介绍数据库记录查询的实现。

　　3. TTable 组件的重要方法及应用

　　在 TTable 组件中实现数据库记录的查询依靠 EditKey、FieldByName、FindKey、FindNearest、GotoKey、GotoNearest、Locate 及 SetKey 等方法。

　　下面分别介绍前 5 种方法的具体使用。

　　（1）EditKey 方法。

　　调用 EditKey 方法使数据集置于 dsSetKey 状态，即：设置 TTable 组件为查询状态。同时，存储当前查询值缓冲区的当前内容。如需明确当前查询值，可通过 IndexFields 属性来获取当前索引所使用的字段。

在执行多项查询，而各查询字段只有一两项发生变化时，通常使用 EditKey 方法。

（2）FieldByName 方法。

FieldByName 方法是根据一个特定的字段名查询字段，此方法的函数形式如下：

```
function FieldByName(const FieldName:string):TFiled;
```

其中关键字 FieldName 是一个已存在的字段名。若仅知道字段名，可以调用 FieldByName 获取关于该字段的信息。通过 FieldByName 方法，应用程序可以直接获取关于该字段的特殊属性和方法，而无需通过字段名数组和索引。

（3）FindKey 方法。

FindKey 方法是一种实现精确查找的方法。它将设置表格组件的查找状态、设置查询以及在数据集中查询这 3 个步骤集中在一个方法调用中实现，此方法的函数形式如下：

```
function FindKey(const KeyValue:array of const):Boolean;
```

调用 FindKey 方法在数据集中查找一条特定的记录，KeyValue 中包含了字段值的一个序列，称之为查询值。查询值中的数值可以是常量、变量、零或空指针。而对于 Paradox 和 dBase 表格，查询值必须是一个索引。索引可以在 IndexName 属性中指定。

（4）FindNearest 方法。

FindNearest 方法与 FindKey 方法相似，不同之处在于 FindNearest 方法不要求精确查询，即用于模糊查找。调用 FindNearest 方法，记录指针将移动到数据集中与查询值精确符合的一个特定的记录或数据集中与查询值最相近的记录。KeyExclusive 属性限定了检索范围，同时也决定了调用 FindNearest 方法查询记录的范围。

（5）GotoKey 方法。

GotoKey 方法是实现精确查找的另一种方法。调用 GotoKey 方法用以查询一条特定的记录，查询值已由 SetKey、EditKey 方法和 Fields 属性值确定。如果调用 GotoKey 方法找到了匹配的记录，它会将记录指针移动到该条记录处并返回 True 值；反之记录指针发生改变并返回 False 值。

【例 10.1】使用 GotoKey 方法实现精确查找。

```
procedure TForm1.Button1Click(Sender：TObject);
begin
    with Table1 do
        begin
            EditKey; {将 Table1 置于查询状态}
            FieldByName('Country').AsString:='China'; {设置查询值}
            FieldByName('City').AsString:='Beijing'; {设置查询值}
            GotoKey; {执行查询过程}
        end;
end;
```

10.1.4　TQuery 组件

TQuery 是建立在 SQL 基础上，一个专门用于对数据库中的数据进行查询的组件。TQuery 组件使用的是 SQL 语言，可以一次性访问数据库的一个或者多个表格。TQuery 组件访问的表格可以是远程服务器的数据库中的表格（如 Sybase、SQL Server、Oracle、Infomix、DB2 和 InterBase），也可以是当地的表格（如 Paradox、dBase、Access 和 FoxPro），还可以是 ODBC 数据库。

在开发范围可变的数据库应用程序中，TQuery 尤为重要。TQuery 组件的重要性体现在：

（1）可同时访问多张表格。

（2）自动访问基本表格的子集，而不是访问所有的数据。

TQuery 和 TTable 组件同属于数据集组件，它们有着许多相似的地方，两者的特点及区别如下：

（1）TQuery 组件主要功能是支持 SQL 语言访问本地或者远程数据库，TQuery 组件提供了一系列与 TTable 组件不同的属性、方法和事件。

（2）TQuery 组件允许用户同时访问多个表，而 TTable 组件一次只能访问一个表格。

（3）TQuery 组件和 TTable 组件以不同的方式与 SQL 服务器进行交互，在执行数据定义语句（DDL）时，应当使用 TQuery 组件，而在以非集中方式访问数据库时应当使用 TTable 组件。

（4）TQuery 组件访问的是表格中的特定数据内容；而 TTable 组件只有提供过滤或限定检索范围才能访问表格中的特定数据，否则 TTable 组件将访问表格中的全部数据。在实际的应用程序开发过程中，TQuery 组件在数据查询、添加、修改及删除方面的使用频率要远远高于 TTable 组件。TQuery 组件的特殊属性参见表 10.5。

表 10.5 TQuery 组件的特殊属性

属性	含义
Constrained	表明 Paradox 和 dBase 表格是否必须在用 SELECT 语句设定的范围内执行更新和插入操作
DataSource	指明引入当前字段值的 datasource 组件
Local	表明当前访问的是当地的 Paradox 或 dBase 表格还是远程服务器上的 SQL 表格
ParamCheck	表明 SQL 属性在运行时发生改变后查询的参数列表
ParamCount	表明当前查询参数的总数
Params	包含了用 SQL 语句查询的参数性质
Prepared	决定是否准备好执行一个查询
RequestLive	表明执行查询时，是否允许 BDE 及时返回应用程序对数据结果的修改
RowsAffected	返回上一次执行查询更新或删除的记录数
SQL	设置执行查询时所需的 SQL 语句
SQLBinary	用于 BDE 和 TQuery 的直接联系
StmtHandle	用于调用一些 BDE 的 API 函数
Text	用于指明传递给 BDE 的 SQL 查询的实际内容
UniDirectional	决定在查询数据结果时，是否允许 BDE 的记录指针双向移动

10.2 Delphi 7.0 的 ADO 组件

Delphi 7.0 提供 Microsoft 的 ADO 方式访问数据库，这一访问方式通过一系列的 ADO 组件实现。利用在前面章节提到的 TDataSet 抽象类，ADO 组件可以不通过 BDE 直接实现 ADO 连接，只需要很少的代码就可以实现连接，由于使用的高效性和方便性，ADO 方式正越来越多地被引用。下面详细介绍 ADO 组件的使用方法。

10.2.1　ADO 组件

不同于基于 Borland 数据库引擎（BDE）连接和 3 个数据集组件（TTable、TQuery 和 TStoreProc）的方式访问数据库，Delphi 7.0 提供了一套采用 ADO 的组件，利用这些组件，用户可以与 ADO 数据库相联系，读取数据库中的数据并执行相应操作。利用 ADO 数据访问组件，可以只使用 ADO 结构与数据库取得联系，并对其中的数据进行操作，在此过程中不需要使用 BDE。

注意：使用 ADO 组件要求在主机上启动 ADO 2.1 或者更高版本。

大多数的 ADO 连接和数据集组件与基于 BDE 的连接和数据集组件相类似，存在对应关系。TADOConnection 组件与基于 BDE 的 TDatabase 组件相类似，TADOTable 与 TTable、TADOQuery 与 TQuery、TADOStoredProc 与 TStoredProc 之间都有这种类似的对应关系。

TADODataSet 没有直接的 BDE 对应的组件，但该组件提供了许多与 TTable 和 TQuery 相同的功能。TADOCommand 也没有相对应的 BDE 组件，该组件在 Delphi/ADO 环境中完成特定功能。

这些组件在组件面板的 ADO 页上可以找到，ADO 组件如图 10.2 所示。

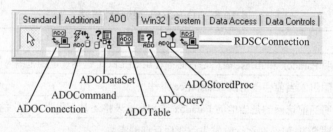

图 10.2　ADO 组件

通过 ADO 数据集访问组件，可以不借助 BDE 引擎而通过微软的 OLE BD 访问更为广泛的数据库数据。ADO 数据集访问组件与常用的数据访问组件是并列关系，由于 ADO 数据集访问组件是从常用数据访问组件发展而来，许多用法和常用数据访问组件是相同的，下面将逐一介绍。

10.2.2　TADOConnection 组件

TADOConnection 组件用以建立与 ADO 数据存储的连接。为了执行命令、获取数据和操作数据，可以把多个 ADO 数据集组件和命令组件与一个 TADOConnection 组件关联以共享链接。这个组件与基于 BDE 的程序中的 TDataBase 组件类似，对于简单的程序没有必要使用它。表 10.6 列出了 TADOConnection 组件的重要属性。

表 10.6　TADOConnection 组件的重要属性

属性	含义
ConnectionString	指明数据库连接信息的属性
Connected	用来说明一个与数据库的连接是否被激活
ConnectionObject	提供对 ADO 连接对象的直接访问
ConnectionTimeout	声明连接可能需要的最长时间

1．ConnectionString 属性

设置 ConnectionString 可指明 ADO 联系组件与数据集相连的必要信息。ConnectionString 的属性值包含了一个或者多个变元。如果包含多个变元，它们之间须用冒号隔开。例如：

```
ADOConnection1.ConnectionString:=
    'Provider=SQLOLEDB.1;Integrated Security=SSPI; Persist Security in' +
    'fo=false; Initial Catalog=pubs; Data Source=JK'
```

在程序设计阶段，ConnectionString 可以通过激活对象观察器中该属性栏，从允许的 ADO 数据库连接中选取。该属性可保存为文件供后续使用，在以后使用过程中，只要在该属性栏中指明此文件名就可以使用该值。该属性值也可以包含用户的身份和密码信息。当采用 Open 方法或通过 ConnectionString 显式地注册登录信息时，通常把 LoginPrompt 的属性值设为 False，这样可避免不必要的注册对话框。

2．Connected 属性

设置 Connected 属性值为 True，可建立一个与 ADO 数据库之间的连接而不打开一个数据集。将 Connected 设置为 False 连接将失效，Connected 的默认属性值是 False。

在应用程序中，可以通过检查 Connected 属性值来判断连接的当前状态。如果 Connected 属性值为 True，表明当前连接是处于激活状态的；反之，如果 Connected 属性值为 False，而另一个属性 KeepConnection 的值也为 False 的话，表明该连接处于中断状态。

3．ConnectionObject 属性

提供对 ADO 连接对象的直接访问。通过设置 ConnectionObject 属性可以取得引用 ADO 连接对象的直接联系，通过这种访问，应用程序可以直接使用与其对应的 ADO 连接对象的方法和属性。在使用 TADOConnection 组件与数据库相连而没有对应的 ADO 连接对象时，这个属性尤为重要。

利用 ConnectionObject 属性对 ADO 连接对象进行直接访问，须对 ADO 对象尤其是 ADO 组件充分熟悉，它使用易出错，须谨慎。

4．ConnectionTimeout 属性

ConnectionTimeout 属性用以声明连接可能需要的最长时间，该属性是一个整数，时间单位为秒，默认的值为 15。如果在 ConnectionTimeout 表示的时间之前连接成功或调用了 Cancel 方法，ConnectionTimeout 属性不发挥任何效用，当一个连接超过它规定的时间，ConnectionTimeout 属性会终止连接的请求，并产生一个异常。

当使用 TADOConnection 组件与 ADO 数据库连接时，首先使用 TADOConnection 组件的 ConnectionString 属性，ConnectionString 属性可以包含一系列的参数值，相互之间用冒号隔开，ConnectionString 属性的值可以是包含一系列参数值的文件名。这种文件名的内容与格式都与 ConnectionString 属性值一样。ConnectionString 属性和它的各种参数可以在程序中以字符串类型进行设置，但更为常用的方法是在程序设计阶段通过激活对象观察器中该属性的对话框设定（双击 ConnectionString 属性栏或者单击属性栏中的省略号按钮）。

在给 ConnectionString 属性提供了必要的参数之后，将 Connected 属性设置为 True。如果与 TADOConnection 组件联动的 TADOCommand 或 ADO 数据集组件被激活，Connected 属性自动设置为 True。

10.2.3　TADOCommand 组件

TADOCommand 组件类似于基于 BDE 的程序中的 TQuery 的 Excute()方法和 TStoredProc 的 ExecProc()方法。用来执行 SQL 语句但不返回结果。在使用 TADOCommand 组件时，首先要确保已经建立与数据库的连接，可以通过对象编辑器进行编辑。TADOCommand 对应的是 ADO 中的 Command 对象。TADOCommand 组件用来处理对数据库的操作命令，如专门的 SQL 命令。

TADOCommand 更通常的是用来执行 DDL SQL 命令，或者执行一个不需要返回结果的存储过程。对于那些不需要返回结果的 SQL 语句，使用 TADODataSet 组件、TADOQuery 或者 TADOStoredProc 组件更方便。

TADOCommand 组件执行的命令是在 CommandText 属性中说明的。如果有参数值，在 Parameters 属性中说明。该组件通过调用 Execute 方法执行命令。

TADOCommand 组件可以通过 TADOConnection 组件与数据库相连，也可以通过在自己的 ConnectionString 属性中说明连接的信息与数据库取得联系。下面是 TADOCommand 的一些重要属性。

1．CommandText 属性

CommandText 属性指明 ADO 操作组件执行的命令内容。CommandText 属性值是文本形式的命令，如果操作中包含了一些参数（像在执行 SQL 语句或者一个存储过程时的情况），可以通过 Parameters 属性值来设定。

2．CommandType 属性

CommandType 属性用来说明在 CommandText 中指明的操作类型。

CommandType 属性值应该与 CommandText 中所指明操作相一致。例如，当 CommandText 属性内容为数据表格名时，CommandType 的属性值就应当为 cmdTable 或者是 cmdTableDirect。

CommandType 的默认值为 cmdUnknown，因为 cmdUnknown 可适合于所有的操作。在 CommandType 中显式地指明操作类型可以提高应用程序的运行速度，如果操作类型设置为 cmdUnknown，ADO 须先判断操作类型，运行的速度将减慢。

3．CommandObject 属性

设置 CommandObject 属性可以取得与其相对应的 ADO 操作对象，并进行直接连接。通过这种访问，应用程序可以使用与其相对应的 ADO 操作对象的方法和属性。在使用 TADOCommand 组件与数据库相连而没有与之对应的 ADO 操作对象时，这个属性尤为重要。

TADOCommand 组件用以执行对数据库的操作。首先，在 CommandText 属性中说明使用 ADO 操作组件执行操作的内容。在程序设计阶段，在对象观察器中通过 CommandText 属性栏中输入命令（一条 SQL 语句、一个数据表或者一个过程名）。在运行阶段，可以将 CommandText 属性值作为字符串类型数据设定。如有需要，可在 CommandType 属性中显式地定义执行操作的类型。CommandType 属性包含的选项有：

（1）cmdText（当执行操作为一条 SQL 语句时）。

（2）cmdTable（当执行操作为一个数据表格时）。

（3）cmdStoredProc（当执行操作为一个存储过程时）。

同样可以在设计阶段从对象观察器中设定，也可以在程序运行时作为 CommandType 类型值设定。在 ADO 操作组件执行操作前，TADOCommand 组件必须与数据库建立有效连接。如果调用 TADOCommand 的 Execute 方法执行一个需要返回结果的操作，Execute 方法会返回一个 ADO 记录对象。为了访问此结果，需要将一个像 TADODataSet 这样的数据集组件的 RecordSet 属性值指定为返回结果。

ADO 数据集组件的 RecordSet 属性设定后，该数据集组件将自动激活，在程序中利用该组件的方法和属性就可访问这些数据。如果想通过数据控制组件使返回结果可视化，采用的方法和通用的数据集组件相同，可使用 TDataSource 组件作为 ADO 数据集组件和数据控制组件之间的联系。

10.2.4　TADODataSet 和 TADOQuery 组件

TADODataSet 组件是获取和操作 ADO 数据的主要组件。该组件可操纵数据表、执行 SQL 查询和存储过程，能通过 TADOConnection 组件直接与数据存储建立连接。在 VCL 中，TADODataSet 封装了 TTable、TQuery 和 TStoredProc 等组件为基于 BDE 的程序提供的功能。

TADODataSet 是最常用的 ADO 数据集组件。该组件可以从 ADO 数据库内读取一个或者多个数据表。在使用 TADODataSet 访问数据之前需要建立与数据库之间的连接。建立这种连接可通过设置 TADODataSet 的 ConnectionString 属性实现或设置 Connection 属性为一个 TADOConnection 组件。

使用 TADODataSet 组件的 CommandText 属性获取数据集中的数据。该组件可以指定为一个数据表格或者 SQL 语句（只限于 SELECT 语句）。TADODataSet 不能使用不输出数据结果的 DML 语句，如 DELETE 语句、INSERT 语句和 UPDATE 语句。如需使用这些语句，可通过 TADOCommand 组件或者 TADOQuery 组件实现。

TADOQuery 组件通过一个合法的 SQL 语句或执行 DDL 语句来获取和操作数据集的元素，该组件可以直接连接到数据库设备上或通过 TADOConnection 组件连接到数据库设备上。

使用 TADOQuery 组件在对数据库进行操作前，应首先使用 TADOConnection 组件的 Connection 属性或者 ConnectionString 属性，也可以通过 TADOQuery 组件自己的 Connection 属性或者 ConnectionString 属性实现，使用 TADOConnection 组件的好处就是可以实现数据源的共享。通过 TADOQuery 组件的 SQL 属性可以设计各种 SQL 语句，在该属性中不仅可以使用数据查询语句，还可以使用各种标准的数据结构化语句，如 DELETE、INSERT 和 UPDATE 等。

10.3　数据库应用系统开发案例

数据库应用系统开发通常要针对一个特定的环境与目标，把与之相关的数据以某种数据模型进行存储，然后按照特定的规则对这些数据进行分析、整理，以实现数据的存储、组织及处理。

数据库应用系统开发一般分为以下几个阶段：可行性研究、需求分析、概要设计、详细设计、代码设计、测试维护、系统交付。这些阶段的划分目前尚无统一的标准，各阶段间相互连接，而且常常需要回溯修正。

本节以学生信息管理系统的开发为例，在 Windows 7 系统下，以 Delphi 7.0 为开发工具，介绍基于 Microsoft SQL Server 2008 R2 版本的数据库应用程序实现过程与方法。

学生信息管理系统是一个非常通用的信息管理系统，学校可以通过该系统对本校学生的基本信息和学习情况进行管理。完整的学生信息管理系统由数据库系统、应用程序系统和用户组成。本节将详细介绍数据库系统和应用程序系统的开发过程。

数据库系统的开发，即指在 SQL Server 2008 中建立学生信息数据库，包括数据表的设计、关系图的设计及安全策略的设计。前文中对如何在 SQL Server 2008 中建立数据库做了比较详细的介绍，下面将依据前文中的知识完成学生信息数据库的设计。

1. 学生信息数据库设计

打开 SQL Server Management Studio，首先将弹出一个连接到服务器的对话框，对话框如图 10.3 所示。

图 10.3　启动数据库引擎

选择本地计算机的数据库服务器，默认 Windows 身份验证模式，然后确认进行连接。连接之后进入 SQL Server Management Studio，找到对象资源管理器，在管理器中的"数据库"目录上右击，在弹出的快捷菜单中选择"新建数据库"命令，即弹出如图 10.4 所示的"新建数据库"窗口。输入建立的数据库名"Student"，其余选项都不进行修改，单击"确定"按钮即完成数据库的建立。

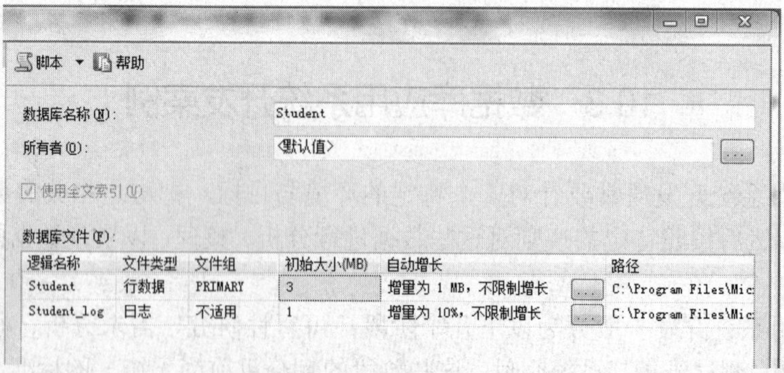

图 10.4　"新建数据库"窗口

数据库建立完成后，可以在"对象资源管理器"中找到名为"Student"的数据库，单击前面的"+"号，即可展开"Student"数据库，展开后如图 10.5 所示。在展开的目录中可以分别对数据库的关系图、表单、视图及安全性等进行操作。

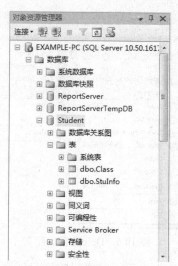

图 10.5　Student 数据库展开

完成这些操作后，可以根据事先设计好的数据字典进行数据表的创建，如学生信息表的数据字典如表 10.7 所示。

表 10.7　学生信息表

字段名	代码	类型	约束
学号	s_no	char(6)	主键
姓名	s_name	char(10)	非空
性别	s_sex	char(2)	只取男、女
出生日期	s_birthday	date	
入学成绩	s_score	number(5,1)	
附加分	s_addf	number(3,1)	
班级编码	class_no	char(5)	与班级表中 class_no 外键关联

在已建立的"Student"数据库"表"目录上右击，在弹出的快捷菜单中选择"新建表"命令，按照上述数据字典进行表格属性的输入，包括字段名、数据类型、主键、约束关系以及是否级联等，最后输入该表单的名称为"StuInfo"，即完成了数据表单的创建。表单创建之后，一般需要往表单中输入必要的数据。数据输入比较简单，在建立的表单如"dbo.StuInfo"上右击，在弹出的快捷菜单中选择"编辑表单"命令，即可进行数据的输入。重复上述步骤，直至把相关数据表全部输入数据库为止。如果表单之间关系比较复杂，还应创建数据库关系图，以方便对数据表单的管理。

2. 应用程序设计

依照上述步骤完成数据库系统的设计之后，便可以在 Delphi 中进行前台应用程序的设计，通过前台应用程序管理数据库中的数据。下面将以学生信息管理系统中的信息查询模块为例，介绍如何在 Delphi 中访问数据库中的数据。

（1）新建工程和窗口。在 Delphi 7.0 中，一个工程即代表一个应用程序项目。一个应用程序项目一般包含多个窗口，各个窗口独立完成某一个模块的功能。用图 10.6 所示的方式新建工程和第一个窗口，并将第一个窗口名改为信息查询。

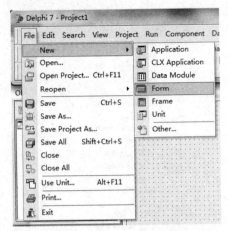

图 10.6　Delphi 窗口建立

（2）制作无数据库导入的基本界面。应用程序界面制作是数据库应用系统开发的一个重要组成部分，优秀的应用程序界面能给用户带来良好的操作体验。应用程序界面的设计要求包括界面内容简洁、空间布局合理及内容组合美观。一般而言，整个系统正式运营之前，还会安排专门的美工人员对整个程序的界面进行美观处理，以获取更佳的用户体验。

在制作涉及数据表处理的窗口界面时，除了需要使用 Delphi 中的标准控件外，一般还需要用到 Data Control 组件，该组件主要用于显示和编辑数据库中的数据。例如，其中的 DBGrid 控件可以用来显示表格数据，DBEdit 控件可以显示和编辑数据表单中的值。利用这些控件可以制作图 10.7 所示的应用程序界面。

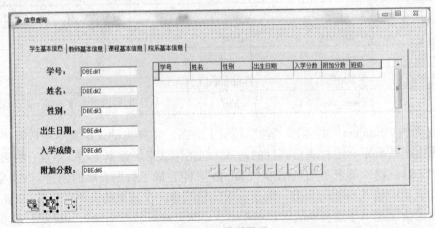

图 10.7　界面展示

（3）在表单中对相关控件——DBGrid、DBEdit、Button、Label 等控件的属性进行设置。如对其数据源的属性、数据范围等相关属性的操作。

（4）进行数据库的导入。基于 ADO 组件连接数据库的方式快捷而方便，因此本程序使用 ADO 组件进行数据源的连接和控制。根据前文的介绍，ADO 组件中的 ADOConnection 控件可以完成数据源的连接；ADOTable 控件可以完成对数据库中任一表单的操作；ADOQuery 控件可以完成 SQL 语句的执行，包括常用的查询语句和数据库事务处理语句。从介绍中可以看出 ADOQuery 控件基本可以完成 ADOTable 控件的所有功能，所以一般只用 ADOQuery 控件即可。

　　数据库的导入首先要使用 ADOConnection 控件连接数据源，然后用 ADOQuery 控件进行数据访问控制。将这两个控件添加到窗口中，控件名默认为 ADOConnection1 和 ADOQuery1。之后选中 ADOConnection1 控件，在其属性中设置连接字符串。连接字符串可以通过代码的方式设置，也可以通过 ADO 数据连接向导完成设置。为方便理解，此处采用 ADO 数据连接向导对连接字符串进行设置。在 ADOConnection1 控件的属性窗口中找到 ConnectionString 属性，具体的位置如图 10.8 所示。

　　单击 ConnectionString 属性右边的 ⋯ 按钮，弹出如图 10.9 所示的连接源选择对话框。对话框中提供了两种连接方式，选择使用连接字符串的方式。单击右边的 Build 按钮，弹出如图 10.10 所示的"数据链接属性"对话框。在该对话框中，首先需要选择数据库连接的驱动程序，此处选择 OLE DB 驱动方式。具体的选择如图 10.10 所示。

图 10.8　ADOConnection 控件属性

图 10.9　ConnectionString 属性设置对话框

图 10.10　"数据链接属性"对话框

　　选择好提供程序后单击"下一步"按钮进入连接数据库的选择，如图 10.11 所示。输入 SQL Server 2008 服务器名，选择之前建立的"Student"数据库，单击"测试连接"按钮，测试成功之后确认即可完成数据源的连接。

完成数据源的连接之后，便可以通过 ADOQuery 控件对数据进行访问。选择窗口中的 ADOQuery1 控件，在其 Connection 属性中选择刚建立的 ADOConnection1 连接。具体的设置如图 10.12 所示。设置完之后，便可以通过 ADOQuery1 控件对"Student"数据库进行数据读写访问控制，具体的代码实现将在后文介绍。

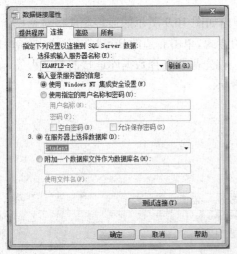

图 10.11 数据库的连接

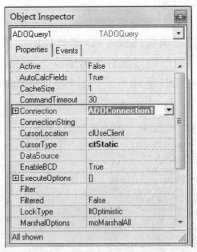

图 10.12 ADOQuery1 控件属性

（5）数据集处理。在完成数据的导入之后，需要对导入的数据集进行处理，这时要用到 Delphi 中的 Data Access 组件，该组件主要用于连接应用程序界面层和由 ADO 提供的数据层，应用程序界面实现对数据集的访问和控制。比较常用的是其中的 Data Source 控件，用来连接由 ADOQuery 控件提供的数据集。在窗口中添加该控件，默认名称为"DataSource1"，具体的属性设置如图 10.13 所示。

（6）数据集显示和编辑。由 DataSource1 控件提供数据集之后，便可以对 DBGrid 控件和 DBEdit 控件进行设置，通过它们来显示和编辑数据。图 10.14 提供了 DBGrid1 控件和 DBEdit1 控件的属性设置方式，其他的也可以类似设置。

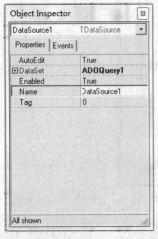

图 10.13 DataSource1 控件属性

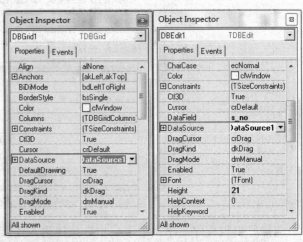

图 10.14 DBGrid1 控件和 DBEdit1 控件的属性

完成这些设置后，在 ADOQuery1 控件中"SQL"属性处输入 SQL 查询语句"SELECT * FROM StuInfo"，并将其初始"Active"属性设置为"True"，这样不用编写一行代码便可以完成对学生信息表的显示。运行程序，结果如图 10.15 所示。

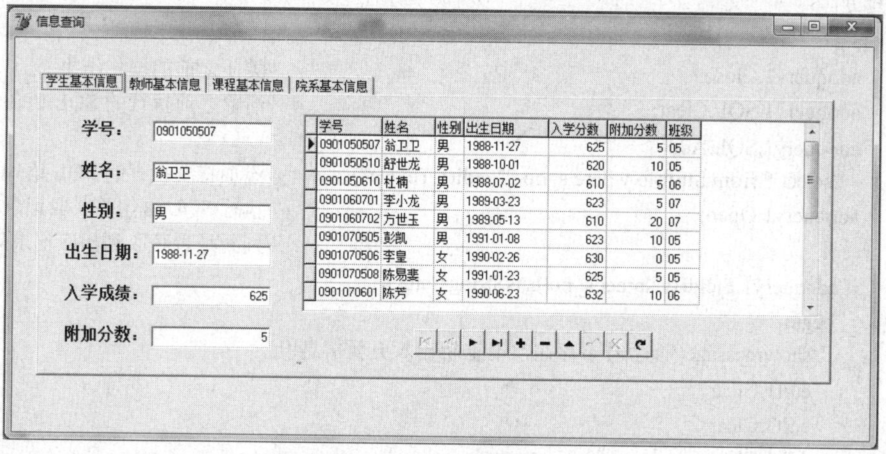

图 10.15　学生基本信息显示结果

（7）进行控件布局及编程。控件的布局是为使应用程序更为美观，而代码的编写是整个软件的核心。

用类似的方法，完成教师基本信息查询页、课程基本信息查询页及院系基本信息查询页。一般来说，一个窗口中只需要进行一次数据连接即可，而每个选项卡增加一个 ADOQuery 控件和 Data Source 控件即可对相应的表单进行访问。

鉴于篇幅所限，下文只对学生基本信息管理系统中的学生信息管理模块的设计进行介绍，其他模块实现方式与此基本类似。学生信息管理模块要实现以下功能：添加学生记录、修改学生基本信息及删除学生记录。其主界面如图 10.16 所示。

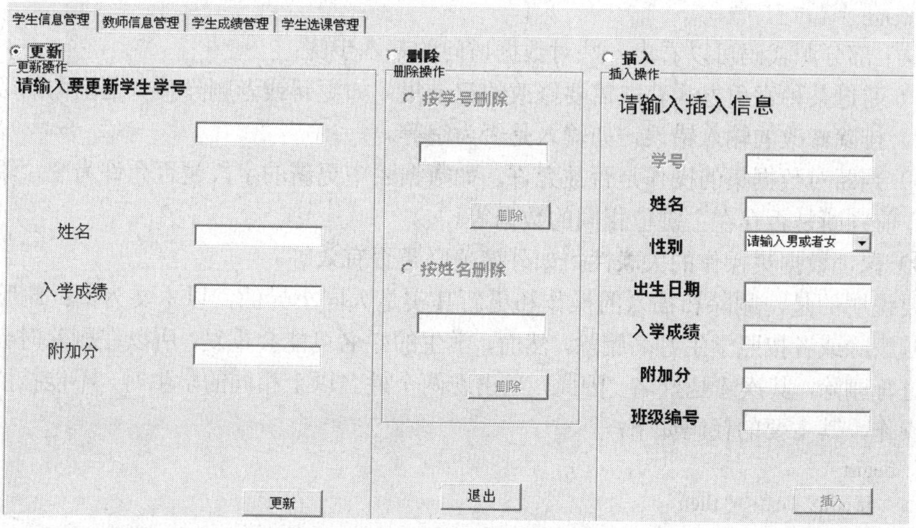

图 10.16　学生信息管理模块

学生信息管理模块对数据库的访问分为三个部分：更新、删除及插入。更新是对数据库中原有的信息进行修改，下面以对学生信息的更新为例介绍数据更新过程。对学生信息更新首先需要搜索到需要修改的学生信息，一般来说，通过学号搜索即可，如有需要可以添加其他搜索方式。获取到待修改学生信息之后，便可对其进行修改。需要注意的是，在数据表单中学生的学号、姓名和入学成绩这三项是不允许为空的，因此必须都输入才能进行更新操作，具体的源代码实现如下：

```
begin
  adoquery1.Close;                                    //关闭之前的操作结果
  adoquery1.SQL.Clear;                                //清除之前执行的 SQL 语句
  adoquery1.SQL.Add(
    'select * from StuInfo where s_no='''+edit1.Text+'''');   //添加将要执行的 SQL 语句
  adoquery1.Open;                                     //执行 SQL 语句并获取记录集
                                                       //判断是否获取到相应记录集数据
  if adoquery1.FieldByName('s_no').AsString='' then
    begin
      showmessage('该学号不存在，请重新输入更新信息!');
      edit1.Clear;
      edit3.Clear;
      edit6.Clear;
      edit7.Clear;
    end
  else
    begin
      adoquery1.Edit;                                 //对获取的记录集数据更新
      adoquery1.FieldByName('s_name').AsString:=edit3.Text;
      adoquery1.FieldByName('s_score').AsInteger:=StrToInt(edit6.Text);
      adoquery1.FieldByName('s_addf').AsInteger:=StrToInt(edit7.Text);
      adoquery1.Post;
      showmessage('已经更新完毕!');
    end;
end;
```

从以上部分源代码可以看出一些对数据访问的基本步骤：

（1）通过某种索引方式获取需要修改的记录集，如更新或者删除某一范围内的数据等。

（2）排除修改的输入错误，如输入是否为空等。

（3）判断对数据集的操作是否被允许，如数据表中更新的字段是否允许为空、添加或者更新操作前判断是否存在主键值相同的数据等。

（4）保证数据集操作的关联性，如外键关联是否有效等。

需要说明的是，删除和插入的操作和更新其实是大同小异的，以本文为例：删除是可以按照学号删除或者按照学生姓名删除，然而，学生的姓名可能会重复，所以在删除时会优先按照学号进行删除，其次才是姓名。因此，当出现两个姓名以上相同的学生时，不能按照姓名进行删除操作，其主要的代码如下：

```
begin
  if edit9.Text<>'' then
  begin
    adoquery1.Close;
    adoquery1.SQL.Clear;
    adoquery1.SQL.Add(
```

```
            'select * from StuInfo where s_no='''+edit9.Text+'''');
        adoquery1.Open;
        if adoquery1.FieldByName('s_no').AsString='' then
        begin
        showmessage('该学号不存在，请重新输入更新信息!');
        edit9.Clear;
        end
        else
        begin
          adoquery1.Close;
          adoquery1.SQL.Clear;
          adoquery1.SQL.Add(
                'delete from StuInfo where s_no='''+edit9.Text+'''');
          adoquery1.ExecSQL;
          showmessage('删除完毕!');
        end;
      end
      else
      begin
        showmessage('请输入学号再删除!');
      end;
    end
```

　　上面的代码是按照学号进行删除的源代码，通过代码可以看出其编写的规则与数据更新是一致的：首先定位到需要删除的记录集，然后对数据的可操作性和关联性进行判断，当满足这些条件时，才对数据集中的数据进行删除操作。插入与此操作类似，在这里就不再赘述了。用类似的方法完成学生信息管理模块中的其他部分，即可完成该模块的设计。完成信息管理模块之后，该应用程序便具备了学生信息管理系统的初步功能。如果需要给该系统增加更为丰富的内容，通过类似的方式即可实现。

　　在进行数据库系统应用程序开发时，有两个很重要的要求。一是要求数据层和界面层分离，只能通过接口进行数据访问；二是要求对数据库中数据的操作规范、有效。对于第一个要求，通过 Delphi 中的 DataAccess 组件和数据库中的视图可以实现。第二个要求的实现则相对要复杂一些。这主要是因为不规范的操作可能直到系统投入运行时才能被发现，并且发现时往往伴随着整个系统的崩溃，危害极大。针对这个问题，在应用程序设计时通常采用细致的操作限制和异常处理，以尽可能减少系统崩溃的可能性。

　　对于一个数据库应用系统，还有一个极为重要的环节便是对系统的管理与维护。系统设计完成投入运行后，只有建立规范、细致的管理制度，才能确保整个系统长期、稳定运行。

一、思考题

　　（1）数据控制组件要访问数据集中的某个字段，首先应通过设置它的什么属性以便和 TDataSource 组件建立联系？为什么？然后应设置它的什么属性以便和具体的字段建立联系？

（2）TTable 组件位于什么组件页中？TDBGrid 组件又位于什么组件页中？为使 TDBGrid 组件能够显示 TTable 组件连接的数据表的内容，应该在它们的中间添加一个什么组件？

（3）正确设置 TTable 组件的 DatabaseName 和 TTableName 属性后，要想 TTable 组件能够显示数据集的内容，还应把它的什么属性设置为 True？

（4）TADOConnection 组件对象的连接字符串创建完成后是否建立了实际的连接？为什么？

（5）使用 TADOQuery 组件，在运行阶段执行该组件的 SQL 属性中的语句方法有几种？如果 SQL 语句是返回结果的 SELECT 语句，则应使用什么方法？否则应该使用什么方法？

二、选择题

（1）Delphi 是（   ）。

    A．数据库软件   B．图形处理软件   C．系统软件   D．应用开发软件

（2）要使 TQuery 组件中的 SQL 语句执行后返回一个结果数据集，应调用 TQuery 组件的（   ）方法。

    A．Add   B．Open   C．ExecSQL   D．Prepare

（3）Delphi 通过把 ADO 对象封装在相应的组件中来实现对 ADO 的支持，通常可以使用（   ）组件来建立与物理数据库的连接，其他组件能够通过该组件来访问数据库。

    A．TADOConnection   B．TADOTable

    C．TADOCommand   D．TADOQuery

（4）在数据库桌面中已经建立了一个数据库别名 MYALIAS，现在要让 TTable 组件能够访问该别名下的数据表，应把它的（   ）属性设置为该别名值。

    A．Database   B．DatabaseName   C．TableName   D．TableType

（5）下列（   ）组件能够执行 SQL 命令。

    A．TADOConnection   B．TADOCommand

    C．TADOTable   D．TADOQuery

（6）下列（   ）组件最适合执行 SQL 的 DML 语句。

    A．TADOConnection   B．TADOCommand

    C．TADOTable   D．TADOQuery

（7）下列（   ）组件最适合执行 SQL 的 SELECT 语句。

    A．TADOConnection   B．TADOCommand

    C．TADOTable   D．TADOQuery

（8）下列（   ）组件不适合执行不返回结果的 SQL 语句。

    A．TADOConnection   B．TADOCommand

    C．TADODataSet   D．TADOQuery

（9）通过 TTable 组件的（   ）属性，可以设定正在被操作的数据表的名字。

    A．TableName   B．TableDirect   C．CommandType   D．SessionName

（10）要对记录集进行批更新，应把记录集的 LockType 属性设置为 ltBatchOptimistic。在进行批更新操作时，修改的数据被放入缓存中，直到调用（   ）方法后，在缓存中标记为修改的记录才正式写入到数据库中，标记为删除的记录才被删除。

    A．UDdateBatch   B．CancelUpdate   C．Post   D．Find

附录 1 SQL Server 2008 常用函数

函数	功能及语法
ABS	返回表达式的绝对值。返回的数据类型与表达式相同，可为 int、money、real、float 类型 语法：ABS (numeric_expression)
AVG	返回在某一集合中对数值表达式求得的平均值 语法：AVG(Set[, Numeric Expression])
CHAR	将 int ASCII 代码转换为字符的字符串函数 语法：CHAR (integer_expression)
COUNT	返回组中项目的数量 语法：COUNT ({ [ALL | DISTINCT] expression] | * })
DATEPART	返回代表指定日期的指定日期部分的整数 语法：DATEPART (datepart , date)
DAY	返回代表指定日期的天的日期部分的整数 语法：DAY (date)
FLOOR	返回小于或等于所给数字表达式的最大整数 语法：FLOOR (numeric_expression)
GETDATE	按 datetime 值的 Microsoft SQL Server 标准内部格式返回当前系统的日期和时间 语法：GETDATE ()
LEFT	返回从字符串左边开始指定个数的字符 语法：LEFT (character_expression , integer_expression)
LEN	返回给定字符串表达式的字符（而不是字节）个数，其中不包含尾随空格 语法：LEN (string_expression)
LOWER	将大写字符数据转换为小写字符数据后返回字符表达式 语法：LOWER (character_expression)
LTRIM	删除起始空格后返回字符表达式 语法：LTRIM (character_expression)
MAX	返回在某一集合中对数值表达式求得的最大值 语法：MAX(Set[, Numeric Expression])
MIN	返回在某一集合中对数值表达式求得的最小值 语法：MIN(Set[, Numeric Expression])
MONTH	返回代表指定日期月份的整数 语法：MONTH (date)
POWER	返回给定表达式乘指定次方的值 语法：POWER (numeric_expression , y)
RAND	返回 0~1 之间的随机 float 值 语法：RAND ([seed])，seed 是给出种子值或起始值的整型表达式（tinyint、smallint 或 int）
REPLACE	用第三个表达式替换第一个表达式中出现的所有第二个表达式给定的字符串 语法：REPLACE ('string_expression1','string_expression2','string_expression3')

函数	功能及语法
RIGHT	返回字符串中从右边开始指定个数的 integer_expression 字符 语法：RIGHT (character_expression , integer_expression)
RTRIM	截断所有尾随空格后返回一个字符串 语法：RTRIM (character_expression)
SIGN	测试参数的正负号。返回：0，零值；1，正数；-1，返回的数据类型与表达式相同 语法：SIGN(numeric_expression)
SIN	以近似数字 (float) 表达式返回给定角度（以弧度为单位）的三角正弦值 语法：SIN (float_expression)
SPACE	返回由重复的空格组成的字符串 语法：SPACE (integer_expression)
SQRT	返回给定表达式的平方根 语法：SQRT (float_expression)
STR	由数字数据转换来的字符数据 语法：STR (float_expression [, length [, decimal]])
SUM	返回在某一集合中对数值表达式求得的和 语法：SUM(Set[, numeric_expression])
TAN	返回输入表达式的正切值 语法：TAN (float_expression)
UPPER	返回将小写字符数据转换为大写字符的表达式 语法：UPPER (character_expression)
VAR	返回使用无偏置填充公式在某一集合中对数值表达式求得的样本方差 语法：VAR(Set[, numeric_expression])
YEAR	返回表示指定日期中的年份的整数 语法：YEAR(date)

附录 2 Visual Basic 常用函数

函数	功能
Abs(number)	返回参数的绝对值，其类型和参数相同
Date	返回包含系统日期的 Variant（Date）
Day(date)	返回一个 Variant（Integer），其值为 1~31 之间的整数，表示一个月中的某一日
Error[(errornumber)]	返回对应于已知错误号的错误信息
Exp(number)	返回 Double，指定 e（自然对数的底）的某次方
Hex(number)	返回代表十六进制数值的 String
Hour(time)	返回一个 Variant（Integer），其值为 0~23 之间的整数，表示一天之中的某一钟点
InputBox(prompt[, title] [, default] [, xpos] [, ypos] [, helpfile, context])	在一个对话框中显示提示，等待用户输入正文或按下按钮，并返回包含文本框内容的 String
Int(number)	如果 number 为正数，返回参数的整数部分；如果 number 为负数，则返回小于或等于 number 的第一个负整数
Fix(number)	返回参数的整数部分
IsDate(expression)	返回 Boolean 值，指出一个表达式是否可以转换成日期
IsError(expression)	返回 Boolean 值，指出表达式是否为一个错误值
IsMissing(argname)	返回 Boolean 值，指出一个可选的 Variant 参数是否已经传递给过程
IsNull(expression)	返回 Boolean 值，指出表达式是否不包含任何有效数据（Null）
IsNumeric(expression)	返回 Boolean 值，指出表达式的运算结果是否为数字
LBound(arrayname[, dimension])	返回一个 Long 型数据，其值为指定数组维可用的最小下标
LTrim(string)、RTrim(string)、Trim(string)	返回 Variant（String），其中包含指定字符串的拷贝，没有前导空格（LTrim）、尾随空格（RTrim）或前导和尾随空格（Trim）
Mid(string, start[, length])	返回 Variant（String），其中包含字符串中指定数量的字符
Minute(time)	返回一个 Variant（Integer），其值为 0~59 之间的整数，表示一小时中的某分钟
Month(date)	返回一个 Variant（Integer），其值为 1~12 之间的整数，表示一年中的某月
MonthName(month[, abbreviate])	返回一个表示指定月份的字符串
MsgBox(prompt[, buttons] [, title] [, helpfile, context])	在对话框中显示消息，等待用户单击按钮，并返回一个 Integer，告诉用户单击了哪一个按钮
Now	返回一个 Variant（Date），根据计算机系统设置的日期和时间来指定日期和时间
QBColor(color)	返回一个 Long 整数，用来表示所对应颜色值的 RGB 颜色码
RGB(red, green, blue)	返回一个 Long 整数，用来表示一个 RGB 颜色值

续表

函数	功能
Right(string, length)	返回 Variant（String），其中包含从字符串右边取出的指定数量的字符
Rnd[(number)]	返回一个包含随机数值的 Single
Second(time)	返回一个 Variant（Integer），其值为 0～59 之间的整数，表示一分钟中的某一秒
Space(number)	返回特定数目空格的 Variant（String）
Spc(n)	与 Print # 语句或 Print 方法一起使用，对输出进行定位
Sqr(number)	返回一个 Double，指定参数的平方根
Str(number)	返回代表一个数值的 Variant（String）
StrComp(string1, string2[, compare])	返回 Variant（Integer），是字符串比较的结果
StrConv(string, conversion, LCID)	返回按指定类型转换的 Variant（String）
String(number, character)	返回 Variant（String），其中包含指定长度重复字符的字符串
Tab[(n)]	与 Print # 语句或 Print 方法一起使用，对输出进行定位
Year(date)	返回 Variant（Integer），包含表示年份的整数

附录 3　Visual Basic 常用方法

方法	解释
AboutBox	显示控件的"关于"对话框 语法：object.AboutBox
Add	添加一个成员到 Collection 对象 语法：object.Add item, key, before, after
AddItem	用于将项目添加到 ListBox 或 ComboBox 控件，或者将行添加到 MSHFlexGrid 控件 语法：object.AddItem item, index
AddItem	将一个行添加到 MSHFlexGrid 控件中 语法：object.AddItem (string, index, number)
Bind	指定用于 TCP 连接的 LocalPort 和 LocalIP。如果有多协议适配卡，就用此方法 语法：object.Bind LocalPort, LocalIP
Cancel	取消当前请求并关闭当前创建的所有连接 语法：object.Cancel
Circle	在对象上画圆、椭圆或弧 语法：object.Circle [Step] (x, y), radius, [color, start, end, aspect]
Clear	清除对象的所有属性设置 语法：object.Clear
Close	（动画控件）使 Animation 控件关闭当前打开的 AVI 文件。如果没有加载任何文件，则 Close 不执行任何操作，也不会产生任何错误 语法：object.Close
Cls	清除运行时 Form 或 PictureBox 所生成的图形和文本 语法：object.Cls
Connect	要求连接到远程计算机 语法：object.Connect remoteHost, remotePort
Copy	把一个指定的文件或文件夹从一个地方复制到另一个地方 语法：object.Copy destination[, overwrite]
Delete	删除一个指定的文件或文件夹 语法：object.Delete force
Drag	用于除了 Line、Menu、Shape、Timer 或 CommonDialog 控件之外的任何控件的开始、结束或取消拖动操作 语法：object.Drag action
Draw	在一幅图像上执行了一次图形操作后，把该图像绘制到某个目标设备描述体中，如 PictureBox 控件 语法：object.Draw (hDC, x,y, style)
Hide	用以隐藏 MDIForm 或 Form 对象，但不能使其卸载 语法：object.Hide

方法	解释
Line	在对象上画直线和矩形 语法：object.Line [Step] (x1, 1) [Step] (x2, y2), [color], [B][F]
Move	用来移动 MDIForm、Form 或控件 语法：object.Move left, top, width, height
Open	（动画控件）打开一个要播放的.AVI 文件。如果 AutoPlay 属性为 True，则只要加载该文件，剪辑就开始播放。在关闭.AVI 文件或设置 Autoplay 属性为 False 之前，它都将不断重复播放 语法：object.Open file
Paste	将数据从系统剪贴板复制到 OLE 容器控件 语法：object.Paste
Print	在 Immediate 窗口中显示文本 语法：object.Print [outputlist]
PrintForm	用以将 Form 对象的图像逐位发送给打印机 语法：object.PrintForm
PSet	将对象上的点设置为指定颜色 语法：object.PSet [Step] (x, y), [color]
Refresh	强制全部重绘一个窗体或控件 语法：object.Refresh
SetFocus	将焦点移至指定的控件或窗体 语法：object.SetFocus
Show	用来显示 MDIForm 或 Form 对象 语法：object.Show style, ownerform
ShowColor	显示 CommonDialog 控件的"颜色"对话框 语法：object.ShowColor
ShowFont	显示 CommonDialog 控件的"字体"对话框 语法：object.ShowFont

参考文献

[1] 王小玲，安剑奇. 数据库技术与应用（第二版）. 北京：中国水利水电出版社，2012.

[2] 王珊，陈红. 数据库系统原理教程. 北京：清华大学出版社，2009.

[3] 贾振华. SQL Server 数据库及应用. 北京：中国水利水电出版社，2012.

[4] 董翔英. SQL Server 基础教程（第二版）. 北京：科学出版社，2010.

[5] 何玉洁. 数据库基础及应用技术（第二版）. 北京：清华大学出版社，2004.

[6] 宁洪，赵文涛，贾丽丽. 数据库系统原理. 北京：北京邮电大学出版社，2005.

[7] 申时凯，李海雁. 数据库应用技术. 北京：中国铁道出版社，2005.

[8] 北京洪恩教育科技有限公司. SQL Server 2000 数据库应用技术. 长春：吉林电子出版社，2006.

[9] 李春葆，曾平. 数据库原理与应用——基于 SQL Server 2000. 北京：清华大学出版社，2006.

[10] 刘卫国，严晖. 数据库技术与应用——SQL Server. 北京：清华大学出版社，2007.

[11] 龚沛曾，杨志强，陆慰民. Visual Basic 程序设计实验指导与测试（第 3 版）. 北京：高等教育出版社，2007.

[12] 虞江锋. 数据库基础与项目实训教程——基于 SQL Server. 北京：科学出版社，2010.

[13] 暴风雪科技. Delphi 7 数据库开发与应用. 上海：上海科学普及出版社，2004.

[14] 牛汉民. Delphi 7 开发基础教程. 北京：科学出版社，2005.

[15] 杨长春. Delphi 程序设计教程（第二版）. 北京：清华大学出版社，2008.

[16] 王小玲，杨长兴. 数据库技术与应用实践教程. 北京：中国水利水电出版社，2012.